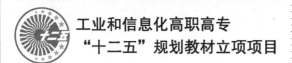

工业和信息化高职高专
"十二五"规划教材立项项目

高等职业院校
机电类"十二五"规划教材

AutoCAD 2010 中文版
机械制图应用与实例教程
（第2版）

AutoCAD 2010 Chinese Edition Application
of Tutorials and Examples (2nd Edition)

U0265138

◎ 李善锋 主编
◎ 王军 刘学斌 高炳 副主编

人民邮电出版社
北京

精品系列

图书在版编目（CIP）数据

AutoCAD 2010中文版机械制图应用与实例教程 / 李善锋主编. -- 2版. -- 北京：人民邮电出版社，2012.5
高等职业院校机电类"十二五"规划教材 工业和信息化高职高专"十二五"规划教材立项项目
ISBN 978-7-115-27536-3

Ⅰ. ①A… Ⅱ. ①李… Ⅲ. ①机械制图—AutoCAD软件—高等职业教育—教材 Ⅳ. ①TH126

中国版本图书馆CIP数据核字(2012)第031338号

内 容 提 要

本书以实例贯穿全书，通过实例讲解 AutoCAD 应用知识，重点培养学生的 AutoCAD 绘图技能，提高学生解决实际问题的能力。

本书共 12 章，主要内容包括 AutoCAD 绘图环境及基本操作，绘制二维基本图形、编辑图形，绘制复杂平面图形、参数化绘图，书写文字和标注尺寸，绘制典型零件图及装配图的方法和技巧，创建三维实体模型，打印图形及 AutoCAD 证书考试练习题等。

本书可作为高职高专院校机械、电子及工业设计等专业"计算机辅助设计与绘图"课程的教材，也可作为工程技术人员及计算机爱好者的自学参考书。

- ♦ 主　编　李善锋
    副主编　王　军　刘学斌　高　炳
    责任编辑　赵慧君
- ♦ 人民邮电出版社出版发行　　北京市丰台区成寿寺路 11 号
    邮编　100164　电子邮件　315@ptpress.com.cn
    网址　http://www.ptpress.com.cn
    北京捷迅佳彩印刷有限公司印刷
- ♦ 开本：787×1092　1/16
    印张：16.75　　　　　　　　2012 年 5 月第 2 版
    字数：416 千字　　　　　　2024 年 8 月北京第 14 次印刷

ISBN 978-7-115-27536-3

定价：38.00 元（附光盘）

读者服务热线：**(010)81055256**　印装质量热线：**(010)81055316**
反盗版热线：**(010)81055315**

广告经营许可证：京东市监广登字 20170147 号

　　微型计算机的诞生和快速发展，从根本上改变了传统工程设计的方式和方法。计算机技术与工程设计的结合，产生了极具生命力的新兴交叉技术——CAD 技术。AutoCAD 是 CAD 技术领域中一个基础性的应用软件包，是由美国 Autodesk 公司研制开发的。由于 AutoCAD 具有丰富的绘图功能及简便易学的优点，因而受到广大工程技术人员的普遍欢迎。目前，AutoCAD 已广泛应用于机械、电子、建筑、服装及船舶等设计领域，极大地提高了设计人员的工作效率。

　　掌握应用软件 AutoCAD 对于高职高专院校的学生来说是十分必要的，首先要了解该软件的基本功能，更为重要的是要结合专业知识，学会利用软件解决专业中的实际问题。我们在教学中发现，许多学生仅仅是学会了 AutoCAD 的基本命令，而当面对实际问题时，却束手无策，这与 AutoCAD 课程的教学内容及方法有直接的关系。为了解决这些问题，我们结合自己十几年的教学经验及体会，编写了这本适用于高职高专层次的 AutoCAD 教材。本书与同类教材相比，有以下特色。

　　（1）在内容的组织上遵循"易懂、实用"的原则，精心选取了 AutoCAD 的一些常用功能及与机械绘图密切相关的工程实例构成全书的主要内容。

　　（2）以绘图实例贯穿全书，将理论知识融入大量的实例中，使学生在实际绘图过程中不知不觉地掌握理论知识，从而提高绘图技能。

　　（3）书中实践内容的编写参考了人力资源和社会保障部职业技能证书考试的相关规定，与人力资源和社会保障部颁发的职业技能鉴定标准相衔接。最后一章提供了 AutoCAD 证书考试练习题，使学生的课程学习与技能证书的获得紧密相连，使学习更具目的性。

　　（4）本书提供以下素材。

　　● ".dwg"图形文件

　　本书所有实例及习题用到的".dwg"图形文件都按章收录在素材文件的"\dwg\第×章"文件夹下，读者可以调用和参考这些图形文件。

　　● ".avi"动画文件

　　本书所有课后习题的绘制过程都录制成了".avi"动画，并按章收录在素材文件的"\avi\第×章"文件夹下。

　　".avi"是最常用的动画文件格式，几乎所有可以播放动画或视频文件的软件都可以播放。读者只要双击某个动画文件，就可以观看该文件所录制的习题的绘制过程。

　　注意：播放文件前要安装素材根目录下的"avi_tscc.exe"插件，否则，可能导致播放失败。

　　本书由李善峰主编，无锡机电高等职业技术学校王军、天津职业技术师范大学刘学斌和广东交通职业技术学院高炳任副主编，参加本书编写工作的还有沈精虎、黄业清、宋一兵、谭雪松、冯辉、郭英文、计晓明、董彩霞、滕玲、郝庆文等。

由于编者水平有限，书中难免存在疏漏之处，敬请读者批评指正。

编 者

2012 年 1 月

目　录

第1章

AutoCAD 绘图环境及基本操作

通过本章的学习，读者可以熟悉 AutoCAD 用户界面及掌握一些基本操作。

本章要介绍的主要内容如下。

- AutoCAD 用户界面的组成。
- 调用 AutoCAD 命令的方法。
- 选择对象的常用方法。
- 快速缩放、移动图形及全部缩放图形。
- 重复命令和取消已执行的操作。
- 图层、线型及线宽等。

1.1

了解用户界面及学习基本操作

本节主要介绍 AutoCAD 用户界面的组成，并介绍常用的一些基本操作。

1.1.1 AutoCAD 用户界面

启动 AutoCAD 2010 后，其用户界面主要由菜单浏览器、快速访问工具栏、功能区、绘图窗口、命令提示窗口和状态栏等部分组成，如图 1-1 所示。下面分别介绍各部分的功能。

一、菜单浏览器

单击【菜单浏览器】按钮，展开菜单浏览器，如图 1-2 所示。该菜单包含【新建】、【打开】及【保存】等常用选项。在菜单浏览器顶部的搜索栏中输入关键字或短语，就可定位相应菜单命令。选择搜索结果，即可执行命令。

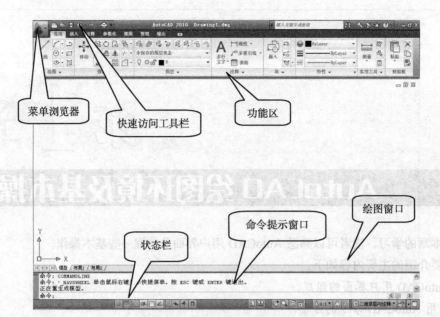

图 1-1　AutoCAD 2010 用户界面

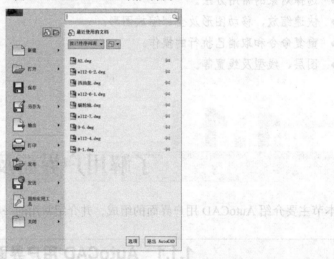

图 1-2　菜单浏览器

单击菜单浏览器顶部的🔲按钮，显示最近使用的文件。单击🔲按钮，显示已打开的所有图形文件。将鼠标光标悬停在文件名上时，将显示预览图片及文件路径、修改日期等信息。

二、快速访问工具栏

快速访问工具栏用于存放经常访问的命令按钮，在按钮上单击鼠标右键，弹出快捷菜单，如图 1-3 所示。选择【自定义快速访问工具栏】选项可向工具栏中添加按钮，选择【从快速访问工具栏中删除】选项可删除相应按钮。

单击快速访问工具栏上的▾按钮，选择【显示菜单栏】选项，显示 AutoCAD 主菜单。

> 从快速访问工具栏中删除(R)
> 添加分隔符(A)
> 自定义快速访问工具栏(C)
> 在功能区下方显示快速访问工具栏
>
> 图 1-3　快捷菜单

除快速访问工具栏外，AutoCAD 还提供了许多其他工具栏。在菜单命令【工具】/【工具栏】/【AutoCAD】下选择相应的选项，即可打开相应的工具栏。

三、功能区

功能区由【常用】、【插入】及【注释】等选项卡组成，如图 1-4 所示。每个选项卡又由多个【面板】组成，如【常用】选项卡由【绘图】、【修改】及【图层】等面板组成。面板上布置了许多命令按钮及控件。

图 1-4　功能区

单击功能区顶部的 按钮，展开或收拢功能区。

单击某一面板上的 按钮，展开该面板。单击 按钮，固定面板。

用鼠标右键单击任一选项卡标签，弹出快捷菜单，选择【显示选项卡】选项下的选项卡名称，关闭相应的选项卡。

选择菜单命令【工具】/【选项板】/【功能区】，可打开或关闭功能区，对应的命令为 RIBBON 及 RIBBONCLOSE。

在功能区顶部位置单击鼠标右键，弹出快捷菜单，选择【浮动】选项就可移动功能区，还能改变功能区的形状。

四、绘图窗口

绘图窗口是用户绘图的工作区域，该区域无限大，其左下方有一个表示坐标系的图标，此图标指示了绘图区的方位。图标中的箭头分别指示 x 轴和 y 轴的正方向。

当移动鼠标时，绘图区域中的十字形光标会跟随移动，与此同时，在绘图区底部的状态栏中将显示光标点的坐标数值。单击该区域可改变坐标的显示方式。

绘图窗口包含了两种绘图环境，一种称为模型空间，另一种称为图纸空间。在此窗口底部有 3 个选项卡 模型 布局1 布局2 。默认情况下，【模型】选项卡是按下的，表明当前绘图环境是模型空间，用户在这里一般按实际尺寸绘制二维或三维图形。当选择【布局 1】或【布局 2】选项卡时，就切换至图纸空间。用户可以将图纸空间想象成一张图纸（系统提供的模拟图纸），可在这张图纸上将模型空间的图样按不同缩放比例布置在图纸上。

五、命令提示窗口

命令提示窗口位于 AutoCAD 程序窗口的底部，用户输入的命令、系统的提示及相关信息都反映在此窗口中。默认情况下，该窗口仅显示 3 行，将鼠标光标放在窗口的上边缘，鼠标光标变成双向箭头，按住鼠标左键向上拖动鼠标就可以增加命令窗口显示的行数。

按 F2 键打开命令提示窗口，再次按 F2 键可关闭此窗口。

六、状态栏

状态栏上将显示绘图过程中的许多信息，如十字形光标的坐标值、一些提示文字等，还包含许多绘图辅助工具。

利用状态栏上的 按钮可以切换工作空间。工作空间是 AutoCAD 用户界面中包含的工具栏、面板及选项板等的组合。当用户绘制二维或三维图形时，就切换到相应的工作空间，此时 AutoCAD 仅显示出与绘图任务密切相关的工具栏及面板等，隐藏一些不必要的界面元素。

单击 按钮，弹出快捷菜单，该快捷菜单上列出了 AutoCAD 工作空间名称，选择其中之一，就切换到相应的工作空间。AutoCAD 提供的默认工作空间有以下 4 个。

- 二维草图与注释。
- 三维建模。
- AutoCAD 经典。
- 初始设置工作空间。

1.1.2　AutoCAD 绘图的基本过程

下面通过一个练习演示用 AutoCAD 绘制图形的基本过程。

【实例 1-1】用 AutoCAD 绘制一个简单图形。

1. 启动 AutoCAD 2010。

2. 单击 图标，选择【新建】/【图形】选项（或单击快速访问工具栏上的 按钮创建新图形），打开【选择样板】对话框，如图 1-5 所示。该对话框中列出了许多用于创建新图形的样板文件，默认的样板文件是 "acadiso.dwt"。单击 打开⑩ 按钮，开始绘制新图形。

图 1-5　【选择样板】对话框

3. 单击状态栏上的 、 及 按钮。注意，不要按下 按钮。

4. 单击【常用】选项卡中【绘图】面板上的 按钮，AutoCAD 提示如下。

命令：_line 指定第一点：　　　　　　　　　　//单击 A 点，如图 1-6 所示
指定下一点或 [放弃(U)]：400　　　　　　　　//向右移动鼠标光标，输入线段长度并按 Enter 键
指定下一点或 [放弃(U)]：600　　　　　　　　//向上移动鼠标光标，输入线段长度并按 Enter 键
指定下一点或 [闭合(C)/放弃(U)]：500　　　　//向右移动鼠标光标，输入线段长度并按 Enter 键
指定下一点或 [闭合(C)/放弃(U)]：800　　　　//向下移动鼠标光标，输入线段长度并按 Enter 键
指定下一点或 [闭合(C)/放弃(U)]：　　　　　　//按 Enter 键结束命令

结果如图 1-6 所示。

5. 按 Enter 键重复画线命令，绘制线段 BC，如图 1-7 所示。

图 1-6　画线

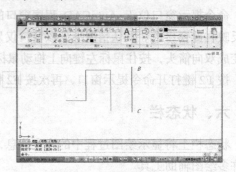

图 1-7　绘制线段 BC

6. 单击快速访问工具栏上的 按钮，线段 *BC* 消失，再次单击该按钮，连续折线也消失。单击 按钮，连续折线显示出来，继续单击该按钮，线段 *BC* 也显示出来。

7. 输入画圆命令全称 CIRCLE 或简称 C，AutoCAD 提示如下。

命令：CIRCLE　　　　　　　　　　　　　　//输入命令，按 Enter 键确认

指定圆的圆心或 [三点(3P)/两点(2P)/相切、相切、半径(T)]:

　　　　　　　　　　　　　　　　　　　　//单击 *D* 点，指定圆心，如图 1-8 所示

指定圆的半径或 [直径(D)]: 100　　　　　//输入圆半径，按 Enter 键确认

结果如图 1-8 所示。

8. 单击【常用】选项卡中【绘图】面板上的 按钮，AutoCAD 提示如下。

命令: _circle 指定圆的圆心或 [三点(3P)/两点(2P)/相切、相切、半径(T)]:

//将鼠标光标移动到端点 *E* 处，AutoCAD 自动捕捉该点，再次单击鼠标左键确认，如图 1-9 所示

指定圆的半径或 [直径(D)] <100.0000>: 160　　　//输入圆半径，按 Enter 键

结果如图 1-9 所示。

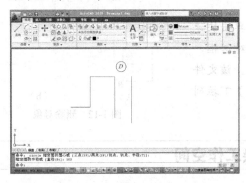
　图 1-8　画圆（1）

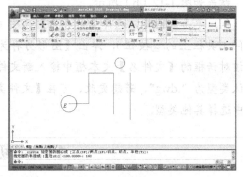
　图 1-9　画圆（2）

9. 单击状态栏上的 按钮，鼠标光标变成手的形状 ，按住鼠标左键向右拖动鼠标光标，直至图形不可见为止。按 Esc 键或 Enter 键退出。

10. 单击【视图】选项卡中【导航】面板上的 范围 按钮，图形又全部显示在窗口中，如图 1-10 所示。

11. 单击程序窗口下边的 按钮，按 Enter 键，鼠标光标变成放大镜形状 ，此时按住鼠标左键向下拖动鼠标光标，图形缩小，如图 1-11 所示。按 Esc 键或 Enter 键退出，也可单击鼠标右键，弹出快捷菜单，选择【退出】选项。该菜单上的【范围缩放】选项可使图形充满整个图形窗口显示。

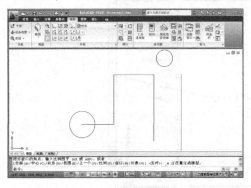
　图 1-10　全部显示图形

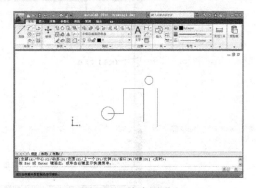
　图 1-11　缩小图形

12. 单击鼠标右键，选择【平移】选项，再次单击鼠标右键，选择【窗口缩放】选项。按

住并拖动鼠标光标，使矩形框包含图形的一部分，松开鼠标左键，矩形框内的图形被放大。继续单击鼠标右键，选择【缩放为原窗口】选项，则又返回原来的显示。

13. 单击【常用】选项卡中【修改】面板上的 ✐ 按钮（删除对象），AutoCAD 提示如下。

命令：_erase

选择对象：　　　　　　　//单击 A 点，如图 1-12（a）所示

指定对角点：找到 1 个　　//向右下方拖动鼠标光标，出现一个实线矩形窗口

　　　　　　　　　　　　//在 B 点处单击一点，矩形窗口内的圆被选中，被选对象变为虚线

选择对象：　　　　　　　//按 Enter 键删除圆

命令：ERASE　　　　　　//按 Enter 键重复命令

选择对象：　　　　　　　//单击 C 点

指定对角点：找到 4 个　　//向左下方拖动鼠标光标，出现一个虚线矩形窗口

　　　　　　　　　　　　//在 D 点处单击一点，矩形窗口内及与该窗口相交的所有对象都被选中

选择对象：　　　　　　　//按 Enter 键删除圆和线段

结果如图 1-12（b）所示。

14. 单击 ▲ 图标，选择【另存为】选项（或单击快速访问工具栏上的 🖫 按钮），弹出【图形另存为】对话框，在该对话框的【文件名】文本框中输入新文件名。该文件默认类型为 ".dwg"，若想更改，可在【文件类型】下拉列表中选择其他类型。

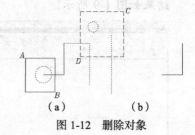

（a）　　　　　　（b）

图 1-12　删除对象

1.1.3　切换工作空间

用户可以修改已定义的工作空间，也可以根据绘图需要创建新的工作空间。

【实例 1-2】修改及自定义工作空间。

1. 利用默认的样板文件 "acadiso.dwt" 创建新图形。

2. 单击 ⚙ 按钮，弹出快捷菜单，选择【AutoCAD 经典】选项，进入 "AutoCAD 经典" 工作空间，如图 1-13 所示。该空间包含【工作空间】工具栏、【绘图】工具栏、【修改】工具栏及工具选项板等内容。

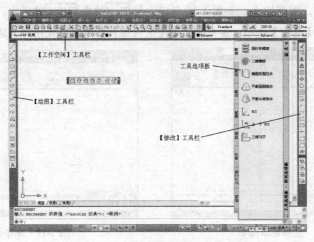

图 1-13　"AutoCAD 经典" 工作空间

3. 将鼠标光标放在任一工具栏上,单击鼠标右键,弹出快捷菜单,选择【标注】及【文字】选项,打开【标注】及【文字】工具栏。

4. 打开【工作空间】工具栏中的下拉列表,选择【将当前工作空间另存为】选项,弹出【保存工作空间】对话框,如图 1-14 所示。该对话框的【名称】下拉列表中列出了已有的工作空间,选择其中之一或直接在列表中输入新的工作空间名称,然后单击 保存 完成。

图 1-14 【保存工作空间】对话框

1.1.4 调用命令

启动 AutoCAD 命令的方法一般有两种:一种是在命令行中输入命令全称或简称,另一种是用鼠标光标选择一个菜单命令或单击工具栏中的命令按钮。

一、使用键盘发出命令

在命令行中输入命令全称或简称就可以使系统执行相应的命令。

一个典型的命令执行过程如下。

命令: circle   //输入命令全称 CIRCLE 或简称 C,按 Enter 键
指定圆的圆心或 [三点(3P)/两点(2P)/切点、切点、半径(T)]:   90,100
                                                     //输入圆心的 x、y 坐标,按 Enter 键
指定圆的半径或 [直径(D)] <50.7720>: 70   //输入圆的半径,按 Enter 键

- 方括弧 "[ ]" 中以 "/" 隔开的内容是命令的各个选项。若要选择某个选项,则输入圆括号中的数字或字母,字母可以是大写形式,也可以是小写形式。例如,若想通过 3 点画圆,就输入 "3P"。
- 尖括号 "<>" 中的内容是当前默认值。

AutoCAD 的命令执行过程是交互式的。当用户输入命令后,需按 Enter 键确认,系统才执行该命令。在执行过程中,系统有时要等待用户输入必要的绘图参数,如输入命令选项、点的坐标或其他几何数据等,输入完成后按 Enter 键,系统才继续执行下一步操作。

 当使用某一命令时按 F1 键,系统将显示该命令的帮助信息。

二、利用鼠标发出命令

用鼠标选择一个菜单命令或单击工具栏上的命令按钮,系统就执行相应的命令。利用 AutoCAD 绘图时,用户在多数情况下是通过鼠标发出命令的。鼠标各按键的定义如下。

- 左键:拾取键,用于单击面板上的按钮及选择菜单选项以发出命令,也可以在绘图过程中指定点和选择图形对象等。
- 右键:一般作为输入或回车(Enter)键,命令执行完成后,常单击鼠标右键来结束命令。在有些情况下,单击鼠标右键将弹出快捷菜单,该菜单上有【确认】选项。
- 滚轮:转动滚轮将放大或缩小图形,默认情况下,缩放增量为 10%。按住滚轮并拖动鼠标,则平移图形。

1.1.5 选择对象的常用方法

用户在使用编辑命令时，选择的多个对象将构成一个选择集。系统提供了多种构造选择集的方法，默认情况下，用户可以逐个拾取对象或利用矩形窗口、交叉窗口一次选择多个对象。

一、用矩形窗口选择对象

当系统提示选择要编辑的对象时，用户在图形元素的左上角或左下角单击一点，然后向右下角或右上角拖动鼠标光标，AutoCAD 显示一个实线矩形窗口，让此窗口完全包含要编辑的图形实体，再单击一点，则矩形窗口中的所有对象（不包括与矩形边相交的对象）被选中，被选中的对象将以虚线形式表示出来。

下面通过 ERASE 命令来演示这种选择方法。

【实例1-3】用矩形窗口选择对象。

打开素材文件 "\dwg\第1章\1-3.dwg"，如图1-15（a）所示。用 ERASE 命令将图1-15（a）修改为图1-15（b）。

```
命令: _erase
选择对象:                          //在A处单击一点，如图1-15（a）所示
指定对角点: 找到 6 个              //在B处单击一点
选择对象:                          //按 Enter 键结束
```

结果如图1-15（b）所示。

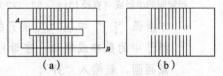

（a）　　　　　　　　（b）

图1-15　用矩形窗口选择对象

二、用交叉窗口选择对象

当 AutoCAD 提示 "选择对象" 时，在要编辑的图形元素的右上角或右下角单击一点，然后向左下角或左上角拖动鼠标光标，此时出现一个虚线矩形框，使该矩形框包含被编辑对象的一部分，而让其余部分与矩形框边相交，再单击一点，则框内的对象及与框边相交的对象全部被选中。

下面通过 ERASE 命令来演示这种选择方法。

【实例1-4】用交叉窗口选择对象。

打开素材文件 "\dwg\第1章\1-4.dwg"，如图1-16（a）所示。用 ERASE 命令将图1-16（a）修改为图1-16（b）。

```
命令: _erase
选择对象:                          //在C处单击一点，如图1-16（a）所示
指定对角点: 找到 31 个             //在D处单击一点
选择对象:                          //按 Enter 键结束
```

结果如图1-16（b）所示。

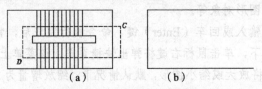

（a）　　　　　　　　（b）

图1-16　用交叉窗口选择对象

三、向选择集添加或从中删除对象

编辑过程中，用户构造选择集常常不能一次完成，需向选择集中添加或从选择集中删除对象。在添加对象时，可以直接选择或利用矩形窗口、交叉窗口选择要加入的图形元素。若要删除对象，可先按住 Shift 键，再从选择集中选择要清除的多个图形元素。

下面通过 ERASE 命令来演示修改选择集的方法。

【实例 1-5】修改选择集。

打开素材文件 "\dwg\第 1 章\1-5.dwg"，如图 1-17（a）所示。用 ERASE 命令将图 1-17（a）修改为图 1-17（b）。

```
命令：_erase                        //在 A 处单击一点，如图 1-17（a）所示
选择对象：指定对角点：找到 25 个      //在 B 处单击一点
选择对象：找到 1 个，删除 1 个       //按住 Shift 键，选择线段 C，该线段从选择集中去除
选择对象：找到 1 个，删除 1 个       //按住 Shift 键，选择线段 D，该线段从选择集中去除
选择对象：找到 1 个，删除 1 个       //按住 Shift 键，选择线段 E，该线段从选择集中去除
选择对象：                           //按 Enter 键结束
```

结果如图 1-17（b）所示。

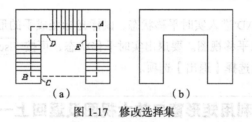

图 1-17 修改选择集

1.1.6 删除对象

ERASE 命令用来删除图形对象，该命令没有任何选项。要删除一个对象，用户可以用鼠标光标先选择该对象，然后单击【修改】面板上的 ✎ 按钮，或输入命令 ERASE（命令简称 E）。也可先发出删除命令，再选择要删除的对象。

1.1.7 撤销和重复命令

发出某个命令后，用户可随时按 Esc 键终止该命令。此时，系统又返回到命令行。

用户经常遇到的一个情况是，在绘图区域内偶然选择了图形对象，该对象上出现了一些高亮的小框，这些小框被称为关键点，可用于编辑对象（在第 4 章中详细介绍）。要取消这些关键点，按 Esc 键即可。

在绘图过程中，用户会经常重复使用某个命令，重复刚使用过的命令的方法是直接按 Enter 键。

1.1.8 取消已执行的操作

在使用 AutoCAD 绘图的过程中，不可避免地会出现各种各样的错误，用户要修正这些错

误可使用 UNDO 命令或单击快速访问工具栏上的🔄按钮。如果想要取消前面执行的多个操作，则可反复使用 UNDO 命令或反复单击🔄按钮。

当取消一个或多个操作后，又想恢复原来的效果，用户可使用 MREDO 命令或单击快速访问工具栏上的🔄按钮。

1.1.9　快速缩放及移动图形

AutoCAD 的图形缩放及移动功能是很完备的，使用起来也很方便。绘图时，可以通过状态栏上的🔍、✋按钮来完成这两项功能。

一、通过🔍按钮缩放图形

单击🔍按钮，AutoCAD 进入实时缩放状态，鼠标光标变成放大镜形状🔍⁺，此时按住鼠标左键并向上拖动鼠标光标，就可以放大视图，向下拖动鼠标光标可以缩小视图。要退出实时缩放状态，可按 Esc 键、Enter 键或单击鼠标右键打开快捷菜单，然后选择【退出】选项。

二、通过✋按钮平移图形

单击✋按钮，AutoCAD 进入实时平移状态，鼠标光标变成手的形状✋，此时按住鼠标左键并拖动鼠标光标，就可以平移视图。要退出实时平移状态，可按 Esc 键、Enter 键或单击鼠标右键打开快捷菜单，然后选择【退出】选项。

1.1.10　利用矩形窗口放大视图及返回上一次的显示

在绘图过程中，用户经常要将图形的局部区域放大，以方便绘图。绘制完成后，又要返回上一次的显示，以观察图形的整体效果。通过【视图】选项卡中【导航】面板上的按钮🔍、🔍（该按钮嵌套在🔍范围按钮中）可实现这两项功能。

一、通过🔍按钮放大局部区域

单击🔍按钮，AutoCAD 提示"指定第一个角点:"，拾取 A 点，再根据 AutoCAD 提示拾取 B 点，如图 1-18（a）所示。矩形框 AB 是设定的放大区域，其中心是新的显示中心，系统将尽可能地将该矩形内的图形放大以充满整个绘图窗口，图 1-18（b）所示为放大后的效果。

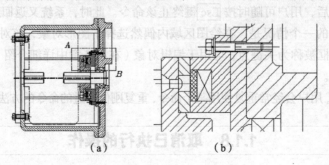

（a）　　　　　　　　　　　　（b）

图 1-18　窗口缩放

二、通过 🔍 按钮返回上一次的显示

单击 🔍 按钮，AutoCAD 将显示上一次的视图。若用户连续单击此按钮，则系统将恢复前几次显示过的图形（最多 10 次）。绘图时，常利用此项功能返回到原来的某个视图。

1.1.11 将图形全部显示在窗口中

在绘图过程中，有时需将图形全部显示在绘图窗口中。要实现这个目标，可选择菜单命令【视图】/【缩放】/【范围】，或单击【视图】选项卡中【导航】面板上的 🔍 按钮（该按钮嵌套在 🔍范围 按钮中）。

1.1.12 设定绘图区域的大小

AutoCAD 的绘图空间是无限大的，但用户可以设定在程序窗口中显示的绘图区域的大小。绘图时，事先对绘图区域的大小进行设定将有助于用户了解图形分布的范围。当然，用户也可在绘图过程中随时缩放图形（使用 🔍 按钮）以控制其在屏幕上显示的效果。

设定绘图区域的大小有以下两种方法。

● 将一个圆显示并充满整个绘图窗口，依据圆的尺寸就能轻易地估计出当前绘图区域的大小了。

【实例 1-6】设定绘图区域的大小。

1. 单击【绘图】面板上的 ⊙ 按钮，AutoCAD 提示如下。

命令: _circle 指定圆的圆心或 [三点(3P)　　　/两点(2P)/切点、切点、半径(T)]:

　　　　　　　　　　　　　　　　　　　　//在屏幕的适当位置单击一点

指定圆的半径或 [直径(D)]: 50　　　　　//输入圆的半径

2. 选择菜单命令【视图】/【缩放】/【范围】，直径为 100mm 的圆就会显示并充满整个绘图窗口，如图 1-19 所示。

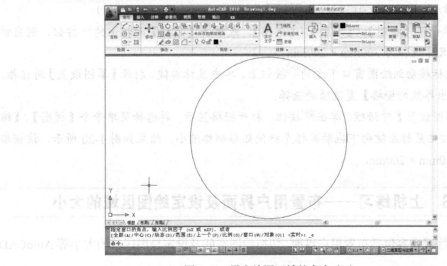

图 1-19　设定绘图区域的大小（1）

● 用 LIMITS 命令设定绘图区域的大小，该命令可以改变栅格的长宽尺寸及位置。所谓栅格是指点在矩形区域中按行、列形式分布形成的图案，如图 1-20 所示。当栅格在绘图窗口中显示出来后，用户就可根据栅格分布的范围估算出当前绘图区域的大小。

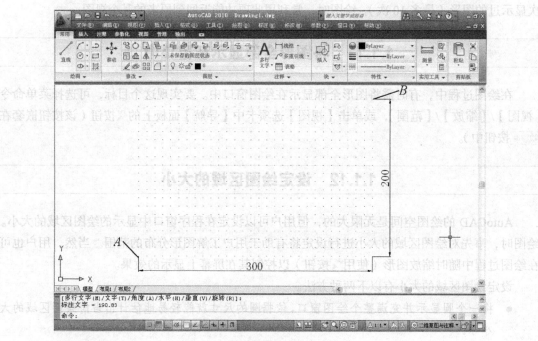

图 1-20 设定绘图区域的大小（2）

【实例 1-7】用 LIMITS 命令设定绘图区域的大小。

1. 选择菜单命令【格式】/【图形界限】，AutoCAD 提示如下。

命令: '_limits

指定左下角点或 [开(ON)/关(OFF)] <0.0000,0.0000>:

　　　　　　　　　　　　　//单击 A 点，如图 1-20 所示

指定右上角点 <420.0000,297.0000>: @300,200

　　　//输入 B 点相对于 A 点的坐标，按 Enter 键（在 2.1.1 节中将介绍相对坐标）

2. 选择菜单命令【视图】/【缩放】/【范围】，或单击【导航】面板上的 按钮，则当前绘图窗口的长宽尺寸近似为 300mm × 200mm。

3. 将鼠标光标移动到绘图窗口下方的 按钮上，单击鼠标右键，打开【草图设置】对话框，取消对【显示超出界线的栅格】复选项的选择。

4. 关闭【草图设置】对话框，单击 按钮，打开栅格显示。再选择菜单命令【视图】/【缩放】/【实时】，按住鼠标左键向下拖动鼠标光标使矩形栅格缩小，结果如图 1-20 所示，该栅格的长宽尺寸为 300mm × 200mm。

1.1.13 上机练习——布置用户界面及设定绘图区域的大小

本节提供的练习内容包括布置用户界面、切换绘图空间及设定绘图区域的大小等 AutoCAD 基本操作。

【实例1-8】布置用户界面，练习 AutoCAD 基本操作。

1. 启动 AutoCAD 2010，进入"AutoCAD 经典"工作空间，关闭【工具选项板】，新的用户界面如图 1-21 所示。

图 1-21　"AutoCAD 经典"工作空间

2. 利用 AutoCAD 提供的样板文件"acad.dwt"创建新文件。

3. 打开绘图窗口上部【工作空间】工具栏中的下拉列表，选择【二维草图与注释】选项，进入"二维草图与注释"工作空间。

4. 设定绘图区域的大小为 1 500mm × 1 200mm。打开栅格显示，单击【导航】面板上的按钮，使栅格显示并充满整个图形窗口。

5. 单击【绘图】面板上的按钮，AutoCAD 提示如下。

命令: _circle 指定圆的圆心或 [三点(3P)/两点(2P)/切点、切点、半径(T)]:
　　　　　　　　　　　　　　　　　　　　//在屏幕上单击一点

指定圆的半径或 [直径(D)] <30.0000>: 1　　//输入圆半径

命令:　　　　　　　　　　　　　　　　//按 Enter 键重复上一个命令

CIRCLE 指定圆的圆心或 [三点(3P)/两点(2P)/ 切点、切点、半径(T)]:
　　　　　　　　　　　　　　　　　　　　//在屏幕上单击一点

指定圆的半径或 [直径(D)] <1.0000>: 5　　//输入圆半径

命令:　　　　　　　　　　　　　　　　//按 Enter 键重复上一个命令

CIRCLE 指定圆的圆心或 [三点(3P)/两点(2P)/ 切点、切点、半径(T)]: *取消*
　　　　　　　　　　　　　　　　　　　　//按 Esc 键取消命令

6. 单击【导航】面板上的按钮使圆充满整个绘图窗口。

7. 利用状态栏上的、按钮移动和缩放图形。

8. 以文件名"User.dwg"保存图形。

1.2 设置图层、线型、线宽及颜色

可以将 AutoCAD 的图层想象成透明胶片,用户把各种类型的图形元素画在这些胶片上,AutoCAD 将这些胶片叠加在一起显示出来,如图 1-22 所示。在图层 A 上绘制了挡板,在图层 B 上绘制了支架,在图层 C 上绘制了螺钉,最终的显示结果是各层内容叠加后的效果。

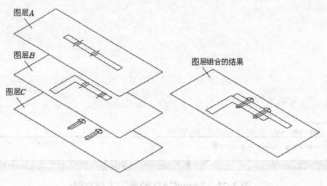

图 1-22 图层

1.2.1 创建及设置机械图的图层

AutoCAD 的图形对象总是位于某个图层上。默认情况下,当前层是 0 层,此时所画的图形对象在 0 层上。每个图层都有与其相关联的颜色、线型及线宽等属性信息,用户可以对这些信息进行设定或修改。

【实例 1-9】创建以下图层并设置图层的线型、线宽及颜色。

名称	颜色	线型	线宽
轮廓线层	白色	Continuous	0.5mm
中心线层	红色	Center	默认
虚线层	黄色	dashed	默认
剖面线层	绿色	Continuous	默认
尺寸标注层	绿色	Continuous	默认
文字说明层	绿色	Continuous	默认

1. 单击【图层】面板上的 按钮,打开【图层特性管理器】对话框,再单击 按钮,右侧列表框显示出名称为 "图层 1" 的图层,直接输入 "轮廓线层",按 Enter 键结束。

2. 再次按 Enter 键,又创建新图层。总共创建 6 个图层,结果如图 1-23 所示。图层【0】前有绿色标记 "√",表示该图层是当前层。

3. 指定图层颜色。选中 "中心线层",单击与所选图层关联的图标■白,打开【选择颜色】对话框,选择红色,如图 1-24 所示。用同样的方法设置其他图层的颜色。

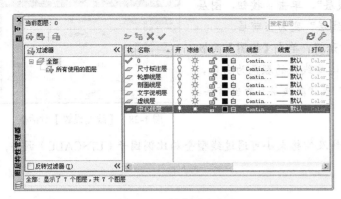

图 1-23　创建图层

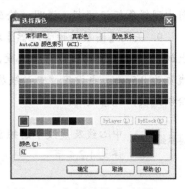

图 1-24　【选择颜色】对话框

4. 给图层分配线型。默认情况下，图层线型是【Continuous】。选中"中心线层"，单击与所选图层关联的【Continuous】，打开【选择线型】对话框，如图 1-25 所示，通过此对话框用户可以选择一种线型或从线型库文件中加载更多线型。

5. 单击 加载(L)... 按钮，打开【加载或重载线型】对话框，如图 1-26 所示。选择线型【CENTER】及【DASHED】，再单击 确定 按钮，这些线型就被加载到系统中。当前线型库文件是"acadiso.lin"，单击 文件(F)... 按钮，可选择其他的线型库文件。

图 1-25　【选择线型】对话框

6. 返回【选择线型】对话框，选择【CENTER】，单击 确定 按钮，该线型就分配给"中心线层"。用相同的方法将【DASHED】线型分配给"虚线层"。

7. 设定线宽。选中"轮廓线层"，单击与所选图层关联的图标 —— 默认，打开【线宽】对话框，指定线宽为 0.5mm，如图 1-27 所示。

图 1-26　【加载或重载线型】对话框

图 1-27　【线宽】对话框

如果要使图形对象的线宽在模型空间中显示得更宽或更窄一些，可以调整线宽比例。在状态栏中的 + 按钮上单击鼠标右键，弹出快捷菜单，选择【设置】选项，打开【线宽设置】对话框，如图 1-28 所示，在【调整显示比例】分组框中移动滑块来改变显示比例值。

8. 指定当前层。选中"轮廓线层"，单击 ✔ 按钮，图层前出现绿色标记"√"，说明"轮廓线层"变为当前层。

9. 关闭【图层特性管理器】对话框，单击【绘图】面板上的 ✎ 按钮，绘制任意几条线段，这些线条的颜色为白色，线宽为 0.5mm。再设定"中心线层"或"虚线层"为当前层，绘制线段，观察效果。

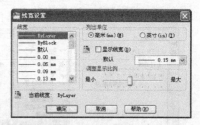

图 1-28　【线宽设置】对话框

 中心线及虚线中的短画线及空格大小可通过线型全局比例因子（LTSCALE）调整，详见 1.2.4 节。

1.2.2　控制图层状态

每个图层都具有打开与关闭、冻结与解冻、锁定与解锁及打印与不打印等状态，通过改变图层状态，就能控制图层上对象的可见性及可编辑性等。用户可通过【图层特性管理器】对话框对图层状态进行控制，如图 1-29 所示，单击【图层】面板上的 ▦ 按钮就可打开此对话框。

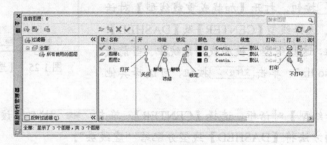

图 1-29　【图层特性管理器】对话框

下面对图层状态做简要说明。

- 打开/关闭：单击 💡 图标，将关闭或打开某一图层。打开的图层是可见的，而关闭的图层不可见，也不能被打印。当图形重新生成时，被关闭的层将一起被生成。

- 解冻/冻结：单击 ☼ 图标，将冻结或解冻某一图层。解冻的图层是可见的，而冻结的图层不可见，也不能被打印。当重新生成图形时，系统不再重新生成该层上的对象，因而冻结一些图层后，可以加快操作的速度。

- 解锁/锁定：单击 🔒 图标，将锁定或解锁图层。被锁定的图层是可见的，但图层上的对象不能被编辑。

- 打印/不打印：单击 🖨 图标，可设定图层是否被打印。

1.2.3　修改对象的图层、颜色、线型和线宽

要在某个图层上绘图，必须先使该层成为当前层。打开【图层】面板上的【图层控制】下拉列表，选择一个图层，该层就成为当前层。

如果用户想把某个图层上的对象修改到其他图层上，可先选择该对象，然后在【图层控制】下拉列表中选择要放置的图层名称。操作结束后，下拉列表自动关闭，被选择的图形对象转移

到新的图层上。

用户通过【特性】面板可以方便地修改或设置对象的颜色、线型及线宽等属性。默认情况下，该面板的【颜色控制】、【线型控制】和【线宽控制】3 个下拉列表中显示【ByLayer】，如图 1-30 所示。【ByLayer】的意思是所绘对象的颜色、线型及线宽等属性与当前层所设定的完全相同。

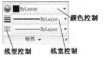

图 1-30　【特性】面板

当要设置将要绘制的对象的颜色、线型及线宽等属性时，用户可直接在【颜色控制】、【线型控制】和【线宽控制】下拉列表中选择相应的选项。

若要修改已有对象的颜色、线型及线宽等属性，则可先选择对象，然后在【颜色控制】、【线型控制】和【线宽控制】下拉列表中选择新的颜色、线型及线宽。

【实例 1-10】控制图层状态、切换图层、修改对象所在的图层及改变对象的线型和线宽。

1．打开素材文件 "\dwg\第 1 章\1-10.dwg"。

2．打开【图层】面板上的【图层控制】下拉列表，单击 "尺寸标注" 层前面的 图标，然后将鼠标光标移出下拉列表并单击一点，关闭图层，则该层上的对象变为不可见。

3．打开【图层控制】下拉列表，单击 "轮廓线" 层前面的 图标，然后将鼠标光标移出下拉列表并单击一点，冻结图层，则该层上的对象变为不可见。

4．选中所有的黄色线条，则【图层控制】下拉列表显示这些线条所在的图层——"虚线" 层。在该下拉列表中选择 "中心线" 层，操作结束后，下拉列表自动关闭，被选对象转移到 "中心线" 层上。

5．打开【图层控制】下拉列表，单击 "尺寸标注" 层前面的 图标，再单击 "轮廓线" 层前面的 图标，打开 "尺寸标注" 层及解冻 "轮廓线" 层，则这两个图层上的对象变为可见。

6．选中所有的图形对象，打开【特性】面板上的【颜色控制】下拉列表，从列表中选择【蓝】色，则所有对象变为蓝色。改变对象线型及线宽的方法与修改对象颜色类似。

1.2.4　修改非连续线的外观

非连续线是由短画线、空格等构成的重复图案，图案中的短线长度、空格大小由线型比例控制。用户绘图时常会遇到这样一种情况：本来想画虚线或点画线，但最终绘制出的线型看上去却和连续线一样，出现这种现象的原因是线型比例设置得太大或太小。

LTSCALE 是控制线型外观的全局比例因子，影响图样中所有非连续线型的外观，其值增加时，非连续线中的短画线及空格加长，否则，会使它们缩短。图 1-31 所示为使用不同比例因子时虚线及点画线的外观。

【实例 1-11】改变线型全局比例因子。

1．打开【特性】面板上的【线型控制】下拉列表，如图 1-32 所示。

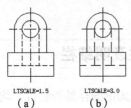

LTSCALE=1.5　　　LTSCALE=3.0
（a）　　　　　（b）

图 1-31　全局线型比例因子对非连续线外观的影响　　　图 1-32　【线型控制】下拉列表

2. 在此下拉列表中选择【其他】选项，打开【线型管理器】对话框，再单击 显示细节(D) 按钮，则该对话框底部出现【详细信息】分组框，如图 1-33 所示。

图 1-33　　【线型管理器】对话框

3. 在【详细信息】分组框的【全局比例因子】文本框中输入新的比例值。

1.2.5　上机练习——使用图层及修改线型比例

本节提供的练习目的是让读者掌握有关图层及线型比例的操作。

【实例 1-12】 创建图层、改变图层状态、将图形对象添加到其他图层上及修改线型比例。

1. 打开素材文件 "\dwg\第 1 章\1-12.dwg"。

2. 创建以下图层。

名称	颜色	线型	线宽
尺寸标注	绿色	Continuous	默认
文字说明	绿色	Continuous	默认

3. 关闭 "轮廓线"、"剖面线" 及 "中心线" 层，将尺寸标注及文字说明分别添加到 "尺寸标注" 及 "文字说明" 层上。

4. 修改全局线型比例因子为 0.5，然后打开 "轮廓线"、"剖面线" 及 "中心线" 层。

1.3
机械 CAD 制图的一般规定

机械工程 CAD 制图规则（国标）是计算机辅助绘图时必须遵循的规则，以下介绍其中的部分内容。

1.3.1　图纸幅面、标题栏及明细栏

绘制图样时，应优先选择表 1-1 中规定的幅面尺寸。无论图样是否装订，均应在图幅内绘制图框线，图框线采用粗实线。

表 1-1　　　　　　　　　　　　　　　图纸幅面尺寸

（单位：mm）

幅面代号	A0	A1	A2	A3	A4
$B×L$	841×1189	594×841	420×594	297×420	210×297
e	20			10	
c	10			5	
a	25				
需要装订的图样					
$B×L$	841×1189	594×841	420×594	297×420	210×297
e	20			10	
c	10			5	
a	25				
不需要装订的图样					

注：在 CAD 绘图中对图纸有加长、加宽的要求时，应按基本幅面的短边 B 成整数倍增加。

　　在图框的右下角必须绘制标题栏，标题栏的外框是粗实线，内部的分栏用细实线绘制。标题栏中文字的方向是看图的方向。标题栏的格式和尺寸如图 1-34 所示。

图 1-34　标题栏的格式和尺寸

　　明细栏一般配置在装配图中标题栏的上方，按由下而上的顺序填写，明细栏格式及尺寸如图 1-35 所示。当装配图中不能在标题栏的上方配置明细栏时，明细栏可作为装配图的续页按 A4 幅面单独给出，其顺序应是由上而下延伸，还可连续加页，但应在明细栏的下方配置标题栏，并在标题栏中填写与装配图相一致的名称和代号，如图 1-36 所示。

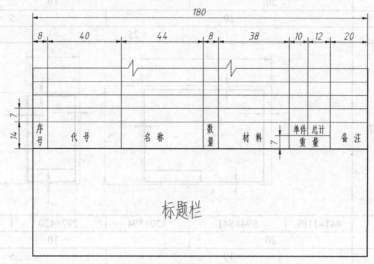

图 1-35　明细栏格式及尺寸

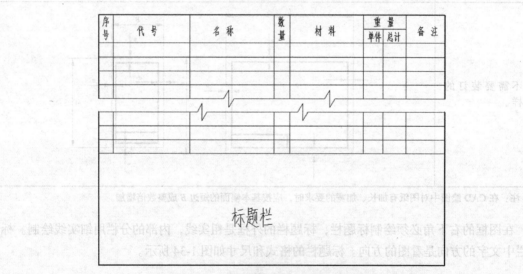

图 1-36　作为装配图续页的明细栏格式

1.3.2　标准绘图比例及用 AutoCAD 绘图时采用的比例

　　绘图比例是指图样中机件要素的线性尺寸与实际机件相应要素的线性尺寸之比。手工绘图时，对于大而简单的机件可采用缩小比例，对于小而复杂的机件可采用放大比例。

　　使用 AutoCAD 绘图时采用 1:1 比例绘图，当打印图样时，才对图样进行缩放，因此打印时的打印比例等于手工绘图时的绘图比例。

　　机械制图国家标准规定的绘图比例见表 1-2，应优先选用第一系列中的比例。

表 1-2   绘图比例

种类	比例	
	第一系列	第二系列
原值比例	1:1	
缩小比例	$1:2$ $1:5$ $1:10$ $1:1\times10^n$ $1:2\times10^n$ $1:5\times10^n$	$1:1.5$ $1:2.5$ $1:3$ $1:4$ $1:6$ $1:1.5\times10^n$ $1:2.5\times10^n$ $1:3\times10^n$ $1:4\times10^n$ $1:6\times10^n$
放大比例	$2:1$ $5:1$ $1\times10^n:1$ $2\times10^n:1$ $5\times10^n:1$	$2.5:1$ $4:1$ $2.5\times10^n:1$ $4\times10^n:1$

注：n 为正整数

1.3.3 图线规定、AutoCAD 中的图线和线型比例

机械图样中的图形是用各种不同形式的图线绘制而成的，不同的图线在图样中表示不同的含义。图线的形式、宽度及应用见表 1-3。

表 1-3   图线形式及应用

图线名称	图线的形式	线宽	一般应用
粗实线	————————	d（$0.5\sim2$mm）	可见轮廓线、相贯线及螺纹牙顶线
细实线	————————	$d/2$	尺寸线、尺寸界线、指引线及剖面线
细点划线	—·—·—·—	$d/2$	轴线、对称中心线
粗点划线	—·—·—·—	d	限定范围表示线
细双点划线	—··—··—	$d/2$	相邻辅助零件的轮廓线、可动零件的极限位置的轮廓线
细虚线	- - - - - -	$d/2$	不可见轮廓线
波浪线	〜〜〜〜	$d/2$	断裂处边界线、视图与剖视图的分界线
双折线	—/\—/\—	$d/2$	断裂处边界线

图线分为粗、细两种，粗线的宽度 d 应按图的大小和复杂程度在 $0.5\sim2$mm 之间选择。机械 CAD 制图规则中对线宽值的规定如表 1-4 所示，一般优先采用第 4 组。

表 1-4   图线线宽

组别	1	2	3	4	5	一般用途
线宽/ mm	2.0	1.4	1.0	0.7	0.5	粗实线、粗点画线
	1.0	0.7	0.5	0.35	0.25	细实线、波浪线、双折线、虚线、细点画线及双点画线

在 AutoCAD 中，各种图线的颜色及采用的线型见表 1-5，同一类型的图线应采用同样的颜色。

表 1-5   图线的颜色

图线名称	线型	颜色
粗实线	Continuous	白色
细实线	Continuous	绿色
波浪线	Continuous	
双折线	Continuous	

续表

图线名称	线型	颜色
虚线	Dashed	黄色
细点画线	Center	红色
粗点画线	Center	棕色
双点画线	Phantom	粉红色

点画线、虚线中的短划线及空格大小可通过线型全局比例因子调整，增加该比例因子值，短横线及空格尺寸就增加。

短横线及空格显示在绘图窗口中的尺寸与打印在图纸上的尺寸一般是不同的，除非绘图比例（即打印比例）为 1∶1。若按 1∶2 比例出图，则短横线及空格的长度要比绘图窗口中的长度缩小一倍。因此，要保证非连续线按图形窗口中的真实尺寸打印，应将线型全局比例因子值放大一倍，即等于绘图比例的倒数。

1.3.4　国标字体及 AutoCAD 中的字体

国家标准对图样中的汉字、字母及阿拉伯数字的形式做了规定。字体的字号规定了 8 种：20、14、10、7、5、3.5、2.5、1.8。字体的号数即是字体高度，如 5 号字，其字高为 5mm。字体的宽度一般是字体高度的 2/3 左右。

- 汉字应写成长仿宋体字，汉字的高度不应小于 3.5mm。字母和数字分斜体和直体两种。斜体字的字头向右倾斜，与水平线成 75°角。图样上一般采用斜体字。
- AutoCAD 提供了符合国标的字体文件。中文字体采用【gbcbig.shx】，该字体文件包含了长仿宋字。西文字体采用【gbeitc.shx】或【gbenor.shx】，前者是斜体西文，后者是直体。

1.4 习题

1. 启动 AutoCAD 2010，将用户界面重新布置，如图 1-37 所示。

图 1-37　重新布置用户界面

2. 创建及存储图形文件、熟悉 AutoCAD 命令的执行过程和快速查看图形等。

（1）利用 AutoCAD 提供的样板文件"acad.dwt"创建新文件。

（2）进入"AutoCAD 经典"工作空间，用 LIMITS 命令设定绘图区域的大小为 10 000mm×8 000mm。

（3）按下状态栏上的▦按钮，再单击【导航】面板上的🔍按钮，使栅格显示并充满整个绘图窗口。

（4）单击【绘图】面板上的⊘按钮，AutoCAD 提示如下。

命令：_circle 指定圆的圆心或 [三点(3P)/两点(2P)	/切点、切点、半径(T)：
	//在屏幕上单击一点
指定圆的半径或 [直径(D)] <30.0000>：50	//输入圆半径
命令：	//按 Enter 键重复上一个命令
CIRCLE 指定圆的圆心或 [三点(3P)/两点(2P)/ 切点、切点、半径(T)]：	
	//在屏幕上单击一点
指定圆的半径或 [直径(D)] <50.0000>：100	//输入圆半径
命令：	//按 Enter 键重复上一个命令
CIRCLE 指定圆的圆心或 [三点(3P)/两点(2P)/ 切点、切点、半径(T)]：*取消*	
	//按 Esc 键取消命令

（5）单击【导航】面板上的🔍按钮使圆充满整个绘图窗口。

（6）利用状态栏上的✋、🔍按钮移动和缩放图形。

（7）以文件名"User-1.dwg"保存图形。

3. 创建图层、控制图层状态、将图形对象修改到其他图层上及改变对象的颜色及线型。

（1）打开素材文件"\dwg\第 1 章\1-13.dwg"。

（2）创建以下图层。

名称	颜色	线型	线宽
轮廓线	白色	Continuous	0.70mm
中心线	红色	Center	0.35mm
尺寸线	绿色	Continuous	0.35 mm
剖面线	绿色	Continuous	0.35mm
文本	绿色	Continuous	0.35mm

（3）将图形的轮廓线、对称轴线、尺寸标注、剖面线及文字等分别修改到"轮廓线"层、"中心线"层、"尺寸线"层、"剖面线"层及"文本"层上。

（4）通过【特性】面板上的【颜色控制】下拉列表把尺寸标注及对称轴线修改为蓝色。

（5）通过【特性】面板上的【线宽控制】下拉列表将轮廓线的线宽修改为 0.50mm。

（6）通过【特性】面板上的【线型控制】下拉列表将轮廓线的线型修改为 Dashed。

（7）关闭或冻结"尺寸线"层。

第2章

绘制线段、平行线及圆

通过本章的学习，读者可以掌握绘制线段、斜线、平行线、圆及圆弧连接的方法，并能够灵活运用相应命令绘制简单图形。

本章主要内容如下。

- 输入线段端点的坐标画线。
- 使用极轴追踪、对象捕捉及自动追踪功能画线。
- 画平行线、任意角度斜线。
- 修剪及延伸线条。
- 打断线条及调整线条长度。
- 画圆、圆弧连接及圆的切线。
- 倒圆角及倒角。

2.1

画线的方法（一）

本节介绍如何通过输入点的坐标画线、通过捕捉几何对象上的特殊点画线，绘制平行线，并介绍如何修剪及延伸线条。

【实例 2-1】通过绘制图 2-1 所示的平面图形来介绍画线的过程。

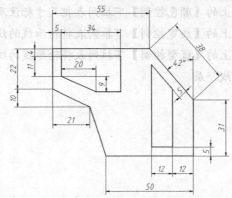

图 2-1　绘制线段构成的平面图形

2.1.1 输入点的坐标画线

LINE 命令可在二维或三维空间中创建线段。发出命令后，用户通过鼠标光标指定线段的端点或利用键盘输入端点坐标，AutoCAD 就将这些点连接成线段。

常用的点坐标形式如下。

- 绝对直角坐标或相对直角坐标。绝对直角坐标的输入格式为"X,Y"，相对直角坐标的输入格式为"$@X,Y$"。X 表示点的 x 坐标值，Y 表示点的 y 坐标值。两坐标值之间用","分隔开。例如，（-60,30）、（40,70）分别表示图 2-2 中的 A、B 点。

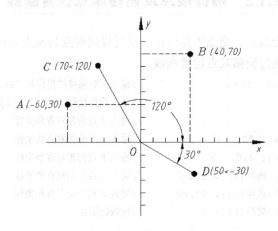

图 2-2   点的绝对直角坐标和绝对极坐标

- 绝对极坐标或相对极坐标。绝对极坐标的输入格式为"$R<\alpha$"，相对极坐标的输入格式为"$@R<\alpha$"。R 表示点到原点的距离，α 表示极轴方向与 x 轴正向间的夹角。若从 x 轴正向逆时针旋转到极轴方向，则 α 角为正；否则，α 角为负。例如，（70<120）、（50<-30）分别表示图 2-2 中的 C、D 点。

画线时若只输入"$<\alpha$"，而不输入"R"，则表示沿 α 角度方向画任意长度的线段，这种画线方式称为角度覆盖方式。

下面通过输入点的绝对极坐标及相对极坐标画线。

1. 设定绘图区域的大小为 120mm×120mm，该区域左下角点的坐标为（190,150），右上角点的相对坐标为（@120,120）。单击【导航】面板上的 按钮，使绘图区域显示并充满整个图形窗口。

2. 单击【绘图】面板上的 按钮或输入命令代号 LINE，启动画线命令。

命令: _line 指定第一点: 210,170	//输入 A 点的绝对直角坐标，如图 2-3 所示
指定下一点或 [放弃(U)]: @50,0	//输入 B 点的相对直角坐标
指定下一点或 [放弃(U)]: @0,31	//输入 C 点的相对直角坐标
指定下一点或 [闭合(C)/放弃(U)]: @38<132	//输入 D 点的相对极坐标
指定下一点或 [闭合(C)/放弃(U)]: @-55,0	//输入 E 点的相对直角坐标
指定下一点或 [闭合(C)/放弃(U)]: @0, -22	//输入 F 点的相对直角坐标
指定下一点或 [闭合(C)/放弃(U)]: @21, -10	//输入 G 点的相对直角坐标
指定下一点或 [闭合(C)/放弃(U)]: c	//使线框闭合

结果如图 2-3 所示。

LINE 命令的常用选项如下。

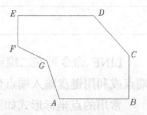

图 2-3　输入点的坐标画线

- 放弃(U)：在"指定下一点"的提示下，输入字母"U"，将删除上一条线段，多次输入"U"，则会删除多条线段。该选项可以及时纠正绘图过程中的错误。

- 闭合(C)：在"指定下一点"的提示下，输入字母"C"，AutoCAD 将使连续折线自动封闭。

2.1.2　捕捉端点及偏移某点位置画线

画线过程中可以捕捉端点、交点等几何点，还可以这些点为基点偏移一定距离画线。继续前面的练习，通过偏移某点位置画线。

命令：_line 指定第一点：from　　　　　　　//输入正交偏移捕捉代号"FROM"，按 Enter 键

基点：end 于　　　　　　　　　　　　//输入端点代号"END"并按 Enter 键，捕捉端点 H

<偏移>：@5, -4　　　　　　　　　　//输入 I 点的相对直角坐标

指定下一点或 [放弃(U)]：@0, -11　　　//输入 J 点的相对直角坐标

指定下一点或 [放弃(U)]：@20, -9　　　//输入 K 点的相对直角坐标

指定下一点或 [闭合(C)/放弃(U)]：@14,0　//输入 L 点的相对直角坐标

指定下一点或 [闭合(C)/放弃(U)]：@0,20　//输入 M 点的相对直角坐标

指定下一点或 [闭合(C)/放弃(U)]：c　　　//使线框闭合

结果如图 2-4 所示。

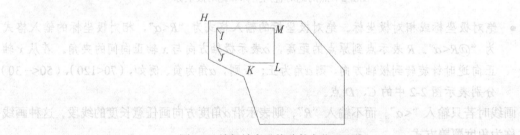

图 2-4　捕捉端点及偏移某点位置画线

2.1.3　绘制平行线

OFFSET 命令可将对象偏移指定的距离，创建一个与源对象类似的新对象。使用该命令时，用户可以通过两种方式创建平行对象，一种是输入平行线间的距离，另一种是指定新平行线通过的点。

继续前面的练习，绘制平行线。

1. 单击【修改】面板上的 ⊿ 按钮或输入命令代号 OFFSET，启动偏移命令。

命令：_offset

指定偏移距离或 [通过(T)/删除(E)/图层(L)] <6.0000>：5　　//输入偏移距离

选择要偏移的对象，或 [退出(E)/放弃(U)] <退出>：　　　　　　//选择线段 N，如图 2-5（a）所示

指定要偏移的那一侧上的点，或 [退出(E)/多个(M)/放弃(U)] <退出>：

	//在线段 N 的上方单击一点
选择要偏移的对象，或 [退出(E)/放弃(U)] <退出>:	//选择线段 O
指定要偏移的那一侧上的点，或 [退出(E)/多个(M)/放弃(U)] <退出>:	
	//在线段 O 的左下方单击一点
选择要偏移的对象，或 [退出(E)/放弃(U)] <退出>:	//按 Enter 键结束

结果如图 2-5（a）所示。

2. 继续绘制平行线 P、Q，结果如图 2-5（b）所示。

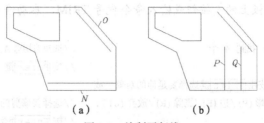

图 2-5　绘制平行线

OFFSET 命令的常用选项如下。

● 通过（T）：通过指定点创建新的偏移对象。
● 删除（E）：偏移源对象后将其删除。
● 图层（L）：指定将偏移后的新对象放置在当前图层或源对象所在的图层上。
● 多个（M）：在要偏移的一侧单击多次，就可以创建多个等距对象。

2.1.4　延伸及修剪线条

利用 EXTEND 命令可以将线段、曲线等对象延伸到一个边界对象，使其与边界对象相交。有时对象延伸后并不与边界直接相交，而是与边界的延长线相交。

使用 TRIM 命令可将多余线条修剪掉。启动该命令后，用户首先指定一个或几个对象作为剪切边（可以想象为剪刀），然后选择被修剪的部分。

继续前面的练习，延伸及修剪多余线条。

1. 单击【修改】面板上的 按钮或输入命令代号 EXTEND，启动延伸命令。

命令: _extend	
选择对象或 <全部选择>: 找到 1 个	//选择延伸边界 A，如图 2-6（a）所示
选择对象:	//按 Enter 键
选择要延伸的对象，或按住 Shift 键选择要修剪的对象，或	
[栏选(F)/窗交(C)/投影(P)/边(E)/放弃(U)]:	//选择要延伸的对象 B
选择要延伸的对象，或按住 Shift 键选择要修剪的对象，或	
[栏选(F)/窗交(C)/投影(P)/边(E)/放弃(U)]:	//选择要延伸的对象 C
选择要延伸的对象，或按住 Shift 键选择要修剪的对象，或	
[栏选(F)/窗交(C)/投影(P)/边(E)/放弃(U)]:	//按 Enter 键结束

结果如图 2-6（b）所示。

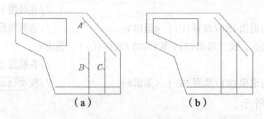

图 2-6　延伸线段

2. 单击【修改】面板上的 ✄ 按钮或输入命令代号 TRIM，启动修剪命令。

命令: _trim
选择对象: 指定对角点: 找到 4 个　　　　　　　　//选择剪切边 A、B、C、D，如图 2-7（a）所示
选择对象:　　　　　　　　　　　　　　　　　　//按 Enter 键
选择要修剪的对象，或按住 Shift 键选择要延伸的对象，或
[栏选(F)/窗交(C)/投影(P)/边(E)/删除(R)/放弃(U)]:　　//选择要修剪的多余线条
　　　　　　　　　　　　　　　　　　　　　　　//按 Enter 键结束

结果如图 2-7（b）所示。

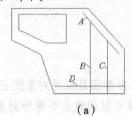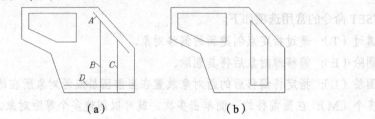

图 2-7　修剪线条

EXTEND、TRIM 命令选项的功能见表 2-1。

表 2-1　　　　　　　　　　　　　　　命令选项的功能

命　令	选　项	功　能
EXTEND	按住 Shift 键选择要修剪的对象	将选择的对象修剪到边界而不是将其延伸
	栏选（F）	用户绘制连续折线，与折线相交的对象被延伸
	窗交（C）	利用交叉窗口选择对象
	边（E）	当边界边太短、延伸对象后不能与其直接相交时，就使用该选项，此时 AutoCAD 假想将边界边延长，然后延伸线条到边界边
TRIM	按住 Shift 键选择要延伸的对象	将选定的对象延伸至剪切边
	栏选（F）	用户绘制连续折线，与折线相交的对象被修剪
	窗交（C）	利用交叉窗口选择对象
	边（E）	如果剪切边太短，没有与被修剪对象相交，就利用此选项假想将剪切边延长，然后执行修剪操作

2.1.5　上机练习——输入点的坐标及捕捉偏移点画线

以下练习内容包括输入点的坐标及捕捉偏移点画线，使用 OFFSET、EXTEND 及 TRIM 等命令画线。

【实例 2-2】图形左上角点的绝对坐标及图形尺寸如图 2-8 所示，用 LINE 命令绘制此图形。

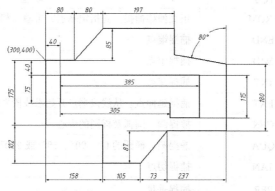

图 2-8 输入点的坐标画线

【实例 2-3】打开素材文件"\dwg\第 2 章\2-3.dwg"，如图 2-9（a）所示。用 OFFSET、EXTEND 及 TRIM 等命令将图 2-9（a）修改为图 2-9（b）。

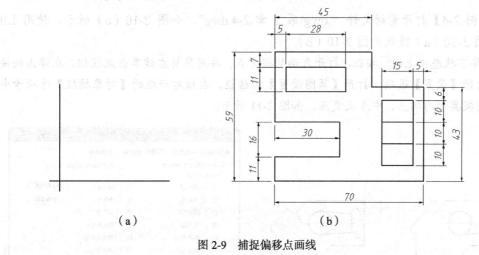

（a）   （b）

图 2-9 捕捉偏移点画线

2.2

知识拓展——精确画线及调整线条长度

本节内容包括使用对象捕捉、正交模式精确画线，修剪及延伸线条等。

2.2.1 使用对象捕捉精确画线

使用 LINE 命令画线的过程中，可启动对象捕捉功能以拾取一些特殊的几何点，如端点、圆心及切点等。【对象捕捉】工具栏中包含了各种对象捕捉工具，其中常用捕捉工具的功能及命令代号见表 2-2。

表 2-2   对象捕捉工具及代号

捕捉按钮	代号	功能
	FROM	正交偏移捕捉。先指定基点，再输入相对坐标确定新点
	END	捕捉端点
	MID	捕捉中点
	INT	捕捉交点
	EXT	捕捉延伸点。从线段端点开始沿线段方向捕捉一点
	CEN	捕捉圆、圆弧及椭圆的中心
	QUA	捕捉圆、椭圆的 0°、90°、180° 或 270° 处的点——象限点
	TAN	捕捉切点
	PER	捕捉垂足
	PAR	平行捕捉。先指定线段起点，再利用平行捕捉绘制平行线
无	M2P	捕捉两点间连线的中点

【实例 2-4】打开素材文件 "\dwg\第 2 章\2-4.dwg"，如图 2-10（a）所示，使用 LINE 命令将图 2-10（a）修改为图 2-10（b）。

1. 按下状态栏上的 ▢ 按钮，打开自动捕捉方式。再用鼠标右键单击此按钮，在弹出的快捷菜单中选择【设置】选项，打开【草图设置】对话框，在该对话框的【对象捕捉】选项卡中设置自动捕捉类型为端点、中点及交点，如图 2-11 所示。

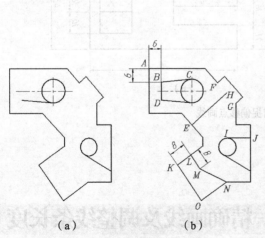

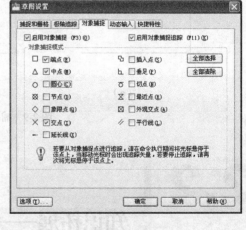

（a）   （b）

图 2-10   利用对象捕捉精确画线   图 2-11   【草图设置】对话框

2. 绘制线段 *BC*、*BD*。*B* 点的位置用正交偏移捕捉确定，如图 2-10（b）所示。

命令：_line 指定第一点：from   //输入正交偏移捕捉代号 "FROM"，按 Enter 键

基点：   //将鼠标光标移动到 *A* 点处，AutoCAD 自动捕捉该点，单击鼠标左键确认

<偏移>：@6,-6   //输入 *B* 点的相对坐标

指定下一点或 [放弃(U)]：tan 到   //输入切点代号 "TAN" 并按 Enter 键，捕捉切点 *C*

指定下一点或 [放弃(U)]：   //按 Enter 键结束

命令：   //重复命令

LINE 指定第一点：	//自动捕捉端点 B
指定下一点或 [放弃(U)]：	//自动捕捉端点 D
指定下一点或 [放弃(U)]：	//按 Enter 键结束

结果如图 2-10（b）所示。

3. 绘制线段 *EH*、*IJ*，如图 2-10（b）所示。

命令：_line 指定第一点：	//自动捕捉中点 E
指定下一点或 [放弃(U)]：m2p	//输入捕捉代号 "M2P"，按 Enter 键
中点的第一点：	//自动捕捉端点 F
中点的第二点：	//自动捕捉端点 G
指定下一点或 [放弃(U)]：	//按 Enter 键结束
命令：	//重复命令
LINE 指定第一点：qua 于	//输入象限点代号捕捉象限点 I
指定下一点或 [放弃(U)]：per 到	//输入垂足代号捕捉垂足 J
指定下一点或 [放弃(U)]：	//按 Enter 键结束

结果如图 2-10（b）所示。

4. 绘制线段 *LM*、*MN*，如图 2-10（b）所示。

命令：_line 指定第一点：EXT	//输入延伸点代号 "EXT" 并按 Enter 键
于 8	//从 K 点开始沿线段进行追踪，输入 L 点与 K 点的距离
指定下一点或 [放弃(U)]：PAR	//输入平行偏移捕捉代号 "PAR" 并按 Enter 键
到 8	//将鼠标光标从线段 KO 处移动到 LM 处，再输入线段 LM 的长度
指定下一点或 [放弃(U)]：	//自动捕捉端点 N
指定下一点或 [闭合(C)/放弃(U)]：	//按 Enter 键结束

结果如图 2-10（b）所示。

使用对象捕捉功能的方法有以下 3 种。

- 在绘图过程中，当 AutoCAD 提示输入一个点时，用户可单击捕捉按钮或输入捕捉命令代号来启动对象捕捉，然后将鼠标光标移动到要捕捉的特征点附近，AutoCAD 就自动捕捉该点。

- 利用快捷菜单。发出 AutoCAD 命令后，按下 Shift 键并单击鼠标右键，弹出快捷菜单，通过此菜单用户可选择捕捉何种类型的点。

- 上述两种捕捉方式仅对当前操作有效，命令结束后，捕捉模式自动关闭，这种捕捉方式称为覆盖捕捉方式。除此之外，用户可以采用自动捕捉方式来定位点，按下状态栏上的 ▢ 按钮，就可以打开这种方式。

2.2.2　利用正交模式辅助画线

按下状态栏上的 ▢ 按钮，打开正交模式。在正交模式下，鼠标光标只能沿水平或竖直方向移动。画线时若同时打开该模式，则只需输入线段的长度值，AutoCAD 就自动画出水平或竖直线段。

当调整水平或竖直方向线段的长度时，可利用正交模式限制鼠标光标的移动方向。选择线段，线段上出现关键点（实心矩形点），选中端点处的关键点，移动鼠标光标，就可以沿水平或竖直方向改变线段的长度。

2.2.3   延伸及修剪线条的其他情况

EXTEND 命令的"边（E）"选项可假想将边界边延长，然后将对象延伸到边界，如图 2-12 所示。TRIM 命令的"边（E）"选项可假想将剪切边延长，然后剪断多余线条，如图 2-12 所示。

图 2-12   使用"边（E）"选项延伸及修剪线条

【实例 2-5】打开素材文件"\dwg\第 2 章\2-5.dwg"，如图 2-13 所示。用 TRIM、EXTEND 等命令将图 2-13（a）修改为图 2-13（b）。

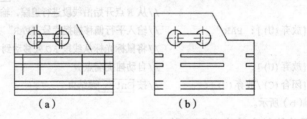

（a）   （b）

图 2-13   延伸及修剪线条

2.2.4   上机练习——用 LINE、OFFSET 及 TRIM 命令绘图

本节练习的目的是使读者掌握 LINE、OFFSET 及 TRIM 等命令的用法。

【实例 2-6】利用 LINE、OFFSET 及 TRIM 等命令绘制平面图形，如图 2-14 所示。

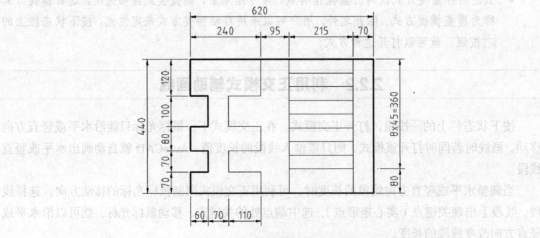

图 2-14   平面图形绘制练习（1）

主要作图步骤如图 2-15 所示。

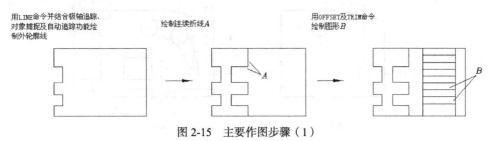

图 2-15　主要作图步骤（1）

【实例 2-7】利用 LINE、OFFSET 及 TRIM 等命令绘制平面图形，如图 2-16 所示。

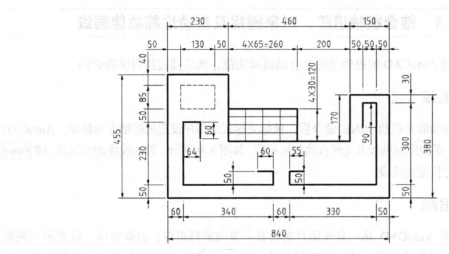

图 2-16　平面图形绘制练习（2）

主要作图步骤如图 2-17 所示。

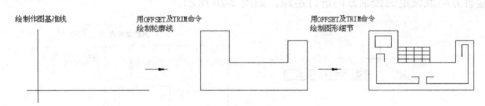

图 2-17　主要作图步骤（2）

2.3
画线的方法（二）

本节内容包括利用极轴追踪、自动追踪功能快速画线，画切线、圆及圆弧连接，调整线条长度等。

【实例 2-8】打开素材文件 "\dwg\第 2 章\2-8.dwg"，如图 2-18（a）所示，将图 2-18（a）修改为图 2-18（b）。

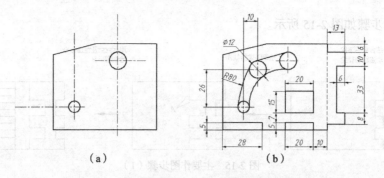

（a）   （b）

图 2-18　利用极轴追踪、自动追踪功能快速画线

2.3.1　结合极轴追踪、对象捕捉及自动追踪功能画线

首先简要说明 AutoCAD 的极轴追踪及自动追踪功能，然后通过练习掌握它们。

一、极轴追踪

打开极轴追踪功能并启动 LINE 命令后，鼠标光标就沿用户设定的极轴方向移动，AutoCAD 在该方向上显示一条追踪辅助线及光标点的极坐标值，如图 2-19 所示。输入线段的长度后，按 Enter 键，就绘制出指定长度的线段。

二、自动追踪

自动追踪是指 AutoCAD 从一点开始自动沿某一方向进行追踪，追踪方向上将显示一条追踪辅助线及光标点的极坐标值。输入追踪距离后，按 Enter 键，就确定新的点。在使用自动追踪功能时，必须打开对象捕捉。AutoCAD 首先捕捉一个几何点作为追踪参考点，然后沿水平方向、竖直方向或设定的极轴方向进行追踪，如图 2-20 所示。

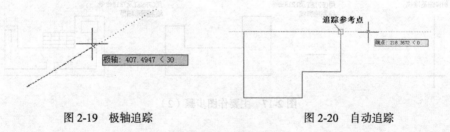

图 2-19　极轴追踪　　　　　　　　图 2-20　自动追踪

下面结合极轴追踪、对象捕捉及自动追踪功能画线。

1. 打开对象捕捉，设置自动捕捉类型为端点、圆心及交点，再设定线型全局比例因子为 0.2。

2. 用鼠标右键单击状态栏上的 按钮，选择【设置】选项，打开【草图设置】对话框，进入【极轴追踪】选项卡，在该选项卡的【增量角】下拉列表中设定极轴角增量为 90°，如图 2-21 所示。此后，若用户打开极轴追踪画线，则鼠标光标将自动沿 0°、90°、180° 及 270° 方向进行追踪，再输入线段的长度值，AutoCAD 就在该方向上画出线段。单击 确定 按钮，关闭【草图设置】对话框。

3. 按下状态栏上的 、 、 按钮，打开极轴追踪、对象捕捉及自动追踪功能。

4. 切换到轮廓线层，绘制线段 BC、CD 等，如图 2-22 所示。

命令：_line 指定第一点：6   //从 A 点向下追踪并输入追踪距离

指定下一点或 [放弃(U)]：13   //从 B 点向右追踪并输入追踪距离

指定下一点或 [放弃(U)]：10   //从 C 点向下追踪并输入追踪距离

指定下一点或 [闭合(C)/放弃(U)]：6   //从 D 点向左追踪并输入追踪距离

指定下一点或 [闭合(C)/放弃(U)]：33   //从 E 点向下追踪并输入追踪距离

指定下一点或 [闭合(C)/放弃(U)]：   //从 F 点向右追踪并以 D 点为追踪参考点确定 G 点

指定下一点或 [闭合(C)/放弃(U)]：8   //从 G 点向下追踪并输入追踪距离

指定下一点或 [闭合(C)/放弃(U)]：   //从 H 点向左追踪并捕捉交点 I

指定下一点或 [闭合(C)/放弃(U)]：   //按 Enter 键结束

结果如图 2-22 所示。

5. 用 LINE 命令绘制线框 J、K、L 等，如图 2-22 所示。

图 2-21 【极轴追踪】选项卡

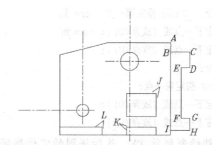

图 2-22 结合极轴追踪、对象捕捉及自动追踪功能画线

2.3.2 画切线、圆及圆弧连接

用户可利用 LINE 命令并结合切点捕捉 "TAN" 来绘制切线。

用户可用 CIRCLE 命令绘制圆及圆弧连接。默认的画圆方法是指定圆心和半径，此外，还可通过两点或三点来画圆。

继续前面的练习，画切线、圆及圆弧连接。

1. 单击【绘图】面板上的 ⊘ 按钮或输入命令代号 CIRCLE，启动画圆命令。

命令：_circle 指定圆的圆心或 [三点(3P)/两点(2P)/切点、切点、半径(T)]：from

                                       //使用正交偏移捕捉

基点：   //捕捉圆心 M

<偏移>：@10,26   //输入相对坐标

指定圆的半径或 [直径(D)] <6.0000>：6   //输入圆半径

命令：   //重复命令

CIRCLE 指定圆的圆心或 [三点(3P)/两点(2P)/切点、切点、半径(T)]：t

                                       //利用 "切点、切点、半径(T)" 选项

指定对象与圆的第一个切点：   //捕捉切点 N

指定对象与圆的第二个切点：   //捕捉切点 O

指定圆的半径 <6.0000>：80   //输入圆半径

命令：   //重复命令

CIRCLE 指定圆的圆心或 [三点(3P)/两点(2P)/切点、切点、半径(T)]: 3p
指定圆上的第一个点: tan 到   //捕捉切点 P
指定圆上的第二个点: tan 到   //捕捉切点 Q
指定圆上的第三个点: tan 到   //捕捉切点 R

结果如图 2-23 所示。

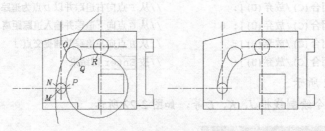

图 2-23　绘制圆及圆弧连接

2. 绘制切线 ST 及圆的定位线，如图 2-24 所示。

命令: _line 指定第一点: tan 到   //捕捉切点 S
指定下一点或 [放弃(U)]: tan 到   //捕捉切点 T
指定下一点或 [放弃(U)]:   //按 Enter 键结束
命令: //重复命令
LINE 指定第一点: //从圆心 U 向上追踪并单击一点 V
指定下一点或 [放弃(U)]:   //从 V 点向下追踪并单击一点 W
指定下一点或 [放弃(U)]:   //按 Enter 键结束

继续绘制线段 XY，然后将圆的定位线修改到中心线层上，结果如图 2-24 所示。

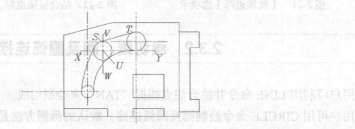

图 2-24　绘制切线及中心线

2.3.3　打断线条

BREAK 命令可以删除对象的一部分，常用于打断线段、圆、圆弧及椭圆等，此命令既可以在一个点处打断对象，也可以在指定的两点间打断对象。

继续前面的练习，打断线条。

单击【修改】面板上的 按钮或输入命令代号 BREAK，启动打断命令。

命令: _break 选择对象: //在 A 点处选择对象，如图 2-25 (a) 所示
指定第二个打断点 或 [第一点(F)]:   //在 B 点指定第二个打断点
命令: //重复命令
BREAK 选择对象: //选择线段 C
指定第二个打断点 或 [第一点(F)]: f   //使用选项"第一点(F)"
指定第一个打断点: //捕捉交点 D

指定第二个打断点: @	//输入相对坐标符号, 按 Enter 键, 在同一点打断对象
命令:	//重复命令
BREAK 选择对象:	//选择线段 C
指定第二个打断点 或 [第一点(F)]: f	//使用选项"第一点(F)"
指定第一个打断点:	//捕捉交点 D
指定第二个打断点: @	//输入相对坐标符号, 按 Enter 键, 在同一点打断对象

再将线段 C 修改到虚线层上, 结果如图 2-25（b）所示。

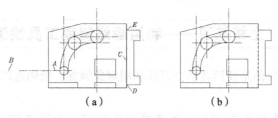

（a）　　　　　　　　　　（b）

图 2-25　打断线条

BREAK 命令的常用选项如下。

● 指定第二个打断点: 在图形对象上选择第二点后, AutoCAD 将第一打断点与第二打断点间的部分删除。

● 第一点（F）: 该选项使用户可以重新指定第一打断点。

2.3.4　调整线条长度

LENGTHEN 命令可以一次改变线段、圆弧及椭圆弧等多个对象的长度。使用此命令时, 经常采用的选项是"动态", 即直观地拖动对象来改变其长度。

继续前面的练习, 修改线条长度。

单击【修改】面板上的 按钮或输入命令代号 LENGTHEN, 启动拉长命令。

命令: _lengthen	
选择对象或 [增量(DE)/百分数(P)/全部(T)/动态(DY)]: dy	
	//使用"动态(DY)"选项
选择要修改的对象或 [放弃(U)]:	//在线段 F 的上端选中对象, 如图 2-26（a）所示
指定新端点:	//向下移动鼠标光标, 单击一点
选择要修改的对象或 [放弃(U)]:	//在线段 G 的下端选中对象
指定新端点:	//向上移动鼠标光标, 单击一点
选择要修改的对象或 [放弃(U)]:	//按 Enter 键结束

继续修改其他定位线的长度, 结果如图 2-26（b）所示。

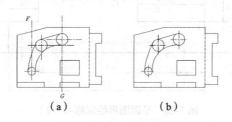

（a）　　　　　　　　　　（b）

图 2-26　调整线条长度

LENGTHEN 命令的常用选项如下。

- 增量（DE）：以指定的增量值改变线段或圆弧的长度。对于圆弧，用户还可通过设定角度增量改变其长度。
- 百分数（P）：以对象总长度的百分比形式改变对象长度。
- 全部（T）：通过指定线段或圆弧的新长度来改变对象总长。
- 动态（DY）：拖动鼠标光标可以动态地改变对象长度。

2.3.5 上机练习——利用画线辅助工具快速画线

以下提供的练习的目的是使读者学会怎样利用对象捕捉、极轴追踪和自动追踪等工具快速画线。

【实例 2-9】打开素材文件"\dwg\第 2 章\2-9.dwg"，如图 2-27（a）所示，利用 LINE 命令并结合极轴追踪、对象捕捉及自动追踪功能将图 2-27（a）修改为图 2-27（b）。

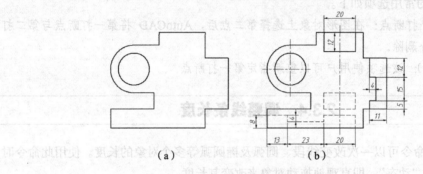

图 2-27 平面图形绘制练习（1）

【实例 2-10】利用 LINE 命令并结合极轴追踪、对象捕捉及自动追踪功能绘制平面图形，如图 2-28 所示。

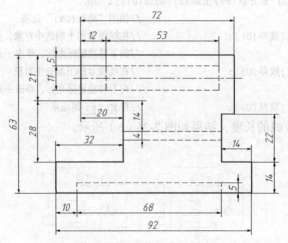

图 2-28 平面图形绘制练习（2）

主要作图步骤如图 2-29 所示。

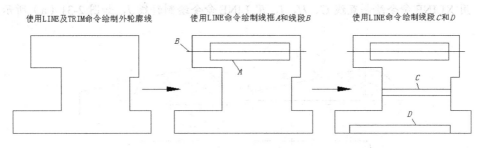

图 2-29　主要作图步骤

2.4 知识拓展——绘制斜线及倒角

本节内容包括绘制任意角度斜线、倒圆角及倒角等。

2.4.1　绘制任意角度斜线

用户可以用以下两种方法绘制倾斜线段。

● 用 LINE 命令沿某一方向绘制任意长度的线段。启动该命令，当 AutoCAD 提示输入点时，输入一个小于号 "<" 及角度值，该角度表明了画线的方向，AutoCAD 将把鼠标光标锁定在此方向上。移动鼠标光标，线段的长度就发生变化，获取适当长度后，单击鼠标左键结束，这种画线方式称为角度覆盖式。

● 用 XLINE 命令绘制任意角度斜线。XLINE 命令可以绘制无限长的构造线，利用它能直接绘制出水平方向、竖直方向及倾斜方向的直线，作图过程中采用此命令绘制定位线或绘图辅助线是很方便的。

【实例2-11】打开素材文件 "\dwg\第 2 章\2-11.dwg"，如图 2-30（a）所示。用 LINE、XLINE 及 TRIM 等命令将图 2-30（a）修改为图 2-30（b）。

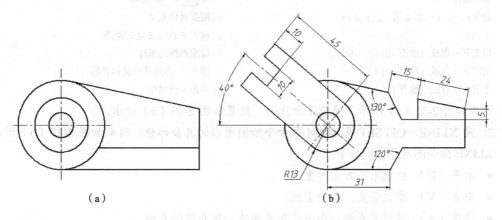

（a）　　　　　　　　　　　　　　（b）

图 2-30　利用 LINE、XLINE 及 TRIM 等命令绘图

1. 用 XLINE 命令绘制直线 G、H、I，用 LINE 命令绘制斜线 J，如图 2-31（a）所示。

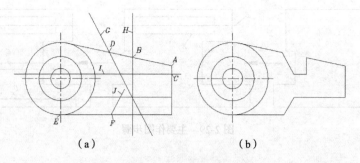

（a）　　　　　　　　　　　（b）

图 2-31　绘制构造线

单击【绘图】面板上的 按钮或输入命令代号 XLINE，启动绘制构造线命令。

命令：_xline 指定点或 [水平(H)/垂直(V)/角度(A)/二等分(B)/偏移(O)]：v	
	//使用"垂直(V)"选项
指定通过点：ext	//捕捉延伸点 B
于 24	//输入 B 点与 A 点的距离
指定通过点：	//按 Enter 键结束
命令：	//重复命令
XLINE 指定点或 [水平(H)/垂直(V)/角度(A)/二等分(B)/偏移(O)]：h	
	//使用"水平(H)"选项
指定通过点：ext	//捕捉延伸点 C
于 5	//输入 C 点与 A 点的距离
指定通过点：	//按 Enter 键结束
命令：	//重复命令
XLINE 指定点或 [水平(H)/垂直(V)/角度(A)/二等分(B)/偏移(O)]：a	
	//使用"角度(A)"选项
输入构造线的角度 (0) 或 [参照(R)]：r	//使用"参照(R)"选项
选择直线对象：	//选择线段 AB
输入构造线的角度 <0>：130	//输入构造线与线段 AB 的夹角
指定通过点：ext	//捕捉延伸点 D
于 39	//输入 D 点与 A 点的距离
指定通过点：	//按 Enter 键结束
命令：_line 指定第一点：ext	//捕捉延伸点 F
于 31	//输入 F 点与 E 点的距离
指定下一点或 [放弃(U)]：<60	//设定画线的角度
指定下一点或 [放弃(U)]：	//沿 60° 方向移动鼠标光标
指定下一点或 [放弃(U)]：	//单击一点结束

结果如图 2-31（a）所示。修剪多余线条，结果如图 2-31（b）所示。

2. 用 XLINE、OFFSET 及 TRIM 等命令绘制图形的其余部分，结果如图 2-30（b）所示。
XLINE 命令的常用选项如下。

● 水平（H）：绘制水平方向的直线。

● 垂直（V）：绘制竖直方向的直线。

● 角度（A）：通过某点画一个与已知直线成一定角度的直线。

- 二等分（B）：绘制一条平分已知角度的直线。
- 偏移（O）：可通过输入一个偏移距离值来绘制平行线，或指定直线通过的点来创建新的平行线。

2.4.2 绘制倒圆角及倒角

FILLET 命令用于绘制倒圆角，操作的对象包括直线、多段线、样条线、圆及圆弧等。

CHAMFER 命令用于绘制倒角，绘制倒角时既可以输入每条边的倒角距离，也可以指定某条边上倒角的长度及与此边的夹角。

【实例 2-12】打开素材文件"\dwg\第 2 章\2-12.dwg"，如图 2-32（a）所示。用 FILLET 及 CHAMFER 命令将图 2-32（a）修改为图 2-32（b）。

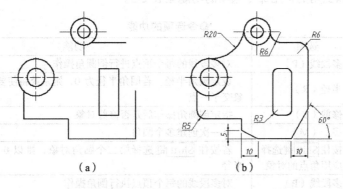

(a)　　　　(b)

图 2-32　倒圆角及倒斜角

1. 创建圆角，如图 2-33 所示。

单击【修改】面板上的□按钮或输入命令代号 FILLET，启动创建圆角命令。

```
命令: _fillet
选择第一个对象或[放弃(U)/多段线(P)/半径(R)/修剪(T)/多个(M)]:r        //设置圆角半径
指定圆角半径 <3.0000>: 5                                           //输入圆角半径值
选择第一个对象或 [放弃(U)/多段线(P)/半径(R)/修剪(T)/多个(M)]:        //选择线段A
选择第二个对象，或按住 Shift 键选择要应用角点的对象:                //选择线段B
结果如图 2-33 所示。
```

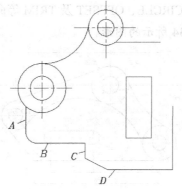

图 2-33　倒圆角及倒斜角

2. 创建倒角，如图 2-33 所示。

单击【修改】面板上的□按钮或输入命令代号 CHAMFER，启动创建倒角命令。

命令：_chamfer

选择第一条直线[放弃(U)/多段线(P)/距离(D)/角度(A)/修剪(T)/方式(E)/多个(M)]：d
//设置倒角距离

指定第一个倒角距离 <3.0000>：5　　　　　　　　　　　　//输入第一个边的倒角距离

指定第二个倒角距离 <5.0000>：10　　　　　　　　　　　//输入第二个边的倒角距离

选择第一条直线 或 [放弃(U)/多段线(P)/距离(D)/角度(A)/修剪(T)/方式(E)/多个(M)]：
//选择线段 C

选择第二条直线，或按住 Shift 键选择要应用角点的直线：　　//选择线段 D

结果如图 2-33 所示。

3. 创建其余圆角及倒角，结果如图 2-32（b）所示。

绘制倒圆角和倒角的常用命令选项的功能见表 2-3。

表 2-3　　　　　　　　　　　　命令选项的功能

命令	选项	功能
FILLET	多段线（P）	对多段线的每个顶点进行倒圆角操作
	半径（R）	设定圆角半径。若圆角半径为 0，则系统将使要被倒圆角的两个对象交于一点
	修剪（T）	指定倒圆角操作后是否修剪对象
	多个（M）	可一次创建多个圆角
	按住 Shift 键选择要应用角点的对象	若按住 Shift 键选择第二个圆角对象，则以 0 值替代当前的圆角半径
CHAMFER	多段线（P）	对多段线的每个顶点执行倒角操作
	距离（D）	设定倒角距离。若倒角距离为 0，则系统将使要被倒圆角的两个对象交于一点
	角度（A）	指定倒角距离及倒角角度
	修剪（T）	设置倒角时是否修剪对象
	多个（M）	可一次创建多个倒角
	按住 Shift 键选择要应用角点的直线	若按住 Shift 键选择第二个倒角对象，则以 0 值替代当前的倒角距离

2.4.3　上机练习——图形布局及形成圆弧连接关系

本节主要练习利用 LINE、CIRCLE、OFFSET 及 TRIM 等命令绘制平面图形。

【实例 2-13】绘制如图 2-34 所示的图形。

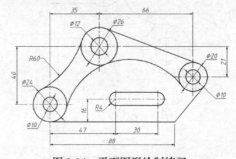

图 2-34　平面图形绘制练习

1. 创建以下两个图层。

名称	颜色	线型	线宽
轮廓线层	白色	Continuous	0.5mm
中心线层	红色	Center	默认

2. 通过【线型控制】下拉列表打开【线型管理器】对话框，在此对话框中设定线型全局比例因子为 0.2。

3. 打开极轴追踪、对象捕捉及自动追踪功能。设置极轴追踪角度增量为 90°，设定对象捕捉方式为端点、交点。

4. 设定绘图区域大小为 100mm×100mm。单击【导航】面板上的⊗按钮，使绘图区域显示并充满整个图形窗口。

5. 切换到中心线层，用 LINE 命令绘制圆的定位线 A、B，其长度约为 35mm，再用 OFFSET 及 LENGTHEN 命令形成其他定位线，如图 2-35 所示。

6. 切换到轮廓线层，绘制圆、过渡圆弧及切线，结果如图 2-36 所示。

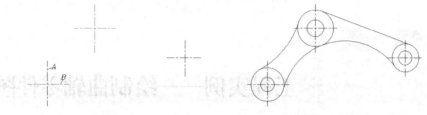

图 2-35 绘制定位线　　　　　　　图 2-36 绘制圆、过渡圆弧及切线

7. 用 LINE 命令绘制线段 C、D，再用 OFFSET 及 LENGTHEN 命令形成定位线 E、F 等，结果如图 2-37（a）所示。绘制线框 G，结果如图 2-37（b）所示。

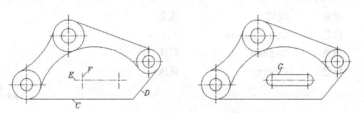

图 2-37 绘制线段 C、D 及线框 G

【实例 2-14】用 LINE、CIRCLE、OFFSET 及 TRIM 等命令绘制如图 2-38 所示的图形。

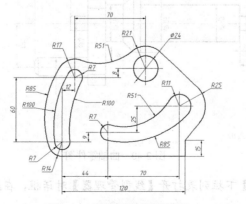

图 2-38 平面图形绘制练习

主要作图步骤如图 2-39 所示。

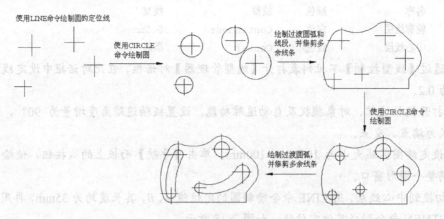

图 2-39 主要作图步骤

2.5

工程实例——绘制曲轴零件图

通过绘制曲轴零件图，练习 LINE、CIRCLE、OFFSET、TRIM 及 LENGTHEN 等命令的使用。

【实例 2-15】使用 LINE、OFFSET 及 TRIM 等命令绘制如图 2-40 所示的曲轴零件图。

1. 创建以下 3 个图层。

名称	颜色	线型	线宽
轮廓线层	白色	Continuous	0.5mm
虚线层	黄色	Dashed	默认
中心线层	红色	Center	默认

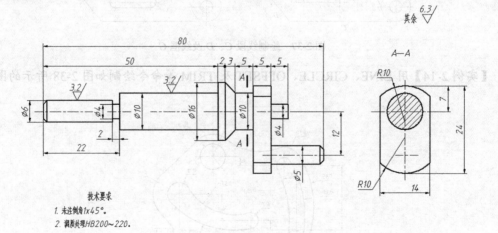

图 2-40 曲轴零件图

2. 通过【线型控制】下拉列表打开【线型管理器】对话框，在此对话框中设定线型总体比例因子为 0.1。

3. 打开极轴追踪、对象捕捉及自动追踪功能。设置极轴追踪角度增量为 90°，设定对象捕捉方式为端点、交点。

4. 设定绘图区域大小为 100mm×100mm。单击【导航】面板上的 🔍 按钮，使绘图区域显示并充满整个图形窗口。

5. 切换到轮廓线层，绘制两条作图基准线 A、B，如图 2-41（a）所示。线段 A 的长度约为 120mm，线段 B 的长度约为 30mm。

6. 以线段 A、B 为基准线，用 OFFSET 及 TRIM 命令形成曲轴左边的第一段、第二段，结果如图 2-41（b）所示。

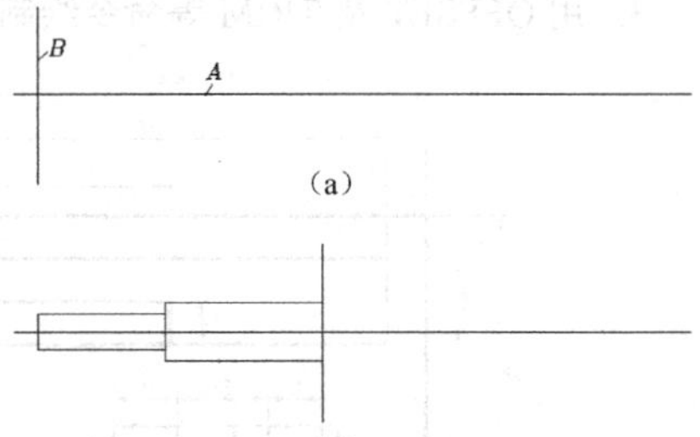

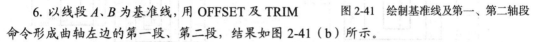

（a）

（b）

图 2-41 绘制基准线及第一、第二轴段

7. 用同样的方法绘制曲轴的其他段，结果如图 2-42（a）所示。

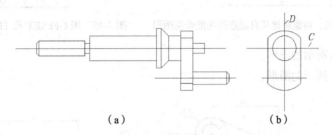

（a）   （b）

图 2-42 绘制左视图

8. 绘制左视图的定位线 C、D，然后绘制左视图细节，结果如图 2-42（b）所示。

9. 用 LENGTHEN 命令调整轴线、定位线的长度，然后将它们修改到中心线层上。

2.6 习题

1. 利用点的相对坐标画线，如图 2-43 所示。

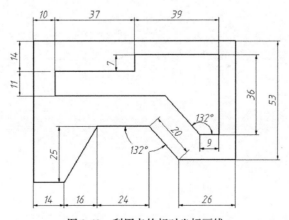

图 2-43 利用点的相对坐标画线

2. 利用极轴追踪、对象捕捉及自动追踪功能画线，如图 2-44 所示。

3. 用 OFFSET 及 TRIM 等命令绘制图 2-45 所示的图形。

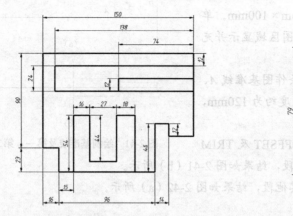

图 2-44　利用极轴追踪、对象捕捉及自动追踪功能绘制图形　　图 2-45　用 OFFSET 及 TRIM 等命令绘制图形

4. 绘制图 2-46 所示的图形。

5. 绘制图 2-47 所示的图形。

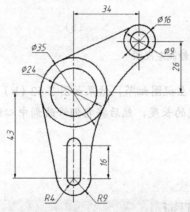

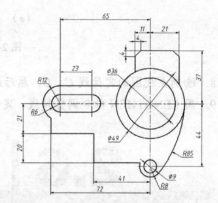

图 2-46　绘制切线及圆弧连接等　　　　　　图 2-47　绘制圆及圆弧连接等

第3章

绘制多边形、椭圆及填充剖面图案

通过本章的学习，读者可以掌握绘制椭圆、正多边形、矩形及填充剖面图案等的方法，并学会如何创建具有均布及对称几何特征的图形对象。

本章主要内容如下。

- 绘制矩形、正多边形及椭圆。
- 阵列及镜像对象。
- 移动及复制对象。
- 绘制多段线、断裂线及填充剖面图案。
- 点对象、等分点及测量点。
- 面域造型。

3.1

绘制矩形、阵列及镜像对象

本节通过实例详细介绍矩形及具有均匀分布或对称分布图形的绘制方法。

【实例3-1】打开素材文件 "\dwg\第3章\3-1.dwg"，如图3-1（a）所示，将图3-1（a）修改为图3-1（b）。

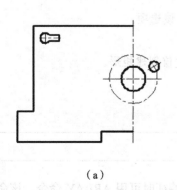

（a）

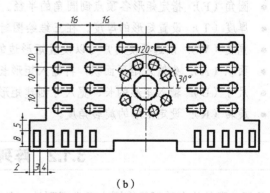

（b）

图3-1 绘制矩形、阵列及镜像对象

3.1.1　绘制矩形

RECTANG 命令用于绘制矩形，用户只需指定矩形对角线的两个端点就能绘制矩形。绘制时，可设置矩形边的宽度，还能指定顶点处的倒角距离及圆角半径。

绘制矩形的方法如下。

单击【绘图】面板上的□按钮或输入命令代号 RECTANG，启动绘制矩形命令。

```
命令: _rectang
指定第一个角点或 [倒角(C)/标高(E)/圆角(F)/厚度(T)/宽度(W)]: from
                                        //使用正交偏移捕捉
基点: end                                //捕捉 A 点，如图 3-2 所示
于 <偏移>: @2,-5                          //输入 B 点的相对坐标
指定另一个角点或 [面积(A)/尺寸(D)/旋转(R)]: @3,-8  //输入 C 点的相对坐标
```

结果如图 3-2 所示。

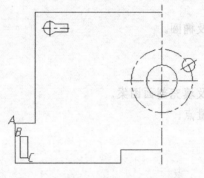

图 3-2　绘制矩形

RECTANG 命令常用的选项如下。

- 指定第一个角点：在此提示下，用户指定矩形的一个角点。拖动鼠标光标时，屏幕上显示出一个矩形。
- 指定另一个角点：在此提示下，用户指定矩形的另一角点。
- 倒角（C）：指定矩形各顶点倒角的大小。
- 标高（E）：确定矩形所在的平面高度。默认情况下，矩形在 xy 平面内（z 坐标值为 0）。
- 圆角（F）：指定矩形各顶点倒圆角的半径。
- 厚度（T）：设置矩形的厚度。在三维绘图时，常使用该选项。
- 宽度（W）：该选项使用户可以设置矩形边的宽度。
- 面积（A）：先输入矩形面积，再输入矩形长度或宽度值创建矩形。
- 尺寸（D）：输入矩形的长、宽尺寸创建矩形。
- 旋转（R）：设定矩形的旋转角度。

3.1.2　阵列对象

几何元素的均布特征是作图中经常遇到的，在绘制均布特征时可用 ARRAY 命令，该命令可创建环形及矩形阵列，前者将对象绕中心点等角度分布，后者将对象按行、列形式分布。

继续前面的练习，下面演示阵列对象的方法。

1. 创建线框 A 的矩形阵列，如图 3-3 所示。

（1）单击【修改】面板上的⊞按钮或输入命令代号 ARRAY，AutoCAD 弹出【阵列】对话框，选择【矩形阵列】单选项，如图 3-4 所示。

（2）单击⊞按钮，AutoCAD 提示 "选择对象"，选择要阵列的矩形 A，如图 3-3 所示。

（3）分别在【阵列】对话框的【行】、【列】文本框中输入阵列的行数及列数，如图 3-4 所示。【行】的方向与坐标系的 x 轴平行，【列】的方向与 y 轴平行。

（4）分别在【阵列】对话框的【行偏移】、【列偏移】文本框中输入行间距及列间距，如图 3-4 所示。行间距、列间距的数值可为正或负。若是正值，则 AutoCAD 沿 x、y 轴的正方向形成阵列；否则，沿反方向形成阵列。

（5）在【阵列角度】文本框中输入阵列方向与 x 轴的夹角，如图 3-4 所示。该角度逆时针为正，顺时针为负。

（6）单击 预览(V)< 按钮，AutoCAD 返回绘图窗口，并按设定的参数显示出矩形阵列。

（7）单击鼠标右键接受阵列，结果如图 3-3 所示。

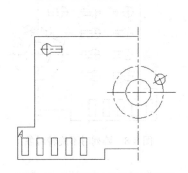

图 3-3　创建线框 A 的矩形阵列

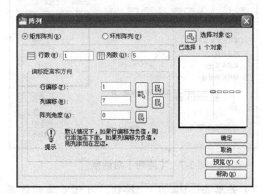

图 3-4　【阵列】对话框

2. 创建线框 B 的矩形阵列，阵列参数为行数 "4"、列数 "3"、行间距 "–10"、列间距 "16"。删除多余图形，结果如图 3-5 所示。

3. 创建圆 C 的环形阵列，如图 3-6 所示。

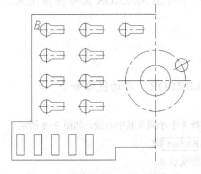

图 3-5　创建线框 B 的矩形阵列

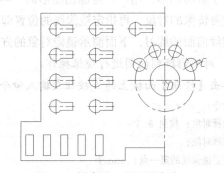

图 3-6　创建圆 C 的环形阵列

（1）单击【修改】面板上的⊞按钮或输入命令代号 ARRAY，AutoCAD 弹出【阵列】对话框，选择【环形阵列】单选项，如图 3-7 所示。

（2）单击🔲按钮，AutoCAD 提示"选择对象"，选择要创建阵列的圆 C，如图 3-6 所示。

（3）在【中心点】区域中单击🔲按钮，AutoCAD 切换到绘图窗口，然后用户在屏幕上指定阵列中心 D。此外，也可直接在【X】、【Y】文本框中输入中心点的坐标值。

（4）【阵列】对话框的【方法】下拉列表中提供了 3 种创建环形阵列的方法，选择其中一种，AutoCAD 就列出需要设定的参数。默认情况下，【项目总数和填充角度】是当前选项。此时，用户需输入的参数有项目总数和填充角度。

（5）在【项目总数】文本框中输入环形阵列的数目，在【填充角度】文本框中输入阵列分布的总角度值，如图 3-7 所示。若阵列角度为正，则 AutoCAD 沿逆时针方向创建阵列；否则，按顺时针方向创建阵列。

（6）选择【复制时旋转项目】复选项。该选项用于在创建环形阵列时是否旋转对象，若取消对该复选项的选择，则 AutoCAD 在阵列对象时仅进行平移复制，即保持对象的方向不变。图 3-8 显示了未选择该选项的阵列结果。

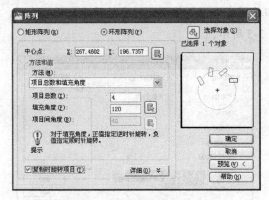

图 3-7　【阵列】对话框

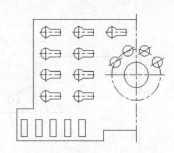

图 3-8　阵列时不旋转对象

（7）若单击 预览(V) < 按钮，可预览阵列效果。

（8）直接单击 确定 按钮，结果如图 3-6 所示。

3.1.3　镜像对象

对于对称图形，用户只需画出图形的一半，另一半可由 MIRROR 命令镜像出来。操作时，先指定要镜像的对象，再指定镜像线的位置即可。

继续前面的练习，下面演示镜像对象的方法。

1. 对环形阵列的圆进行镜像操作。

单击【修改】面板上的🔲按钮或输入命令代号 MIRROR，启动镜像命令。

```
命令: _mirror
选择对象: 找到 8 个            //选择 4 个小圆及其中心线，如图 3-9 所示
选择对象:                     //按 Enter 键
指定镜像线的第一点: end 于      //捕捉端点 A
指定镜像线的第二点: end 于      //捕捉端点 B
要删除源对象吗? [是(Y)/否(N)] <N>:    //按 Enter 键结束
```

结果如图 3-10 所示。

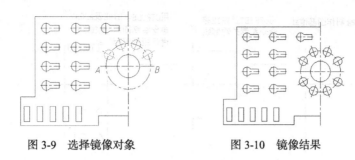

图 3-9 选择镜像对象   图 3-10 镜像结果

2. 对线框 D 及矩形阵列的部分进行镜像操作，结果如图 3-11 所示。

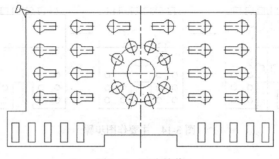

图 3-11 再次镜像

 当对文字进行镜像操作时，结果会使它们被倒置，为避免这一点，需将 MIRRTEXT 系统变量设置为 "0"。

3.1.4 上机练习——绘制对称图形

本节练习的目的是使读者掌握 ARRAY、MIRROR 等命令的用法。

【实例 3-2】利用 CIRCLE、ARRAY 及 MIRROR 等命令绘制图 3-12 所示的图形。

【实例 3-3】利用 LINE、ARRAY 及 MIRROR 等命令绘制图 3-13 所示的对称图形。

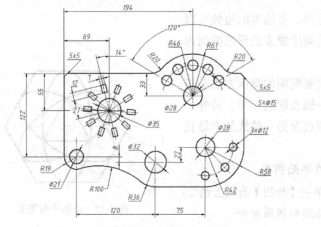

图 3-12 用阵列及镜像等命令绘图   图 3-13 绘制对称图形

主要作图步骤如图 3-14 所示。

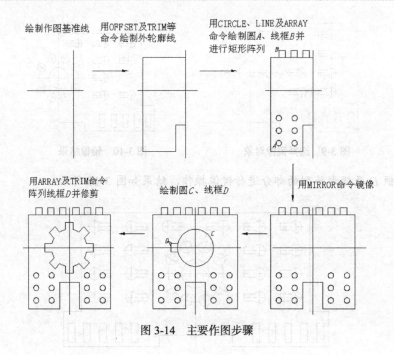

绘制作图基准线　用OFFSET及TRIM等　用CIRCLE、LINE及ARRAY
　　　　　　　命令绘制外轮廓线　命令绘制圆A、线框B并
　　　　　　　　　　　　　　　　进行矩形阵列

用ARRAY及TRIM命令　绘制圆C、线框D　用MIRROR命令镜像
阵列线框D并修剪

图 3-14　主要作图步骤

3.2 知识拓展——绘制正多边形及移动、复制对象

本节将介绍如何绘制正多边形及椭圆，并介绍复制及移动对象的方法。

3.2.1　绘制正多边形及椭圆

POLYGON 命令用于绘制正多边形，多边形的边数可以从 3 到 1024。绘制方式包括根据外接圆生成多边形或根据内切圆生成多边形。

ELLIPSE 命令用于绘制椭圆。绘制椭圆的默认方法是指定椭圆第一根轴线的两个端点及另一轴长度的一半。另外，也可通过指定椭圆中心、第一轴的端点及另一轴线的半轴长度来绘制椭圆。

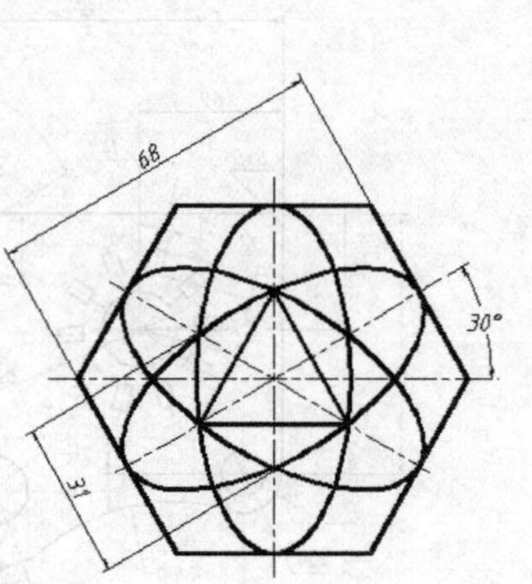

【实例 3-4】绘制图 3-15 所示的平面图形。

1. 绘制椭圆，如图 3-16 所示。单击【绘图】面板上的按钮或输入命令代号 ELLIPSE，启动绘制椭圆命令。

命令: _ellipse
指定椭圆的轴端点或 [圆弧(A)/中心点(C)]:　　　　　//单击 A 点，如图 3-16 所示

图 3-15　绘制平面图形

指定轴的另一个端点：@68<30	//输入 B 点的相对坐标
指定另一条半轴长度或 [旋转(R)]：15.5	//输入椭圆另一轴长度的一半
命令:ELLIPSE	//重复命令
指定椭圆的轴端点或 [圆弧(A)/中心点(C)]：c	//使用"中心点(C)"选项
指定椭圆的中心点：cen 于	//捕捉椭圆中心点 C
指定轴的端点：@0,34	//输入 D 点的相对坐标
指定另一条半轴长度或 [旋转(R)]：15.5	//输入椭圆另一轴长度的一半
命令:ELLIPSE	//重复命令
指定椭圆的轴端点或 [圆弧(A)/中心点(C)]：c	//使用"中心点(C)"选项
指定椭圆的中心点：cen 于	//捕捉椭圆中心点 C
指定轴的端点：@34<150	//输入 E 点的相对坐标
指定另一条半轴长度或 [旋转(R)]：15.5	//输入椭圆另一轴长度的一半

结果如图 3-16 所示。

2. 绘制等边三角形，如图 3-17 所示。单击【绘图】面板上的 ◯ 按钮或输入命令代号 POLYGON，启动绘制正多边形命令。

命令：_polygon 输入边的数目 <6>：3	//输入多边形的边数
指定正多边形的中心点或 [边(E)]：cen 于	//捕捉椭圆中心点 C
输入选项 [内接于圆(I)/外切于圆(C)] <C>：I	//使用"内接于圆(I)"选项
指定圆的半径：int 于	//捕捉交点 F

结果如图 3-17 所示。

3. 绘制正六边形，如图 3-18 所示。

命令：_polygon 输入边的数目 <5>：6	//输入多边形的边数
指定正多边形的中心点或 [边(E)]：cen 于	//捕捉椭圆中心点 C
输入选项 [内接于圆(I)/外切于圆(C)] <I>：c	//使用"外切于圆(C)"选项
指定圆的半径：@34<30	//输入 G 点的相对坐标

结果如图 3-18 所示。

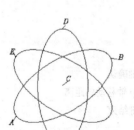 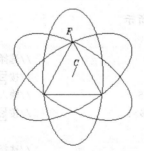 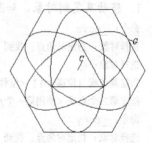

图 3-16　绘制椭圆　　　　图 3-17　绘制等边三角形　　　　图 3-18　绘制正六边形

绘制正多边形和椭圆的常用命令选项见表 3-1。

表 3-1　　　　　　　　　　　　　　命令选项的功能

命令	选项	功能
POLYGON	边(E)	输入多边形边数后，再指定某条边的两个端点即可绘出正多边形
	内接于圆(I)	根据外接圆生成正多边形
	外切于圆(C)	根据内切圆生成正多边形

续表

命令	选项	功能
ELLIPSE	圆弧(A)	绘制一段椭圆弧。过程是先绘制一个完整的椭圆，随后 AutoCAD 提示用户指定椭圆弧的起始角及终止角
	中心点(C)	通过椭圆中心点及长轴、短轴来绘制椭圆
	旋转(R)	按旋转方式绘制椭圆，即 AutoCAD 将圆绕直径转动一定角度后，再投影到平面上形成椭圆

3.2.2 移动及复制对象

移动及复制对象的命令分别是 MOVE 和 COPY，这两个命令的使用方法相似。启动 MOVE 或 COPY 命令后，首先选择要移动或复制的对象，然后通过两点或直接输入位移值来指定对象移动的距离和方向，AutoCAD 就将图形元素从原位置移动或复制到新位置。

【实例 3-5】打开素材文件 "\dwg\第 3 章\3-5.dwg"，如图 3-19（a）所示，将图 3-19（a）修改为图 3-19（b）。

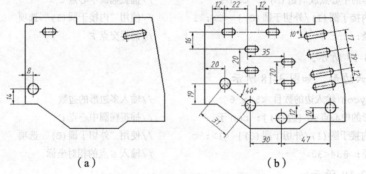

（a）　　　　　　　　　　　（b）

图 3-19　用移动及复制命令绘图

1. 移动及复制对象，如图 3-20 所示。

命令: _move	
选择对象: 指定对角点: 找到 3 个	//选择对象 A
选择对象:	//按 Enter 键确认
指定基点或 [位移(D)] <位移>: 12,5	//输入沿 x、y 轴移动的距离
指定第二个点或 <使用第一个点作为位移>:	//按 Enter 键结束
命令: _copy	
选择对象: 指定对角点: 找到 7 个	//选择对象 B
选择对象:	//按 Enter 键确认
指定基点或 [位移(D)/模式(O)] <位移>:	//捕捉交点 C
指定第二个点或 <使用第一个点作为位移>:	//捕捉交点 D
指定第二个点或 [退出(E)/放弃(U)] <退出>:	//按 Enter 键结束
命令: _copy	//重复命令
选择对象: 指定对角点: 找到 7 个	//选择对象 E
选择对象:	//按 Enter 键
指定基点或 [位移(D)/模式(O)] <位移>: 17<-80	//指定复制的距离及方向
指定第二个点或 <使用第一个点作为位移>:	//按 Enter 键结束

结果如图 3-20（b）所示。

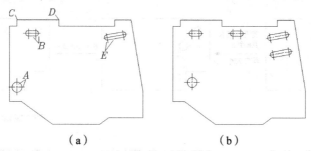

图 3-20　移动对象 A 及复制对象 B、E

2. 请读者绘制图形其余部分。

使用 COPY 或 MOVE 命令时，用户可以通过以下方式指明对象移动的距离和方向。

- 在屏幕上指定两个点，这两个点的距离和方向代表了实体移动的距离和方向。当 AutoCAD 提示"指定基点:"时，指定移动的基准点。在 AutoCAD 提示"指定第二个点:"时，捕捉第二点或输入第二点相对于基准点的相对直角坐标或极坐标。
- 以"x, y"方式输入对象沿 x 轴、y 轴移动的距离，或用"距离<角度"方式输入对象位移的距离和方向。当 AutoCAD 提示"指定基点:"时，输入位移值。在 AutoCAD 提示"指定第二个点:"时，按 Enter 键确认，这样 AutoCAD 就以输入的位移值来移动实体对象。
- 打开正交或极轴追踪功能，就能方便地将实体只沿 x 轴或 y 轴方向移动。当 AutoCAD 提示"指定基点:"时，单击一点并把实体向水平方向或竖直方向移动，然后输入位移的数值。
- 使用"位移（D）"选项。启动该选项后，AutoCAD 提示"指定位移:"，此时，以"X,Y"方式输入对象沿 x 轴、y 轴移动的距离，或以"距离<角度"方式输入对象位移的距离和方向。

3.2.3　上机练习——用 RECTANG、POLYGON 及 ELLIPSE 等命令绘图

以下提供的绘图练习内容包括绘制矩形、椭圆及正多边形，复制及移动对象。

【实例 3-6】利用 RECTANG、POLYGON 及 ELLIPSE 等命令绘图，如图 3-21 所示。

【实例 3-7】绘制图 3-22 所示的平面图形，目的是实际演练 MOVE 及 COPY 命令，并学会利用这两个命令构造图形的技巧。

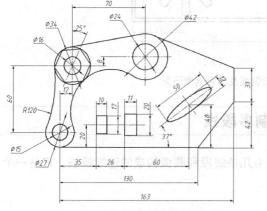

图 3-21　绘制矩形、椭圆及正多边形等

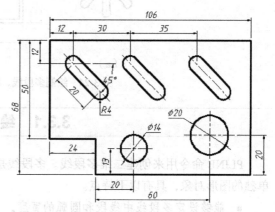

图 3-22　绘制平面图形

主要绘图步骤如图 3-23 所示。

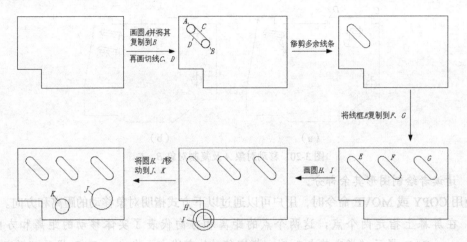

图 3-23 主要作图步骤

3.3 绘制多段线、断裂线及填充剖面图案

本节通过实例演示绘制多段线、断裂线及填充剖面图案的方法。

【实例 3-8】打开素材文件 "\dwg\第 3 章\3-8.dwg"，如图 3-24（a）所示，将图 3-24（a）修改为图 3-24（b）。

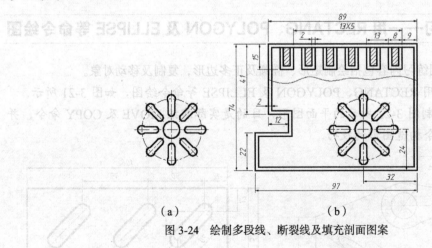

（a）　　　　　　　　　　　　（b）

图 3-24 绘制多段线、断裂线及填充剖面图案

3.3.1 绘制多段线

PLINE 命令用来创建二维多段线。多段线是由几条线段和圆弧构成的连续线条，它是一个单独的图形对象，具有以下特点。

- 能够设定多段线中线段和圆弧的宽度。
- 可以利用有宽度的多段线形成实心圆、圆环及带锥度的粗线等。

● 能在指定的线段交点处或对整个多段线进行倒圆角或倒角处理。

下面演示绘制多段线的方法。

1. 打开极轴追踪、对象捕捉及自动追踪功能。设置极轴追踪角度增量为 90°，设定对象捕捉方式为端点、交点，仅沿正交方向进行自动追踪。

2. 绘制多段线 M，如图 3-25 所示。单击【绘图】面板上的 按钮或输入命令代号 PLINE，启动绘制多段线命令。

```
命令: _pline
指定起点: from                                        //使用正交偏移捕捉
基点:                                                //捕捉 A 点，如图 3-25 所示
<偏移>: @32,-24                                       //输入 B 点的相对坐标
指定下一点或 [圆弧(A)/半宽(H)/长度(L)/放弃(U)/宽度(W)]: 97
                                                     //从 B 点向左追踪并输入追踪距离
指定下一点或 [圆弧(A)/闭合(C)/半宽(H)/长度(L)/放弃(U)/宽度(W)]: 22
                                                     //从 C 点向上追踪并输入追踪距离
指定下一点或 [圆弧(A)/闭合(C)/半宽(H)/长度(L)/放弃(U)/宽度(W)]: 20
                                                     //从 D 点向右追踪并输入追踪距离
指定下一点或 [圆弧(A)/闭合(C)/半宽(H)/长度(L)/放弃(U)/宽度(W)]: 11
                                                     //从 E 点向上追踪并输入追踪距离
指定下一点或 [圆弧(A)/闭合(C)/半宽(H)/长度(L)/放弃(U)/宽度(W)]: 12
                                                     //从 F 点向左追踪并输入追踪距离
指定下一点或 [圆弧(A)/闭合(C)/半宽(H)/长度(L)/放弃(U)/宽度(W)]: 41
                                                     //从 G 点向上追踪并输入追踪距离
指定下一点或 [圆弧(A)/闭合(C)/半宽(H)/长度(L)/放弃(U)/宽度(W)]: 89
                                                     //从 H 点向右追踪并输入追踪距离
指定下一点或 [圆弧(A)/闭合(C)/半宽(H)/长度(L)/放弃(U)/宽度(W)]: c
                                                     //使用"闭合(C)"选项
```

结果如图 3-25 所示。

3. 绘制偏移多段线 M，如图 3-26 所示。

```
命令: _offset
指定偏移距离 <通过>: 2                                  //输入偏移距离
选择要偏移的对象 <退出>:                                //选择多段线 M
指定要偏移的那一侧上的点 <退出>:                         //在多段线 M 内单击一点
```

结果如图 3-26 所示。

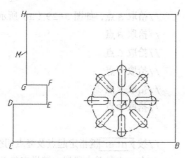

图 3-25　绘制多段线

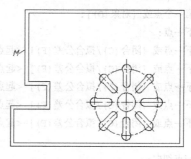

图 3-26　偏移多段线

4. 绘制多段线 P 并向内偏移，结果如图 3-27 所示。

5. 阵列线框 A，阵列参数为行数 "1"、列数 "6"、行间距 "1"、列间距 "−13"，结果如图 3-28 所示。

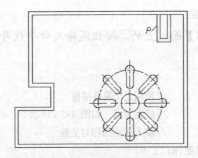

图 3-27 绘制并偏移多段线

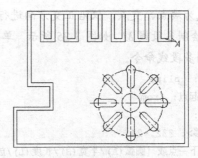

图 3-28 阵列线框

PLINE 命令的常用选项如下。

- 圆弧（A）：可以绘制圆弧。
- 闭合（C）：使多段线闭合，它与 LINE 命令的 "C" 选项作用相同。
- 半宽（H）：使用户可以指定本段多段线的半宽度，即线宽的一半。
- 长度（L）：指定本段多段线的长度，其方向与上一线段相同或沿上一段圆弧的切线方向。
- 放弃（U）：删除多段线中最后一次绘制的线段或圆弧。
- 宽度（W）：设置多段线的宽度，此时 AutoCAD 将提示 "指定起点宽度" 和 "指定端点宽度"，用户可输入不同的起始宽度值和终点宽度值以绘制一条宽度逐渐变化的多段线。

3.3.2 绘制断裂线及填充剖面图案

用户可用 SPLINE 命令绘制光滑曲线，该线是样条线，AutoCAD 通过拟合给定的一系列数据点形成这条曲线。绘制机械图时，可利用 SPLINE 命令形成断裂线。

BHATCH 命令可在闭合的区域内生成填充图案。启动该命令后，用户选择图案类型，再指定填充比例、图案旋转角度及填充区域，就可以生成图案填充。

继续前面的练习，绘制断裂线并填充剖面图案。

1. 绘制断裂线，如图 3-29 所示。

单击【绘图】面板上的 按钮或输入命令代号 SPLINE，启动绘制样条曲线命令。

```
命令: _spline
指定第一个点或 [对象(O)]:                            //拾取 A 点，如图 3-29（a）所示
指定下一点:                                          //拾取 B 点
指定下一点或 [闭合(C)/拟合公差(F)] <起点切向>:         //拾取 C 点
指定下一点或 [闭合(C)/拟合公差(F)] <起点切向>:         //拾取 D 点
指定下一点或 [闭合(C)/拟合公差(F)] <起点切向>:         //拾取 E 点
指定下一点或 [闭合(C)/拟合公差(F)] <起点切向>:         //拾取 F 点
指定下一点或 [闭合(C)/拟合公差(F)] <起点切向>:

                                                    //按 Enter 键指定起点及终点切线方向
指定起点切向:                                        //在 G 点处单击鼠标左键指定起点切线方向
指定端点切向:                                        //在 H 点处单击鼠标左键指定终点切线方向
```

修剪多余线条，结果如图 3-29（b）所示。

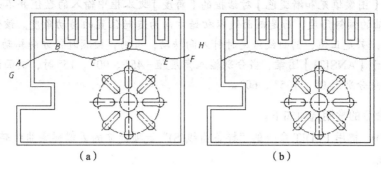

（a）　　　　　　　　　　　　　（b）

图 3-29　绘制断裂线

2. 填充剖面图案，如图 3-30 所示。

（1）单击【绘图】面板上的 ▦ 按钮或输入命令代号 BHATCH，打开【图案填充和渐变色】对话框，如图 3-31 所示。

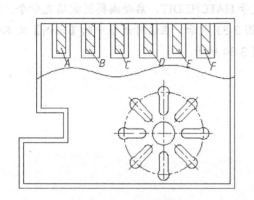

图 3-30　填充剖面图案　　　　　　　　图 3-31　【图案填充和渐变色】对话框

（2）单击【图案】文本框右侧的 ⋯ 按钮，打开【填充图案选项板】对话框，进入【ANSI】选项卡，选择剖面图案【ANSI31】，如图 3-32 所示，然后单击 确定 按钮。

（3）在【图案填充和渐变色】对话框的【角度】文本框中输入图案的旋转角度"90"，在【比例】文本框中输入"1"。单击 ⊞ 按钮（拾取点），AutoCAD 提示"拾取内部点"，在想要填充的区域内单击 A、B、C、D、E 及 F 点，如图 3-30 所示，然后按 Enter 键。

（4）在【图案填充和渐变色】对话框中单击 预览 按钮，观察填充的预览图，如果满意，则按 Enter 键，完成剖面图案的绘制，结果如图 3-30 所示。

图 3-32　【填充图案选项板】对话框

要点提示 在【图案填充和渐变色】对话框的【角度】文本框中输入的数值并不是剖面线与 *x* 轴的倾斜角度，而是剖面线以初始方向为起始位置的转动角度。该值可正、可负，若是正值，剖面线沿逆时针方向转动；否则，按顺时针方向转动。

对于【ANSI31】图案，当分别输入角度值– 45°、90°、15° 时，剖面线与 *x* 轴的夹角分别是 0°、135°、60°。

SPLINE 命令的常用选项如下。

- 对象(O)：把用 PEDIT 命令的"样条曲线(S)"选项建立的近似样条曲线转化为真正的样条曲线。
- 闭合(C)：使样条曲线闭合。
- 拟合公差(F)：控制样条曲线与数据点的接近程度。

3.3.3　编辑剖面图案

HATCHEDIT 命令用于编辑填充图案，如改变图案的角度、比例或用其他样式的图案填充图形等，其用法与 BHATCH 命令类似。

继续前面的练习，编辑剖面图案。

单击【修改】面板上的按钮或输入命令代号 HATCHEDIT，启动编辑图案填充命令。选择剖面图案，打开【图案填充编辑】对话框，如图 3-33 所示。在该对话框中的【比例】文本框中输入 "0.5"，然后单击 确定 按钮，结果如图 3-34 所示。

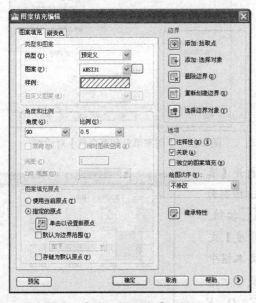

图 3-33　【图案填充编辑】对话框

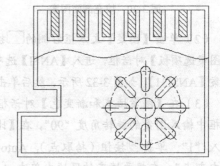

图 3-34　编辑结果

【图案填充编辑】对话框中的常用选项如下。

（1）【类型】：设置图案的填充类型，共有 3 个选项。

- 【预定义】：使用 AutoCAD 预定义的图案进行图样填充，这些图案保存在 "acad.pat" 和 "acadiso.pat" 文件中。

- 【用户定义】: 利用当前线型定义一种新的简单图案, 该图案由一组平行线或相互垂直的两组平行线组成。注意, 若是采用两组平行线构成图案, 则选择【双向】复选项。
- 【自定义】: 采用用户定制的图案进行图样填充, 这个图案保存在 ".pat" 类型文件中。

（2）【图案】: 通过其下拉列表或单击其右侧的 按钮选择所需的填充图案。

（3）【拾取点】: 单击 按钮, 然后在填充区域内单击一点, AutoCAD 自动分析边界集, 并从中确定包围该点的闭合边界。

（4）【选择对象】: 单击 按钮, 然后选择一些对象进行填充, 此时无需对象构成闭合的边界。

（5）【删除边界】: 填充边界中常常包含一些闭合区域, 这些区域称为孤岛。若希望在孤岛中也填充图案, 则单击 按钮, 选择要删除的孤岛。

（6）【重新创建边界】: 编辑填充图案时, 可利用 工具生成与图案边界相同的多段线或面域。

（7）【选择边界对象】: 单击 按钮, AutoCAD 显示当前的填充边界。

（8）【继承特性】: 单击 按钮, AutoCAD 要求用户选择某个已绘制的图案, 并将其类型及属性设置为当前图案的类型及属性。

（9）【关联】: 若图案与填充边界关联, 则修改边界时, 图案将自动更新以适应新边界。

（10）【独立的图案填充】: 选择此复选项, 则一次在多个闭合边界创建的填充图案是各自独立的。否则, 这些图案是单一对象。

（11）【绘图次序】: 指定图案填充的创建顺序。默认情况下, 图案填充绘制在填充边界的后面, 这样比较容易查看和选择填充边界。通过【绘图次序】下拉列表可以更改图案填充的创建顺序, 如将其绘制在填充边界的前面或者放在其他所有对象的后面或前面。

3.3.4 上机练习——填充剖面图案

通过本节的练习进一步掌握填充及编辑剖面图案的方法。

【实例 3-9】绘制有剖面图案的图形, 如图 3-35 所示。图中包含了 3 种形式的图案: ANSI31、AR-CONC、EARTH, 图案角度及比例自定。

【实例 3-10】绘制有剖面图案的图形, 如图 3-36 所示。图中包含了 4 种形式的图案: ANSI31、AR-SAND、HONEY、NET, 图案角度及比例自定。

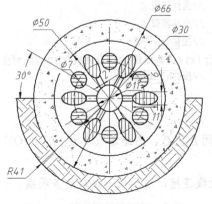

图 3-35 填充剖面图案练习（1）

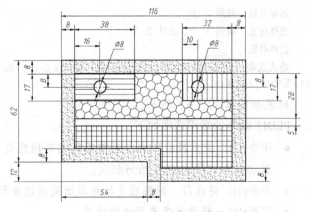

图 3-36 填充剖面图案练习（2）

3.4 知识拓展——创建点及面域

本节内容包括编辑多段线、创建点对象、创建面域及布尔操作。

3.4.1 编辑多段线

编辑多段线的命令是 PEDIT，该命令有以下主要功能。

● 移动、增加或删除多段线的顶点。

● 可以为整个多段线设定统一的宽度值或分别控制各段的宽度。

● 用样条曲线或双圆弧曲线拟合多段线。

● 将开式多段线闭合或使闭合多段线变为开式。

【实例 3-11】打开素材文件 "\dwg\第 3 章\3-11.dwg"，如图 3-37（a）所示。用 PEDIT 命令将多段线 A 修改为闭合多段线，将线段 B、C 及圆弧 D 组成的连续折线修改为一条多段线。

单击【修改】面板上的 ✐ 按钮或输入命令代号 PEDIT，启动多段线编辑命令。

```
命令: pedit
选择多段线 [多条(M)]:                                    //选择多段线 A, 如图 3-37（a）所示
输入选项[闭合(C)/合并(J)/宽度(W)/编辑顶点(E)/拟合(F)/样条曲线(S)/非曲线化(D)/线型生成(L)/
反转(R)/放弃(U)]: c                                     //使用"闭合(C)"选项
输入选项 [打开(O)/合并(J)/宽度(W)/编辑顶点(E)/拟合(F)/样条曲线(S)/非曲线化(D)/线型生成
(L)/反转(R)/放弃(U)]:                                    //按 Enter 键结束
命令:                                                   //重复命令
PEDIT 选择多段线 [多条(M)]:                               //选择线段 B
选定的对象不是多段线是否将其转换为多段线? <Y> y            //将线段 B 转化为多段线
输入选项 [闭合(C)/合并(J)/宽度(W)/编辑顶点(E)/拟合(F)/样条曲线(S)/非曲线化(D)/线型生成
(L)/反转(R)/放弃(U)]: j                                  //使用"合并(J)"选项
选择对象: 找到 1 个                                       //选择线段 C
选择对象: 找到 1 个, 总计 2 个                            //选择圆弧 D
选择对象:                                                //按 Enter 键
输入选项 [闭合(C)/合并(J)/宽度(W)/编辑顶点(E)/拟合(F)/样条曲线(S)/非曲线化(D)/线型生成
(L)/反转(R)/放弃(U)]:                                    //按 Enter 键结束
```

结果如图 3-37（b）所示。

PEDIT 命令的常用选项如下。

● 闭合(C): 使多段线闭合。若被编辑的多段线是闭合状态，则此选项变为"打开(O)"，其功能与"闭合(C)"恰好相反。

● 合并(J): 将线段、圆弧或多段线与所编辑的多段线连接，以形成一条新的多段线。

● 宽度(W): 修改整条多段线的宽度。

- 编辑顶点(E)：增加、移动或删除多段线的顶点。
- 拟合(F)：采用双圆弧曲线拟合多段线，如图 3-37 所示。
- 样条曲线(S)：采用样条曲线拟合多段线，如图 3-38 所示。

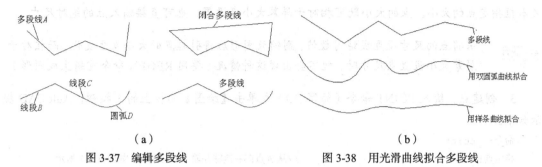

（a）　　　　　　　　　　　　　　　　（b）

图 3-37　编辑多段线　　　　　　　图 3-38　用光滑曲线拟合多段线

- 非曲线化(D)：取消"拟合(F)"或"样条曲线(S)"的拟合效果。
- 线型生成(L)：对非连续线型起作用。当选项处于打开状态时，非连续线在拐角处是断开状态；否则，在拐角处是连续状态。
- 反转(R)：反转多段线顶点的顺序。
- 放弃(U)：取消上一次的编辑操作，可连续使用该选项。

使用 PEDIT 命令时，若选取的对象不是多段线，则 AutoCAD 提示如下。

选定的对象不是多段线是否将其转换为多段线？<Y>

选择"Y"选项，AutoCAD 就将图形对象转化为多段线。

3.4.2　点对象、等分点及测量点

在 AutoCAD 中，用户可创建单独的点对象，点的外观由点样式控制。一般在创建点之前用户要先设置点的样式，但也可先绘制点，再设置点样式。

POINT 命令可创建点对象，此类对象可以作为绘图的参考点。节点捕捉"NOD"可以拾取该对象。

MEASURE 命令在图形对象上按指定的距离放置点对象（POINT 对象），这些点可用"NOD"进行捕捉。对于不同类型的图形元素，测量距离的起始点是不同的。若是线段或非闭合的多段线，则起点是离选择点最近的端点。若是闭合多段线，则起点是多段线的起点。如果是圆，则以捕捉角度的方向线与圆的交点为起点开始测量。捕捉角度可在【草图设置】对话框的【捕捉和栅格】选项卡中设定。

DIVIDE 命令根据等分数目在图形对象上放置等分点，这些点并不分割对象，只是标明等分的位置。AutoCAD 中可等分的图形元素包括线段、圆、圆弧、样条线及多段线等。

【实例3-12】打开素材文件"\dwg\第 3 章\3-12.dwg"，如图 3-39（a）所示，利用 LINE、MEASURE 及 DIVIDE 等命令将图 3-39（a）修改为图 3-39（b）。

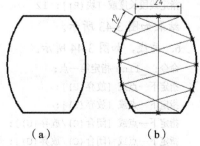

（a）　　　　（b）

图 3-39　用等分点及测量点绘图

1. 打开极轴追踪、对象捕捉及自动追踪功能。设置极轴追踪角度增量为 90°，设定对象

捕捉方式为端点、节点，仅沿正交方向进行自动追踪。

2. 设置点样式。选择菜单命令【格式】/【点样式】，打开【点样式】对话框，如图 3-40 所示。该对话框提供了多种样式的点，用户可根据需要进行选择，此外，还能通过【点大小】文本框指定点的大小。点的大小既可相对于屏幕大小来设置，也可直接输入点的绝对尺寸。

要点提示 若将点的尺寸设置成绝对数值，则缩放图形后将引起点的大小发生变化。而相对于屏幕大小设置点尺寸时，就不会出现这种情况（要用 REGEN 命令重新生成图形）。

3. 创建点。输入 POINT 命令（简写 PO）或单击【绘图】面板上的 · 按钮，AutoCAD 提示如下。

命令: _point
指定点: 12   //从 A 点向右追踪并输入追踪距离，如图 3-41 所示
指定点: 12   //从 C 点向右追踪并输入追踪距离
指定点: *取消*   //按 Esc 键结束

结果如图 3-41 所示。

图 3-40 【点样式】对话框

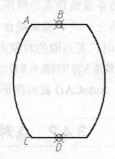

图 3-41   创建点

4. 创建等分点。输入 DIVIDE 命令或单击【绘图】面板上的 按钮，AutoCAD 提示如下。

命令: _divide
选择要定数等分的对象: //选择圆弧 A，如图 3-42 所示
输入线段数目或 [块(B)]: 4   //输入等分数目

结果如图 3-42 所示。

5. 创建测量点。输入 MEASURE 命令或单击【绘图】面板上的 按钮，AutoCAD 提示如下。

命令: _measure
选择要定距等分的对象: //在 C 点附近选择圆弧 D，如图 3-43 所示
指定线段长度或 [块(B)]: 12   //输入测量长度

结果如图 3-43 所示。

6. 画线，如图 3-44 所示。

命令: _line 指定第一点: //捕捉端点 E，如图 3-44 所示
指定下一点或 [放弃(U)]:   //捕捉节点 F
指定下一点或 [放弃(U)]:   //捕捉节点 G
指定下一点或 [闭合(C)/放弃(U)]:   //捕捉节点 H
指定下一点或 [闭合(C)/放弃(U)]:   //捕捉节点 I
指定下一点或 [闭合(C)/放弃(U)]:   //按 Enter 键结束

结果如图 3-44 所示。

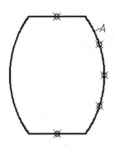

图 3-42　创建等分点

图 3-43　创建测量点

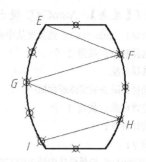

图 3-44　画线

7. 读者自行绘制图形的其余部分。

MEASURE 及 DIVIDE 命令的常用选项如下。

块(B)：在指定位置插入图块（关于块的内容见 9.3 节）。

3.4.3　面域造型

域（REGION）是指二维的封闭图形，它可由线段、多段线、圆、圆弧及样条曲线等对象围成，但应保证相邻对象间共享连接的端点，否则将不能创建域。域是一个单独的实体，具有面积、周长及形心等几何特性。使用域绘图与传统的绘图方法截然不同，此时可采用"并"、"交"及"差"等布尔运算来构造不同形状的图形，图 3-45 所示为 3 种布尔运算的结果。

【实例 3-13】绘制图 3-46 所示的图形。

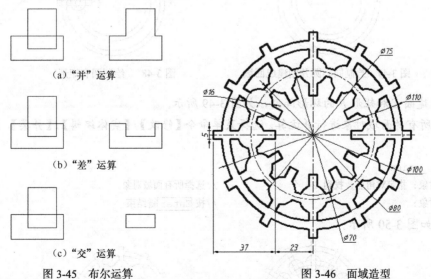

（a）"并"运算

（b）"差"运算

（c）"交"运算

图 3-45　布尔运算

图 3-46　面域造型

1. 绘制同心圆 A、B、C 及 D，如图 3-47 所示。

2. 将圆 A、B、C 及 D 创建成面域。单击【绘图】面板上的 ◎ 按钮，AutoCAD 提示如下。

```
命令: _region
选择对象:找到 4 个                    //选择圆 A、B、C 及 D，如图 3-47 所示
选择对象:                            //按 Enter 键结束
```

3. 用面域 B "减去" 面域 A，再用面域 D "减去" 面域 C。选择菜单命令【修改】/【实体编辑】/【差集】，AutoCAD 提示如下。

命令: _subtract 选择要从中减去的实体或面域

选择对象: 找到 1 个　　　　　　　　　　//选择面域 B，如图 3-47 所示

选择对象:　　　　　　　　　　　　　　//按 Enter 键

选择要减去的实体或面域…

选择对象: 找到 1 个　　　　　　　　　　//选择面域 A

选择对象:　　　　　　　　　　　　　　//按 Enter 键结束

命令:　　　　　　　　　　　　　　　　//重复命令

SUBTRACT 选择要从中减去的实体或面域…

选择对象: 找到 1 个　　　　　　　　　　//选择面域 D

选择对象:　　　　　　　　　　　　　　//按 Enter 键

选择要减去的实体或面域…

选择对象: 找到 1 个　　　　　　　　　　//选择面域 C

选择对象　　　　　　　　　　　　　　//按 Enter 键结束

4. 绘制圆 E 和矩形 F，如图 3-48 所示。

5. 把圆 E 和矩形 F 创建成面域。单击【绘图】面板上的 ◎ 按钮，AutoCAD 提示如下。

命令: _region

选择对象:找到 2 个　　　　　　　　　　//选择圆 E 和矩形 F，如图 3-48 所示

选择对象:　　　　　　　　　　　　　　//按 Enter 键结束

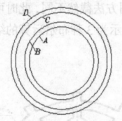

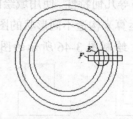

图 3-47　绘制同心圆并创建成面域　　　　　图 3-48　绘制圆和矩形

6. 创建圆 E 和矩形 F 的环形阵列，如图 3-49 所示。

7. 对所有的面域对象进行并运算。选择菜单命令【修改】/【实体编辑】/【并集】，AutoCAD 提示如下。

命令: _union

选择对象: 指定对角点: 找到 26 个　　　　//选择所有面域对象

选择对象:　　　　　　　　　　　　　　//按 Enter 键结束

结果如图 3-50 所示。

图 3-49　创建环形阵列　　　　　　　　图 3-50　执行并运算

默认情况下，REGION 命令在创建面域的同时将删除源对象，如果用户希望原始对象被保留，需设置 DELOBJ 系统变量为"0"。

3.4.4　上机练习——绘制多段线及填充剖面图案

本节主要让读者上机练习 PLINE、BHATCH 及 HATCHEDIT 等命令。

【实例 3-14】用 LINE、PLINE 及 OFFSET 等命令绘制图 3-51 所示的图形。

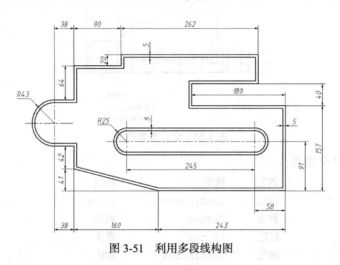

图 3-51　利用多段线构图

【实例 3-15】打开素材文件"\dwg\第 3 章\3-15.dwg"，如图 3-52（a）所示，用 SPLINE、BHATCH 及 HATCHEDIT 等命令将图 3-52（a）修改为图 3-52（b）。

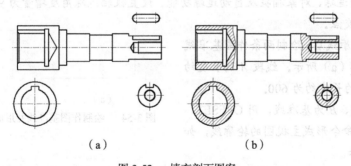

（a）　　　　　　　　　　　　（b）

图 3-52　填充剖面图案

3.5
工程实例——绘制定位板零件图

本节通过绘制定位板零件图来综合练习 LINE、OFFSET、TRIM 及 ARRAY 等命令。

【实例 3-16】绘制图 3-53 所示的定位板零件图。

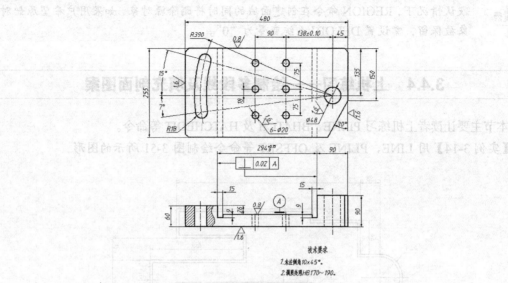

图 3-53　定位板零件图

1. 创建以下 4 个图层。

名称	颜色	线型	线宽
轮廓线	白色	Continuous	0.5mm
虚线	黄色	Dashed	默认
中心线	红色	Center	默认
细实线	绿色	Continuous	默认

2. 设定线型全局比例因子为 0.6，再设定绘图区域大小为 700mm×700mm，单击【导航】面板上的 按钮，使绘图区域充满整个图形窗口显示出来。

3. 打开极轴追踪、对象捕捉及自动追踪功能。设置极轴追踪角度增量为 90°，设定对象捕捉方式为端点、交点。

4. 切换到轮廓线层，绘制两条作图基准线 A、B，如图 3-54（a）所示。线段 A 的长度约为 400，线段 B 的长度约为 600。

5. 以线段 A、B 为基准线，用 OFFSET、TRIM 及 LINE 命令形成主视图的轮廓线，如图 3-54（b）所示。

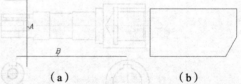

（a）　　　　　　　　　（b）

图 3-54　绘制作图基准线并形成主视图的轮廓线

6. 用 OFFSET、LINE 等命令绘制定位线，如图 3-55（a）所示，然后绘制圆及圆弧，如图 3-55（b）所示。

7. 绘制主视图细节，如图 3-56 所示。

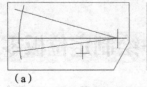

（a）

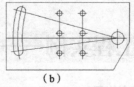

（b）

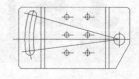

图 3-55　绘制定位线及圆、圆弧　　　　　　　　图 3-56　绘制主视图细节

8. 绘制俯视图定位线，如图 3-57（a）所示，然后用 OFFSET 及 TRIM 等命令形成俯视图细节，如图 3-57（b）所示。

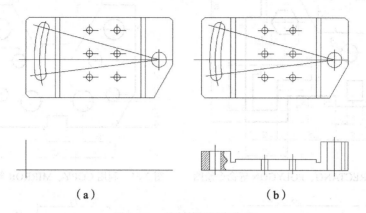

（a）   （b）

图 3-57　绘制俯视图定位线

9. 将虚线、剖面线及中心线等分别修改到相应的图层上，结果如图 3-53 所示。

3.6 习题

1. 利用 LINE、ARRAY 及 MIRROR 等命令绘制图 3-58 所示的图形。
2. 利用面域造型法绘制图 3-59 所示的图形。

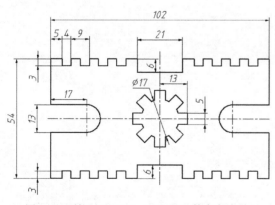

图 3-58　利用 ARRAY、MIRROR 等命令绘图

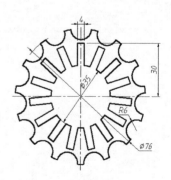

图 3-59　面域造型

3. 利用 LINE、RECTANG、POLYGON 及 MOVE 等命令绘制图 3-60 所示的图形。
4. 利用 LINE、COPY 及 MIRROR 等命令绘制图 3-61 所示的图形。
5. 利用 PLINE、OFFSET 及 ARRAY 等命令绘制图 3-62 所示的图形。
6. 利用 ELLIPSE、RECTANG、POLYGON 及 ARRAY 等命令绘制图 3-63 所示的图形。

8. 绘制如图所示图形，如图 3-57（a）所示，然后用 OFFSET 及 TRIM 等命令绘制图形，如图 3-5）。

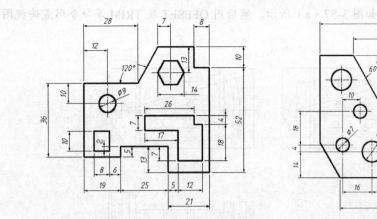

图 3-60　利用 RECTANG、POLYGON 等命令绘图

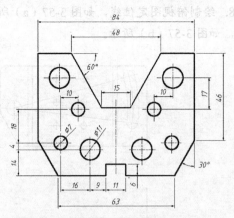

图 3-61　利用 COPY、MIRROR 等命令绘图

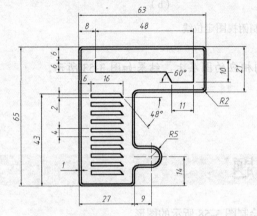

图 3-62　利用 PLINE、ARRAY 等命令绘图

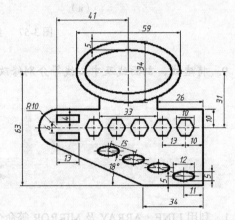

图 3-63　利用 ELLIPSE、POLYGON 等命令绘图

第4章

编辑图形

通过本章的学习，读者可以掌握常用编辑命令和一些编辑技巧，并了解夹点编辑方式，学会使用编辑命令生成新图形的技巧。

本章主要内容如下。

- 旋转对象。
- 对齐对象。
- 拉长或缩短对象。
- 按比例缩放图形。
- 夹点编辑模式。
- 编辑图形元素的属性。

4.1

调整图形的倾斜方向

本节将通过实例详细介绍旋转和对齐等命令的用法。

【实例4-1】打开素材文件"\dwg\第4章\4-1.dwg"，如图4-1（a）所示，将图4-1（a）修改为图4-1（b）。

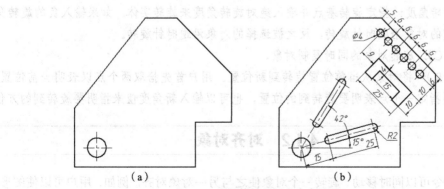

图 4-1　利用旋转和对齐命令绘图

4.1.1　旋转对象

ROTATE 命令可以旋转图形对象，改变图形对象的方向。使用此命令时，用户指定旋转基点并输入旋转角度就可以转动图形实体。此外，也可以某个方位作为参照位置，然后选择一个新对象或输入一个新角度值来指明要旋转到的位置。

旋转对象的方法如下。

1.　利用 LINE、CIRCLE 等命令绘制线框 *A*，如图 4-2（a）所示。

2.　利用 ROTATE 命令旋转线框 *A*，如图 4-2（b）所示。

单击【修改】面板上的 按钮或输入命令代号 ROTATE，启动旋转命令。

命令：_rotate	
选择对象：指定对角点：找到 7 个	//选择线框 *A*，如图 4-2（a）所示
选择对象：	//按 Enter 键确认
指定基点：cen 于	//捕捉圆心 *B*
指定旋转角度，或 [复制(C)/参照(R)] <345>：15	//输入旋转角度
命令：ROTATE	//重复命令
选择对象：指定对角点：找到 7 个	//选择线框 *C*，如图 4-2（b）所示
选择对象：	//按 Enter 键确认
指定基点：cen 于	//捕捉圆心 *B*
指定旋转角度，或 [复制(C)/参照(R)] <15>：c	//使用 "复制(C)" 选项
指定旋转角度，或 [复制(C)/参照(R)] <15>：42	//输入旋转角度

结果如图 4-2（b）所示。

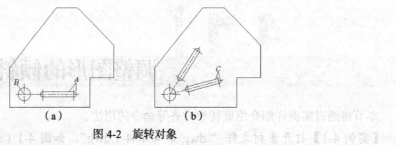

（a）　　　　　　　　　（b）

图 4-2　旋转对象

ROTATE 命令的常用选项如下。

● 指定旋转角度：指定旋转基点并输入绝对旋转角度来旋转实体。如果输入负的旋转角，则选定的对象沿顺时针旋转，反之被选择的对象沿逆时针旋转。

● 复制（C）：旋转对象的同时复制对象。

● 参照（R）：将对象从当前位置旋转到新位置。用户首先拾取两个点以表明当前位置，然后再指定一个点表明要旋转到的位置，也可以输入新角度值来指明要旋转到的方位。

4.1.2　对齐对象

ALIGN 命令可以同时移动、旋转一个对象使之与另一对象对齐。例如，用户可以使图形对象中的某点、某条直线或某一个面（三维实体）与另一实体的点、线、面对齐。操作过程中，用户只需按照 AutoCAD 提示指定源对象与目标对象的 1 点、2 点或 3 点对齐就可以了。

继续前面的练习，下面演示对齐对象的方法。

1. 绘制定位线 *D*、*E* 及图形 *F*，如图 4-3（a）所示。

2. 用 ALIGN 命令将图形 *F* 定位到正确的位置，如图 4-3（b）所示。

单击【修改】面板上的■按钮或输入命令代号 ALIGN，启动对齐命令。

命令: align

选择对象: 指定对角点: 找到 22 个　　　　　　 //选择图形 *F*，如图 4-3（a）所示

选择对象:　　　　　　　　　　　　　　　　 //按 Enter 键

指定第一个源点: cen 于　　　　　　　　　　 //捕捉第一个源点 *G*

指定第一个目标点: int 于　　　　　　　　　 //捕捉第一个目标点 *H*

指定第二个源点: end 于　　　　　　　　　　 //捕捉第二个源点 *I*

指定第二个目标点: end 于　　　　　　　　　 //捕捉第二个目标点 *J*

指定第三个源点或 <继续>:　　　　　　　　　 //按 Enter 键

是否基于对齐点缩放对象? [是(Y)/否(N)] <否>: //按 Enter 键不缩放源对象

结果如图 4-3（b）所示。

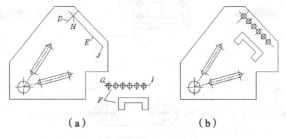

（a）　　　　　　　　　　　（b）

图 4-3　对齐对象

4.1.3　上机练习——绘制倾斜图形的技巧

本节主要让读者上机练习 ROTATE、ALIGN 等命令，以掌握绘制倾斜图形的技巧。

【实例 4-2】 打开素材文件 "\dwg\第 4 章\4-2.dwg"，如图 4-4（a）所示，将图 4-4（a）修改为图 4-4（b）。

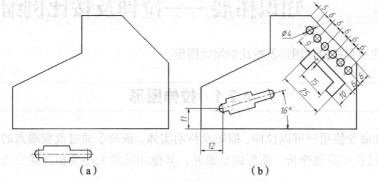

（a）　　　　　　　　　　　（b）

图 4-4　绘制倾斜图形练习（1）

【实例 4-3】使用 OFFSET、ROTATE 及 ALIGN 等命令绘制图 4-5 所示的图形。

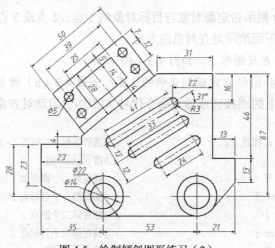

图 4-5　绘制倾斜图形练习（2）

主要作图步骤如图 4-6 所示。

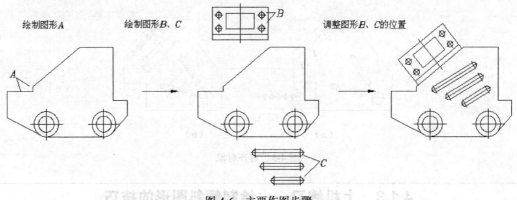

绘制图形A　　绘制图形B、C　　调整图形B、C的位置

图 4-6　主要作图步骤

4.2

知识拓展——拉伸及按比例缩放图形

本节内容主要包括拉伸图形及按比例缩放图形。

4.2.1　拉伸图形

STRETCH 命令使用户可以拉伸、缩短及移动实体。该命令通过改变端点的位置来修改图形对象，编辑过程中除被伸长、缩短的对象外，其他图元的大小及相互间的几何关系将保持不变。

如果图样沿 x 轴或 y 轴方向的尺寸有错误，或者想调整图形中某部分实体的位置，就可使用 STRETCH 命令。

【实例4-4】打开素材文件"\dwg\第4章\4-4.dwg",如图4-7(a)所示,用STRETCH命令将图4-7(a)修改为图4-7(b)。

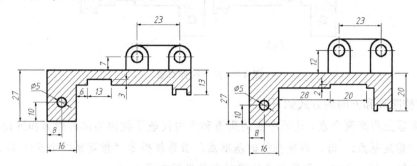

图4-7　拉伸图形

1. 单击【修改】面板上的 ⊡ 按钮或输入命令代号 STRETCH,启动拉伸命令。将选中的对象向上拉伸 5mm,如图 4-8 所示。

命令: _stretch

	//以交叉窗口选择要拉伸的对象,如图4-8(a)所示
选择对象:	//单击 A 点
指定对角点: 找到 13 个	//单击 B 点
选择对象:	//按 Enter 键
指定基点或 [位移(D)] <位移>:	//在屏幕上单击一点
指定第二个点或 <使用第一个点作为位移>: @0,5	//输入第二点的相对坐标

结果如图 4-8(b)所示。

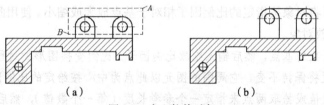

（a）　　　　　　　　　　　（b）

图4-8　向上拉伸对象

2. 启动拉伸命令,将选中的对象向右拉伸 22mm,如图 4-9 所示。

命令: _stretch

	//以交叉窗口选择要拉伸的对象,如图4-9(a)所示
选择对象:	//单击 C 点
指定对角点: 找到 6 个	//单击 D 点
选择对象:	//按 Enter 键
指定基点或 [位移(D)] <位移>:	//按 Enter 键使用"位移"选项
指定位移 <0.0000, 0.0000, 0.0000>: 22,0	//输入拉伸距离

结果如图 4-9(b)所示。

3. 请用 STRETCH 命令修改图形的其他部分。

使用 STRETCH 命令时,首先应利用交叉窗口选择对象,然后指定对象拉伸的距离和方向。凡在交叉窗口中的图元顶点都被移动,而与交叉窗口相交的图元将被延伸或缩短。

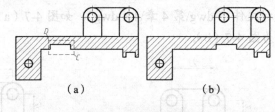

图 4-9 向右拉伸对象

设定拉伸距离和方向的方式如下。

- 在屏幕上指定两个点，这两个点的距离和方向代表了拉伸实体的距离和方向。当系统提示"指定基点:"时，指定拉伸的基准点。当系统提示"指定第二个点:"时，捕捉第二点或输入第二点相对于基准点的相对直角坐标或极坐标。
- 以"X,Y"方式输入对象沿 x 轴、y 轴拉伸的距离，或用"距离<角度"方式输入拉伸的距离和方向。当系统提示"指定基点:"时，输入拉伸值。当系统提示"指定第二个点:"时，按 Enter 键确认，这样系统就以输入的拉伸值来拉伸对象。
- 打开正交或极轴追踪功能，就能方便地将实体只沿 x 轴或 y 轴方向拉伸。当系统提示"指定基点:"时，单击一点并把实体向水平方向或竖直方向拉伸，然后输入拉伸值。
- 使用"位移(D)"选项。选择该选项后，系统提示"指定位移:"，此时，以"x,y"方式输入沿 x 轴、y 轴拉伸的距离，或以"距离<角度"方式输入拉伸的距离和方向。

4.2.2 按比例缩放图形

SCALE 命令可将对象按指定的比例因子相对于基点放大或缩小。使用此命令时，用户可以用下面两种方式缩放对象。

- 选择缩放对象的基点，然后输入缩放比例因子。比例变换图形的过程中，缩放基点在屏幕上的位置将保持不变，它周围的图元以此点为中心按给定的比例因子放大或缩小。
- 输入一个数值或拾取两点来指定一个参考长度（第一个数值），然后再输入新的数值或拾取另外一点（第二个数值），则系统计算两个数值的比率并以此比率作为缩放比例因子。当用户想将某一对象放大到特定尺寸时，就可使用这种方法。

【实例 4-5】打开素材文件"\dwg\第 4 章\4-5.dwg"，如图 4-10（a）所示，用 SCALE 命令将图 4-10（a）修改为图 4-10（b）。

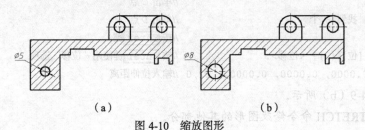

图 4-10 缩放图形

单击【修改】面板上的 按钮或输入命令代号 SCALE，启动比例缩放命令。

```
命令: _scale
选择对象: 指定对角点: 找到 3 个                          //选择圆 E，如图 4-11 所示
```

选择对象:	//按 Enter 键
指定基点：cen 于	//捕捉圆 E 的圆心
指定比例因子或 [复制(C)/参照(R)] <0.8000>: r	//使用"参照(R)"选项
指定参照长度 <1.0000>: 5	//输入原始长度
指定新的长度或 [点(P)] <1.0000>: 8	//输入缩放后的长度

结果如图 4-10（b）所示。

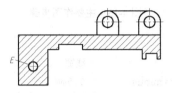

图 4-11 选择缩放对象

SCALE 命令的常用选项如下。

- 指定比例因子：直接输入缩放比例因子，系统根据此比例因子缩放图形。若比例因子小于 1，则缩小对象；若比例因子大于 1，则放大对象。
- 复制(C)：缩放对象的同时复制对象。
- 参照(R)：以参照方式缩放图形。用户输入参考长度及新长度，系统自动把新长度与参考长度的比值作为缩放比例因子进行缩放。
- 点(P)：使用两点来定义新的长度。

4.2.3 上机练习——利用编辑命令绘图的技巧

以下提供的绘图练习目的是使读者掌握 COPY、OFFSET、ROTATE 及 STRETCH 等编辑命令。

【实例 4-6】绘制图 4-12 所示的图形。

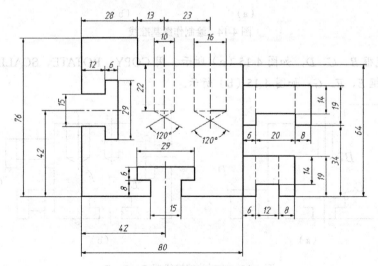

图 4-12 利用编辑命令绘图

主要作图步骤如图 4-13 所示。

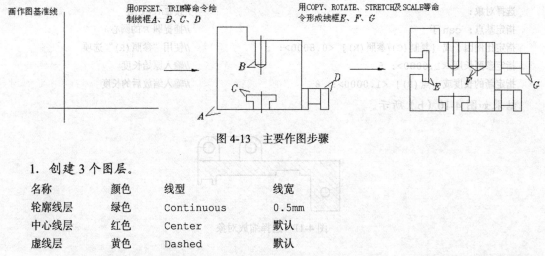

图 4-13　主要作图步骤

1. 创建 3 个图层。

名称	颜色	线型	线宽
轮廓线层	绿色	Continuous	0.5mm
中心线层	红色	Center	默认
虚线层	黄色	Dashed	默认

2. 设定线型全局比例因子为 0.2。设定绘图区域大小为 150mm × 150mm，单击【导航】面板上的 按钮使绘图区域充满整个绘图窗口显示出来。

3. 打开极轴追踪、对象捕捉及自动追踪功能。指定极轴追踪角度增量为 90°；设定对象捕捉方式为端点、交点。

4. 切换到轮廓线层，绘制作图基准线 A、B，其长度为 110mm 左右，如图 4-14（a）所示。用 OFFSET 及 TRIM 命令形成线框 C，如图 4-14（b）所示。

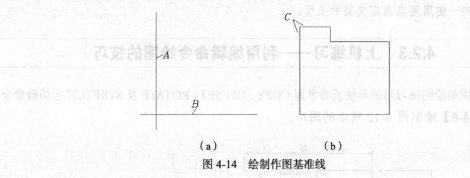

（a）　　　　　　　　　　（b）

图 4-14　绘制作图基准线

5. 绘制线框 B、C、D，如图 4-15（a）所示。用 COPY、ROTATE、SCALE 及 STRETCH 等命令形成线框 E、F、G，如图 4-15（b）所示。

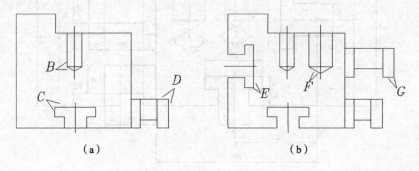

（a）　　　　　　　　　　　　　　（b）

图 4-15　绘制并编辑线框 B、C、D

【实例 4-7】使用 OFFSET、COPY、ROTATE 及 STRETCH 等命令绘制图 4-15 所示的图形。

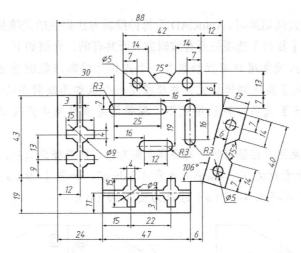

图 4-16　利用 COPY、ROTATE 及 STRETCH 等命令绘图

主要作图步骤如图 4-17 所示。

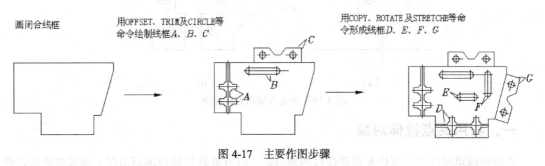

图 4-17　主要作图步骤

4.3

夹点编辑方式及编辑图形元素的属性

本节将主要介绍夹点编辑方式及用 PROPERTIES 命令、MATCHPROP 命令编辑图形元素属性。

4.3.1　夹点编辑方式

夹点编辑方式是一种集成的编辑模式，该模式包含了 5 种编辑方法：拉伸、移动、旋转、比例缩放和镜像。

默认情况下，AutoCAD 的夹点编辑方式是开启的。当用户选择实体后，实体上将出现若干方框，这些方框称为夹点。把十字光标靠近方框并单击鼠标左键，激活夹点编辑状态，此时，AutoCAD 自动进入拉伸编辑方式，连续按下 Enter 键，就可以在所有的编辑方式间切换。此外，也可在激活夹点后，再单击鼠标右键，弹出快捷菜单，如图 4-18 所示，通过此菜单就能选择某种编辑方法。

在不同的编辑方式间切换时，AutoCAD 为每种编辑方法提供的选项基本相同，其中【基点】、【复制】选项是所有编辑方式所共有的，介绍如下。

图 4-18　快捷菜单

● 【基点】：该选项使用户可以拾取某一个点作为编辑过程的基点。例如，当进入了旋转编辑模式，并要指定一个点作为旋转中心时，就选择【基点】选项。默认情况下，编辑的基点是热夹点（选中的夹点）。

● 【复制】：如果用户在编辑的同时还需复制对象，则选择此选项。

【实例 4-8】打开素材文件 "\dwg\第 4 章\4-8.dwg"，如图 4-19（a）所示，利用夹点编辑方式将图 4-19（a）修改为图 4-19（b）。

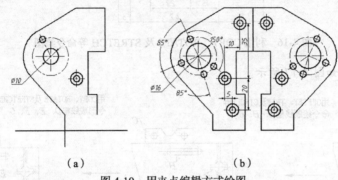

（a）　　　　　　　　　　　　　　　（b）

图 4-19　用夹点编辑方式绘图

一、利用夹点拉伸对象

在拉伸编辑模式下，当热夹点是线段的端点时，将有效地拉伸或缩短对象。如果热夹点是线段的中点、圆或圆弧的圆心或者属于块、文字、尺寸数字等实体时，这种编辑方式就只移动对象。利用夹点拉伸线段的方法如下。

打开极轴追踪、对象捕捉及自动追踪功能。设置极轴追踪角度增量为 90°，设定对象捕捉方式为端点、圆心及交点。

```
命令：                                          //选择线段 A，如图 4-20（a）所示
命令：                                          //选中夹点 B
** 拉伸 **                                      //进入拉伸模式
指定拉伸点或 [基点(B)/复制(C)/放弃(U)/退出(X)]：  //向下移动鼠标光标并捕捉 C 点
```

继续调整其他线段的长度，结果如图 4-20（b）所示。

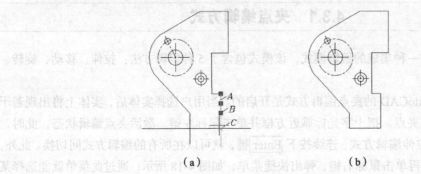

（a）　　　　　　　　　　　　　　　（b）

图 4-20　利用夹点拉伸线段

打开正交状态后，用户就可利用夹点拉伸方式很方便地改变水平或竖直线段的长度。

二、利用夹点移动及复制对象

夹点移动模式可以编辑单一对象或一组对象，在此方式下使用"复制(C)"选项就能在移动实体的同时进行复制。这种编辑模式的使用与普通的 MOVE 命令很相似。

利用夹点复制对象的方法如下。

命令:	//选择对象 D，如图 4-21（a）所示
命令:	//选中一个夹点
** 拉伸 **	
指定拉伸点或 [基点(B)/复制(C)/放弃(U)/退出(X)]:	//进入拉伸模式
** 移动 **	//按 Enter 键进入移动模式
指定移动点或 [基点(B)/复制(C)/放弃(U)/退出(X)]: c	//利用"复制(C)"选项进行复制
** 移动（多重）**	
指定移动点或 [基点(B)/复制(C)/放弃(U)/退出(X)]: b	//使用"基点(B)"选项
指定基点:	//捕捉对象 D 的圆心
** 移动（多重）**	
指定移动点或 [基点(B)/复制(C)/放弃(U)/退出(X)]: @10,35	//输入相对坐标
** 移动（多重）**	
指定移动点或 [基点(B)/复制(C)/放弃(U)/退出(X)]: @5,-20	//输入相对坐标
指定移动点或 [基点(B)/复制(C)/放弃(U)/退出(X)]:	//按 Enter 键结束

结果如图 4-21（b）所示。

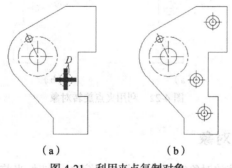

（a）　　　　　　　　（b）

图 4-21　利用夹点复制对象

三、利用夹点旋转对象

旋转对象是绕旋转中心进行的，当使用夹点编辑模式时，热夹点就是旋转中心，但用户可以指定其他点作为旋转中心。这种编辑方式与 ROTATE 命令相似，它的优点在于一次可将对象旋转且复制到多个方位。

旋转操作中的"参照(R)"选项有时非常有用，该选项可以使用户旋转图形实体使其与某个新位置对齐。

利用夹点旋转对象的方法如下。

命令:	//选择对象 E，如图 4-22（a）所示

命令: //选中一个夹点
** 拉伸 **   //进入拉伸模式
指定拉伸点或 [基点(B)/复制(C)/放弃(U)/退出(X)]: _rotate
                                             //单击鼠标右键，选择【旋转】选项
** 旋转 **   //进入旋转模式
指定旋转角度或 [基点(B)/复制(C)/放弃(U)/参照(R)/退出(X)]: c
                                             //利用"复制(C)"选项进行复制
** 旋转 (多重) **
指定旋转角度或 [基点(B)/复制(C)/放弃(U)/参照(R)/退出(X)]: b
                                             //使用"基点(B)"选项
指定基点: //捕捉圆心 F
** 旋转 (多重) **
指定旋转角度或 [基点(B)/复制(C)/放弃(U)/参照(R)/退出(X)]: 85   //输入旋转角度
** 旋转 (多重) **
指定旋转角度或 [基点(B)/复制(C)/放弃(U)/参照(R)/退出(X)]: 170   //输入旋转角度
** 旋转 (多重) **
指定旋转角度或 [基点(B)/复制(C)/放弃(U)/参照(R)/退出(X)]: -150   //输入旋转角度
** 旋转 (多重) **
指定旋转角度或 [基点(B)/复制(C)/放弃(U)/参照(R)/退出(X)]:   //按 Enter 键结束

结果如图 4-22（b）所示。

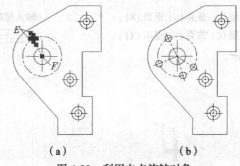

（a）   （b）
图 4-22 利用夹点旋转对象

四、利用夹点缩放对象

夹点编辑方式也提供了缩放对象的功能，当切换到缩放模式时，当前激活的热夹点是缩放的基点。用户可以输入比例系数对实体进行放大或缩小，也可利用"参照(R)"选项将实体缩放到某一尺寸。

利用夹点缩放对象的方法如下。

命令: //选择圆 G，如图 4-23（a）所示
命令: //选中任意一个夹点
** 拉伸 **   //进入拉伸模式
指定拉伸点或 [基点(B)/复制(C)/放弃(U)/退出(X)]: _scale
                                             //单击鼠标右键，选择【缩放】选项
** 比例缩放 **   //进入比例缩放模式
指定比例因子或 [基点(B)/复制(C)/放弃(U)/参照(R)/退出(X)]: b
                                             //使用"基点(B)"选项指定缩放基点

指定基点：   //捕捉圆 G 的圆心

** 比例缩放 **

指定比例因子或 [基点(B)/复制(C)/放弃(U)/参照(R)/退出(X)]：1.6

                                           //输入缩放比例值

结果如图 4-23（b）所示。

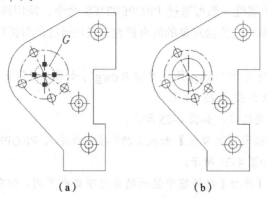

（a）   （b）

图 4-23 利用夹点缩放对象

五、利用夹点镜像对象

进入镜像模式后，AutoCAD 直接提示"指定第二点"。默认情况下，热夹点是镜像线的第一点，在拾取第二点后，此点便与第一点一起形成镜像线。如果用户要重新设定镜像线的第一点，就通过"基点(B)"选项。

利用夹点镜像对象的方法如下。

命令：   //选择要镜像的对象，如图 4-24（a）所示

命令：   //选中夹点 H

** 拉伸 **   //进入拉伸模式

指定拉伸点或 [基点(B)/复制(C)/放弃(U)/退出(X)]：_mirror

                                     //单击鼠标右键，选择【镜像】选项

** 镜像 **   //进入镜像模式

指定第二点或 [基点(B)/复制(C)/放弃(U)/退出(X)]：c   //镜像并复制

** 镜像（多重）**

指定第二点或 [基点(B)/复制(C)/放弃(U)/退出(X)]：   //捕捉 I 点

** 镜像（多重）**

指定第二点或 [基点(B)/复制(C)/放弃(U)/退出(X)]：   //按 Enter 键结束

结果如图 4-24（b）所示。

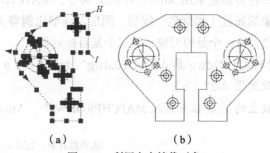

（a）   （b）

图 4-24 利用夹点镜像对象

4.3.2　用 PROPERTIES 命令改变对象属性

在 AutoCAD 中，对象属性是指系统赋予对象的包括颜色、线型、图层、高度及文字样式等特性，例如直线和曲线包含图层、线型、颜色等属性项目，而文本则具有图层、颜色、字体及字高等特性。改变对象属性一般可通过 PROPERTIES 命令，使用该命令时，AutoCAD 打开【特性】对话框，该对话框列出所选对象的所有属性，用户通过此对话框就可以很方便地修改对象的属性。

【实例 4-9】打开素材文件 "\dwg\第 4 章\4-9.dwg"，如图 4-25（a）所示，用 PROPERTIES 命令将图 4-25（a）修改为图 4-25（b）。

1. 选择要编辑的非连续线，如图 4-25 所示。

2. 单击【视图】选项卡【选项板】面板上的■按钮或输入 PROPERTIES 命令，AutoCAD 打开【特性】对话框，如图 4-26 所示。

根据所选对象不同，【特性】对话框中显示的属性项目也不同，但有一些属性项目几乎是所有对象都有的，如颜色、图层及线型等。

当在绘图区中选择单个对象时，【特性】对话框就显示此对象的特性。若选择多个对象，则【特性】对话框将显示它们所共有的特性。

3. 在【线型比例】文本框中输入当前线型比例因子，该比例因子的默认值是 "1"，输入新数值 "2" 后，按 Enter 键，绘图窗口中的非连续线立即更新，显示修改后的结果，如图 4-25（b）所示。

（a）选择非连续线当前　　　　　（b）修改结果
对象线型比例 =1　　　　当前对象线型比例 =2

图 4-25　用 PROPERTIES 命令改变对象属性

图 4-26　【特性】对话框

4.3.3　对象特性匹配

改变对象属性的另一种方法是采用 MATCHPROP 命令，MATCHPROP 命令非常有用。用户可使用此命令将源对象的属性（如颜色、线型、图层及线型比例等）传递给目标对象。操作时，用户要选择两个对象，第一个是源对象，第二个是目标对象。

【实例 4-10】打开素材文件 "\dwg\第 4 章\4-10.dwg"，如图 4-27（a）所示，用 MATCHPROP 命令将图 4-27（a）修改为图 4-27（b）。

单击【剪贴板】面板上的■按钮或输入 MATCHPROP 命令，AutoCAD 提示如下。

```
命令: '_matchprop
选择源对象:                          //选择源对象，如图 4-27（a）所示
选择目标对象或 [设置(S)]:            //选择第一个目标对象
```

选择目标对象或 [设置(S)]: //选择第二个目标对象

选择目标对象或 [设置(S)]: //按 Enter 键结束

选择源对象后，鼠标光标变成类似"刷子"的形状，用此"刷子"来选择接受属性匹配的目标对象，结果如图 4-27（b）所示。

如果用户仅想使目标对象的部分属性与源对象相同，可在选择源对象后，输入"S"，此时，AutoCAD 打开【特性设置】对话框，如图 4-28 所示。默认情况下，AuotCAD 选中该对话框中所有源对象的属性进行复制，但用户也可指定仅将其中的部分属性传递给目标对象。

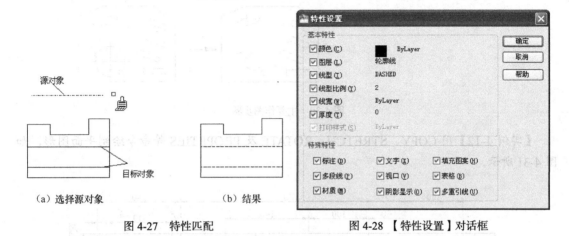

图 4-27　特性匹配　　　　　　　　　　　　　　　　图 4-28　【特性设置】对话框

4.3.4　上机练习——编辑图形元素的属性

本节的两个练习题是让读者上机练习夹点编辑方式及如何编辑图形元素属性。

【实例 4-11】利用夹点编辑方式的复制、旋转功能及 PROPERTIES 命令绘制如图 4-29 所示的图形。

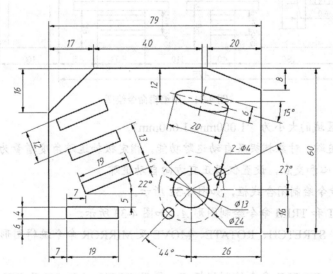

图 4-29　用 PROPERTIES 命令及夹点编辑方式绘图

主要作图步骤如图 4-30 所示。

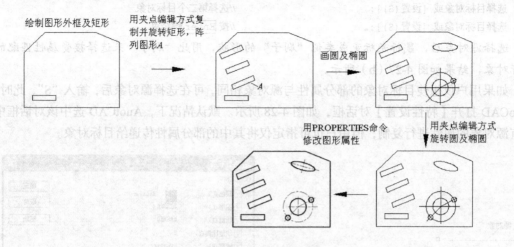

绘制图形外框及矩形　　用夹点编辑方式复制并旋转矩形，阵列图形 *A*　　画圆及椭圆

用 PROPERTIES 命令修改图形属性　　用夹点编辑方式旋转圆及椭圆

图 4-30　主要作图步骤

【实例 4-12】用 COPY、STRETCH、ROTATE 及 PROPETIES 等命令绘制平面图形，如图 4-31 所示。

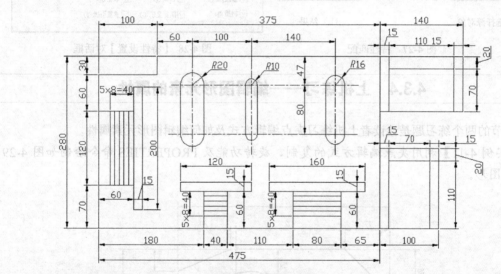

图 4-31　用编辑命令绘图

1. 设定绘图区域的大小为"1 000mm×1 000mm"。

2. 激活极轴追踪、对象捕捉及自动追踪功能。指定极轴追踪角度增量为 90°，设定对象捕捉方式为端点、圆心和交点，设置仅沿正交方向自动追踪。

3. 用 LINE 命令绘制闭合线框，如图 4-32 所示。

4. 用 OFFSET 和 TRIM 命令绘制图形 *A*，如图 4-33 所示。

5. 用 COPY、STRETCH、ROTATE、MOVE 及 MIRROR 命令编辑图形 *A* 以形成图形 *B*、*C*，如图 4-34 所示。

6. 用 LINE 和 CIRCLE 命令绘制线框 *D*，再用 COPY、SCALE 及 STRETCH 命令编辑线框 *D* 以形成线框 *E*、*F*，如图 4-35 所示。

7. 绘制图形 *G*，再用 COPY 及 STRETCH 命令编辑图形 *G* 以形成图形 *H*，如图 4-36 所示。

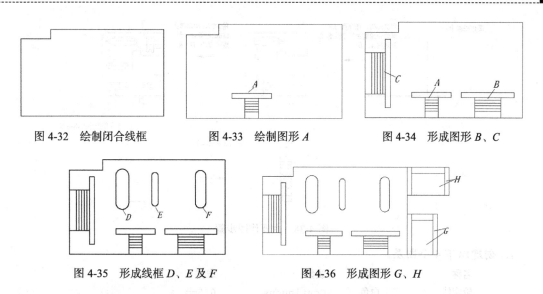

图 4-32 绘制闭合线框　　　图 4-33 绘制图形 *A*　　　图 4-34 形成图形 *B*、*C*

图 4-35 形成线框 *D*、*E* 及 *F*　　　　图 4-36 形成图形 *G*、*H*

8. 用 PROPERTIES 命令修改图形属性，结果如图 4-31 所示。

4.4 工程实例——绘制导向板零件图

本节通过绘制导向板零件图来综合练习利用编辑命令绘图的技巧。

【实例 4-13】用 LINE、OFFSET、COPY、ROTATE 及 STRETCH 等命令绘制导向板零件图，如图 4-37 所示。

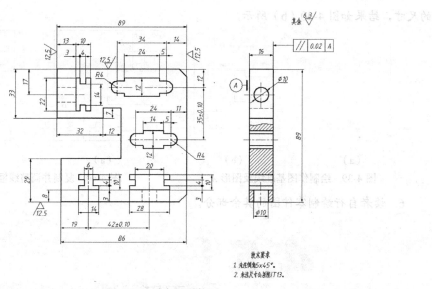

图 4-37 导向板零件图

主要作图步骤如图 4-38 所示。

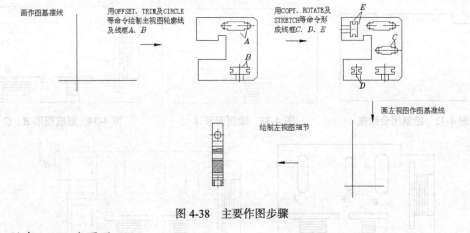

图 4-38   主要作图步骤

1. 创建以下 4 个图层。

名称	颜色	线型	线宽
轮廓线	白色	Continuous	0.5mm
虚线	黄色	Dashed	默认
中心线	红色	Center	默认
细实线	绿色	Continuous	默认

2. 打开极轴追踪、对象捕捉及自动追踪功能。设置极轴追踪角度增量为 90°，设定对象捕捉方式为端点、交点。

3. 设定线型全局比例因子为 0.2，再设定绘图区域大小为 120mm×120mm，单击【导航】面板上的 ⊗ 按钮，使绘图区域显示并充满整个图形窗口。

4. 切换到轮廓线层，绘制两条作图基准线，其长度为 120mm 左右，如图 4-39（a）所示。然后用 OFFSET 及 TRIM 命令绘制图形 A，如图 4-39（b）所示。

5. 将线框 B 复制到 C、D 处，如图 4-40（a）所示。再用 STRETCH 命令调整线框 C、D 的尺寸，结果如图 4-40（b）所示。

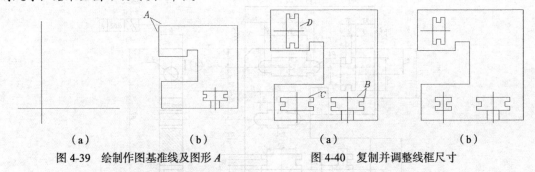

（a）   （b）   （a）   （b）

图 4-39   绘制作图基准线及图形 A   图 4-40   复制并调整线框尺寸

6. 读者自行绘制零件图的其余部分。

4.5
习题

1. 利用 LINE、CIRCLE 及 ROTATE 等命令绘制图 4-41 所示的图形。

2. 利用 ALIGN、ARRAY 等命令绘制图 4-42 所示的图形。

3. 利用 COPY、ROTATE 及 STRETCH 等命令绘制图 4-43 所示的图形。

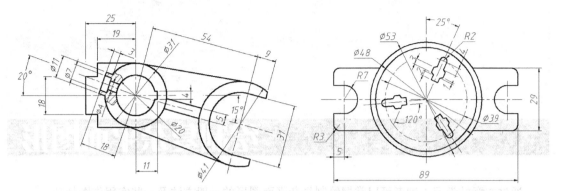

图 4-41　用 LINE、CIRCLE 及 ROTATE 等命令绘图　　　图 4-42　用 ALIGN、ARRAY 等命令定位图形

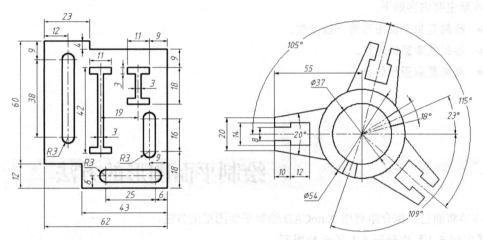

图 4-43　用 COPY、ROTATE 及 STRETCH 等命令绘图　　　图 4-44　用夹点模式绘图（1）

4. 利用夹点编辑模式绘制图 4-44 所示的图形。

5. 利用夹点编辑模式绘制图 4-45 所示的图形。

6. 利用 ROTATE、ALIGN 及 OFFSET 等命令绘制图 4-46 所示的图形。

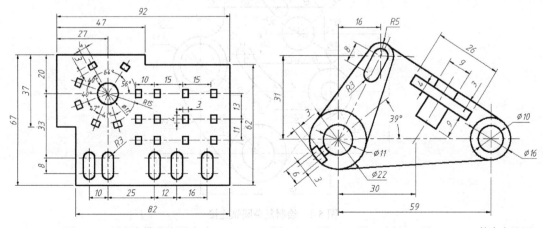

图 4-45　用夹点模式绘图（2）　　　图 4-46　用 ROTATE、ALIGN 及 OFFSET 等命令绘图

第5章

绘制复杂平面图形

通过本章的学习，读者可以掌握绘制复杂平面图形的一般方法及一些实用作图技巧。
本章主要内容如下。

- 绘制复杂平面图形的一般步骤。
- 绘制复杂圆弧连接。
- 绘制复杂图形的技巧。

5.1

绘制平面图形的方法

本节将通过实例介绍利用 AutoCAD 绘制平面图形的方法。

【实例 5-1】绘制图 5-1 所示的图形。

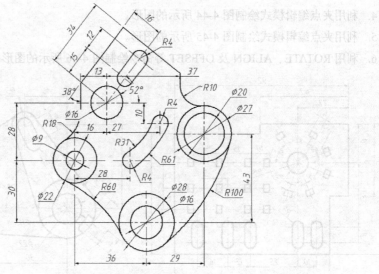

图 5-1　绘制复杂圆弧连接

5.1.1　绘制复杂图形的一般步骤

平面图形是由直线、圆、圆弧及多边形等图形元素组成的，作图时一般应采取以下步骤。

- 首先绘制图形的主要作图基准线，然后利用基准线定位及形成其他图形元素。图形的对称线、大圆中心线、重要轮廓线等均可作为绘图基准线。
- 绘制主要轮廓线，形成图形的大致形状。一般不应从某一局部细节开始绘图。
- 绘制图形主要轮廓后，开始绘制细节。先把图形细节分成几部分，然后依次绘制。对于复杂的细节，可先绘制作图基准线，然后形成完整细节。
- 修饰平面图形。利用 BREAK、LENGTHEN 等命令打断及调整线条长度，再改正不适当的线型，然后修剪、擦去多余线条。

图 5-1 所示的图形可采取以下作图步骤。

1. 绘制图形的主要定位线，如 $\phi 22$、$\phi 28$ 和 $\phi 27$ 等圆的中心线，如图 5-2 所示。

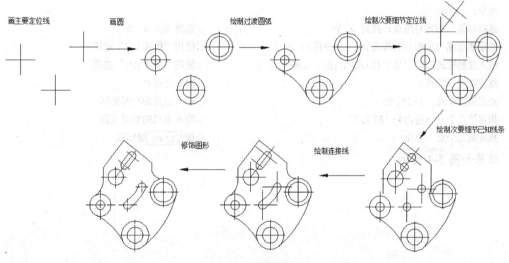

图 5-2　主要作图步骤

2. 绘制主要已知线条（由图形中的尺寸就能确定其形状和位置的线条就是已知线条）。图 5-1 中的主要已知线条是圆 $\phi 22$、$\phi 28$ 和 $\phi 27$ 等。

3. 绘制主要连接线条，作图时用户只能根据其与已知线条的连接关系才能将它们绘制出来。图 5-1 中的 $R60$、$R100$ 过渡圆弧就是连接线条。

4. 绘制次要细节特征的定位线，如图 5-1 所示的 $\phi 16$、$R4$ 圆的中心线。

5. 绘制次要特征的已知线条，如图 5-1 所示的 $\phi 16$、$R4$ 等。

6. 绘制次要特征的连接线条，如图 5-1 所示的 $R61$、$R31$ 过渡圆弧。

7. 修饰平面图形。

5.1.2　绘制复杂圆弧连接

本节将详细介绍图 5-1 所示图形的绘制过程，通过练习使读者掌握用 AutoCAD 绘制复杂圆弧连接的一般方法。

一、绘制图形的主要定位线

1. 创建以下两个图层。

名称	颜色	线型	线宽
轮廓线	白色	Continuous	0.5mm
中心线	红色	Center	默认

2. 设定线型全局比例因子为 0.2，再设定绘图区域大小为 150mm×150mm，单击【导航】面板上的 按钮，使绘图区域充满整个图形窗口显示出来。

3. 打开极轴追踪、对象捕捉及自动追踪功能。设置极轴追踪角度增量为 90°，设定对象捕捉方式为端点、交点。

4. 切换到轮廓线层，在该层上绘制水平线 B 和竖直线 A，线段 A、B 的长度约为 30mm，如图 5-3 所示。

5. 复制线段 A、B，如图 5-4 所示。

```
命令：_copy
选择对象：指定对角点：找到 2 个                    //选择线段 A、B
指定基点或 [位移(D)/模式(O)] <位移>：o            //使用"模式(O)"选项
输入复制模式选项 [单个(S)/多个(M)] <多个>：m      //使用"多个(M)"选项
指定基点 <位移>                                   //捕捉交点 C
指定第二个点：@-36,30                             //输入 D 点的相对坐标
指定第二个点 <退出>：@29,43                        //输入 E 点的相对坐标
指定第二个点 <退出>：                              //按 Enter 键结束
```

结果如图 5-4 所示。

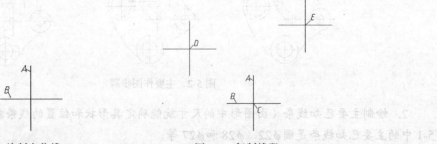

图 5-3 绘制定位线 A、B   图 5-4 复制线段 A、B

二、绘制主要已知线段

利用 CIRCLE 命令分别绘制 $\phi 9$、$\phi 22$、$\phi 16$、$\phi 28$、$\phi 20$ 及 $\phi 27$ 的圆，结果如图 5-5 所示。

图 5-5 绘制圆

三、绘制主要连接线段

1. 利用 CIRCLE 命令绘制 $R60$、$R100$ 的圆弧，如图 5-6 所示。

命令：_circle 指定圆的圆心或 [三点(3P)/两点(2P)/切点、切点、半径(T)]：t

//使用 "切点、切点、半径(T)" 选项

指定对象与圆的第一个切点：　　　　　　　　//捕捉切点 F，如图 5-6 所示

指定对象与圆的第二个切点：　　　　　　　　//捕捉切点 G

指定圆的半径 <13.5000>：60　　　　　　　//输入半径值

命令：　　　　　　　　　　　　　　　　　　//重复命令

命令：_circle 指定圆的圆心或 [三点(3P)/两点(2P)/ 切点、切点、半径(T)]：t

//使用 "切点、切点、半径(T)" 选项

指定对象与圆的第一个切点：　　　　　　　　//捕捉切点 H

指定对象与圆的第二个切点：　　　　　　　　//捕捉切点 K

指定圆的半径 <60.0000>：100　　　　　　//输入半径值

结果如图 5-6 所示。

2. 利用 TRIM 命令修剪多余线条，结果如图 5-7 所示。

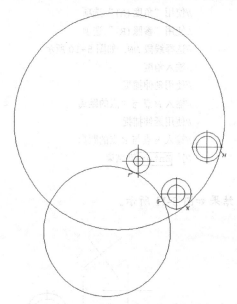

图 5-6　绘制相切圆

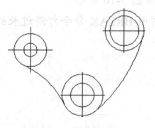

图 5-7　修剪结果

绘制连接圆弧时要根据内切圆还是外接圆捕捉切点的位置，否则容易把内切圆画成外接圆、外接圆画成内切圆。

四、绘制次要细节特征的定位线

1. 利用 COPY 命令复制线段 A、B，形成定位线 C、D、E、F、G 及 H，如图 5-8 所示。

2. 利用 LINE 命令绘制定位线 MN，如图 5-9 所示。

命令：_line 指定第一点：　　　　　　　　　//捕捉 M 点，如图 5-9 所示

指定下一点或 [放弃(U)]：<52　　　　　　 //指定线段 MN 的方向

指定下一点或 [放弃(U)]:	//在 N 处单击一点
指定下一点或 [放弃(U)]:	//按 Enter 键结束

结果如图 5-9 所示。

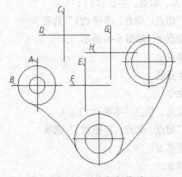

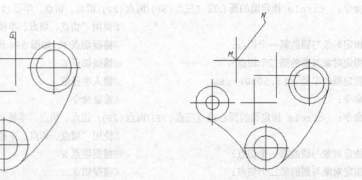

图 5-8　形成定位线　　　　　　　　　　　　图 5-9　绘制定位线 MN

3. 利用 XLINE 命令绘制定位线，如图 5-10 所示。

命令: _xline 指定点或 [水平(H)/垂直(V)/角度(A)/二等分(B)/偏移(O)]: a	//使用"角度(A)"选项
输入构造线的角度 或 [参照(R)]: r	//使用"参照(R)"选项
选择直线对象:	//选择线段 MN, 如图 5-10 所示
输入构造线的角度 <0>: 90	//输入角度
指定通过点: ext	//使用延伸捕捉
于 15	//输入 M 点与 P 点的距离
指定通过点: ext	//使用延伸捕捉
于 27	//输入 M 点与 K 点的距离
指定通过点:	//按 Enter 键结束

结果如图 5-10 所示。

4. 利用 BREAK 命令打断过长的线条，结果如图 5-11 所示。

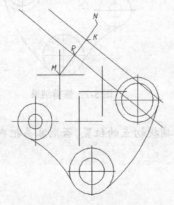

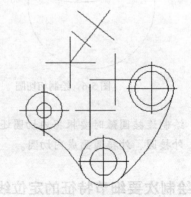

图 5-10　绘制定位线　　　　　　　　　　　图 5-11　修剪结果

五、绘制次要特征的已知线段

1. 利用 OFFSET 命令绘制线段 A、B、C 及 F，如图 5-12 所示。

启动偏移命令，AutoCAD 提示如下。

命令: _offset

指定偏移距离 <通过>: 16   //输入偏移距离

选择要偏移的对象 <退出>:   //选择线段 E，如图 5-12 所示

指定要偏移的那一侧上的点 <退出>   //在线段 E 的左上方单击一点

选择要偏移的对象 <退出>:   //按 Enter 键结束

继续绘制以下定位线。

向左偏移线段 D 至 B，偏移距离为 13mm。

向右偏移线段 D 至 C，偏移距离为 37mm。

向右上方偏移线段 G 至 F，偏移距离为 7mm。

结果如图 5-12 所示。

2. 利用 TRIM、EXTEND 命令完成线框 H 的绘制，结果如图 5-13 所示。

3. 利用 CIRCLE 命令绘制圆 L、M、N 等，结果如图 5-14 所示。

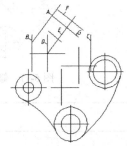
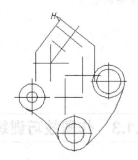
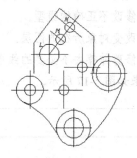

图 5-12 绘制线段 A、B 等   图 5-13 修剪及延伸线条   图 5-14 绘制圆

六、绘制次要特征的连接线段

1. 利用 FILLET 命令绘制倒圆角 E、F，如图 5-15 所示。

命令: _fillet   //启动圆角命令

选择第一个对象或 [放弃(U)/多段线(P)/半径(R)/修剪(T)/多个(M)]: r

                                          //使用"半径(R)"选项

指定圆角半径 <18.0000>: 18   //输入圆角半径

选择第一个对象: //选择线段 A，如图 5-15 所示

选择第二个对象: //选择圆 B

命令:FILLET   //重复命令

选择第一个对象或 [放弃(U)/多段线(P)/半径(R)/修剪(T)/多个(M)]: r

                                          //使用"半径(R)"选项

指定圆角半径 <18.0000>: 10   //输入圆角半径

选择第一个对象: //选择线段 C

选择第二个对象: //选择圆 D

结果如图 5-15 所示。

2. 利用 LINE、CIRCLE 及 TRIM 等命令绘制线框 J、K，结果如图 5-16 所示。

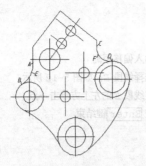

图 5-15　倒圆角

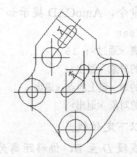

图 5-16　绘制线框 J、K

七、修饰平面图形

修饰图形主要包括以下内容。

- 利用 BREAK 命令打断太长的线条。
- 利用 LENGTHEN 命令改变线条的长度。
- 修改不正确的线型。
- 改变对象所在的图层。
- 修剪并擦去不必要的线条。

结果如图 5-17 所示。

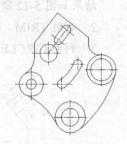

图 5-17　修饰图形

5.1.3　作图技巧训练

本节通过实例继续练习绘制复杂平面图形的方法，以掌握绘图技巧。

【实例 5-2】绘制图 5-18 所示的图形。

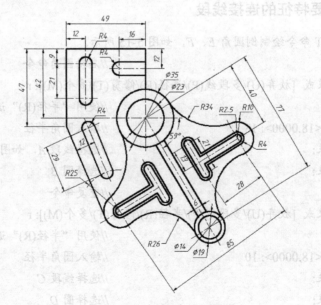

图 5-18　绘制复杂平面图形

1. 创建以下两个图层。

名称　　　　颜色　　　　线型　　　　　　　　线宽

轮廓线	白色	Continuous	0.5mm
中心线	红色	Center	默认

2. 设定线型全局比例因子为 "0.2"，再设定绘图区域大小为 200mm × 200mm，单击【导航】面板上的 🔍 按钮，使绘图区域显示并充满整个图形窗口。

3. 打开极轴追踪、对象捕捉及自动追踪功能。设置极轴追踪角度增量为 90°，设定对象捕捉方式为端点、交点及圆心。

4. 切换到轮廓线层，在该层上绘制图形的主要定位线，结果如图 5-19 所示。

5. 绘制圆和过渡圆弧，结果如图 5-20 所示。

6. 绘制线段 A、B，再用 PLINE、OFFSET 及 MIRROR 命令绘制线框 C、D，结果如图 5-21 所示。

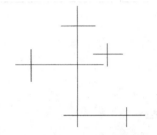

图 5-19 绘制主要定位线

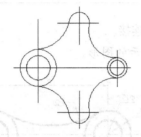

图 5-20 绘制圆和过渡圆

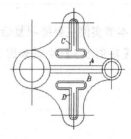

图 5-21 绘制线框 C、D

7. 将图形绕 E 点顺时针旋转 59°，结果如图 5-22 所示。

8. 利用 LINE 命令绘制线段 F、G、H 及 I，结果如图 5-23 所示。

9. 利用 PLINE 命令绘制线框 A、B，结果如图 5-24 所示。

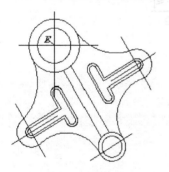

图 5-22 旋转图形

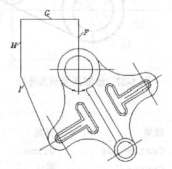

图 5-23 绘制线段 F、G 等

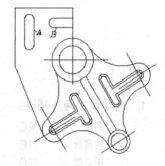

图 5-24 绘制线框 A、B

10. 绘制定位线 C、D 等，结果如图 5-25 所示。

11. 绘制线框 E，结果如图 5-26 所示。

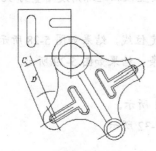

图 5-25 绘制定位线 C、D 等

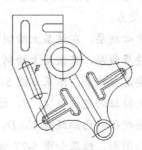

图 5-26 绘制线框 E

12. 修饰图形，结果如图 5-18 所示。

5.2 上机练习——平面绘图综合练习

本节中练习的目的是使读者对前面所学的内容进行综合演练，以便进一步掌握作图技巧。

5.2.1 平面绘图综合练习一

本节实例主要练习复杂圆弧的连接。

【实例 5-3】绘制如图 5-27 所示的图形。

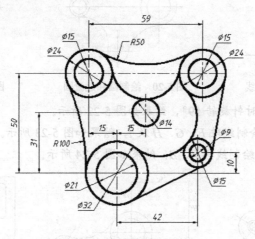

图 5-27　绘制圆及圆弧连接

1. 创建以下两个图层。

名称	颜色	线型	线宽
轮廓线	白色	Continuous	0.5mm
中心线	红色	Center	默认

2. 设定线型全局比例因子为 0.2，再设定绘图区域大小为 100mm×100mm，单击【导航】面板上的 按钮，使绘图区域显示并充满整个图形窗口。

3. 打开极轴追踪、对象捕捉及自动追踪功能。设置极轴追踪角度增量为 90°，设定对象捕捉方式为端点、交点。

4. 切换到中心线层，在该层上绘制图形的主要定位线，结果如图 5-28 所示。

5. 切换到轮廓线层，在该层上绘制主要已知线条，结果如图 5-29 所示。

6. 绘制主要连接线条，结果如图 5-30 所示。

7. 绘制次要特征的定位线 A、B，结果如图 5-31 所示。

8. 绘制次要特征的已知线条 C、D，结果如图 5-32 所示。

9. 修饰平面图形，结果如图 5-27 所示。

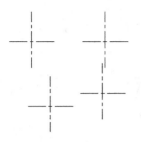

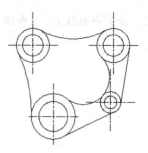

图 5-28　绘制主要定位线　　　图 5-29　绘制主要已知线条　　　图 5-30　绘制主要连接线条

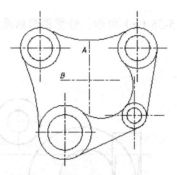

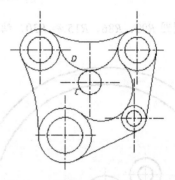

图 5-31　绘制次要特征的定位线　　　　图 5-32　绘制次要特征的已知线条

【实例 5-4】绘制图 5-33 所示的图形。

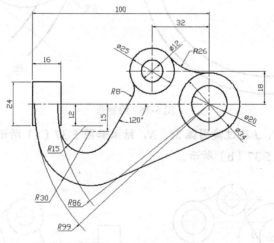

图 5-33　绘制平面图形

1. 设置作图区域的大小为 150mm×100mm，再设定全局线型比例因子为 0.2。

2. 绘制图形元素的定位线 A、B 和 C 及端面线 D 等，结果如图 5-34 所示。

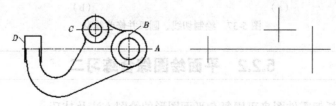

图 5-34　绘制定位线及端面线

3. 绘制平行线 E、F 和圆 G、H 等，结果如图 5-35 所示。

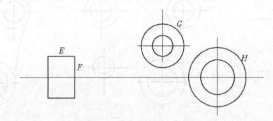

图 5-35　绘制平行线和圆

4. 绘制圆 $R99$、$R86$、$R15$ 和 $R30$，结果如图 5-36（a）所示，修剪图形结果如图 5-36（b）所示。

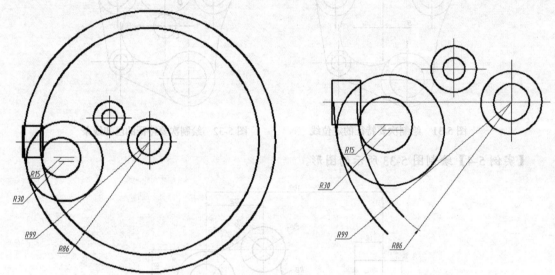

图 5-36　绘制圆

5. 绘制圆的切线 I、J 及过渡圆弧 M、N，结果如图 5-37（a）所示，修剪图形，再修改不适当的线型，结果如图 5-37（b）所示。

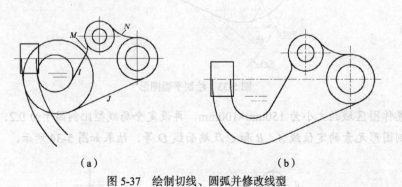

（a）　　　　　　　　　　　　　　　　（b）

图 5-37　绘制切线、圆弧并修改线型

5.2.2　平面绘图综合练习二

本节通过绘制托架零件图来巩固复杂平面图形的绘图方法及技巧。

【实例 5-5】绘制图 5-38 所示的托架零件图。

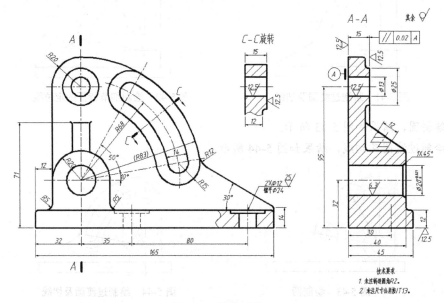

图 5-38　托架零件图

1.　创建以下 4 个图层。

名称	颜色	线型	线宽
轮廓线	白色	Continuous	0.5mm
中心线	红色	Center	默认
虚线	黄色	Dashed	默认
细实线	绿色	Continuous	默认

2.　设定线型全局比例因子为 0.2，再设定绘图区域大小为 200mm×200mm，单击【导航】面板上的 ◎ 按钮，使绘图区域显示并充满整个图形窗口。

3.　打开极轴追踪、对象捕捉及自动追踪功能。设置极轴追踪角度增量为 90°，设定对象捕捉方式为端点、交点。

4.　切换到轮廓线层，在该层上绘制图形的主要定位线，结果如图 5-39 所示。

5.　绘制主要已知线条，结果如图 5-40 所示。

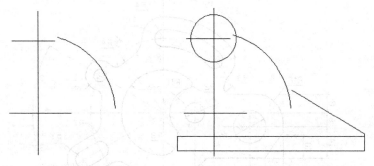

图 5-39　绘制主要定位线　　　图 5-40　绘制主要已知线条

6.　绘制过渡圆及切线，结果如图 5-41 所示。

7.　绘制细节特征的定位线，结果如图 5-42 所示。

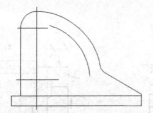

图 5-41　绘制过渡圆及切线

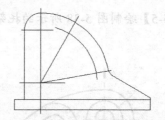

图 5-42　绘制细节特征的定位线

8. 绘制圆，结果如图 5-43 所示。

9. 绘制过渡圆及切线，结果如图 5-44 所示。

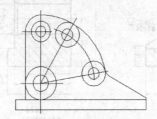

图 5-43　绘制圆

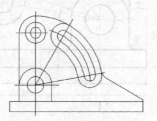

图 5-44　绘制过渡圆及切线

10. 绘制局部细节，结果如图 5-45 所示。

11. 修饰平面图形，结果如图 5-46 所示。

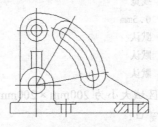

图 5-45　绘制局部细节

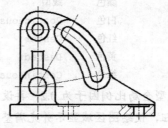

图 5-46　修饰图形

12. 绘制左视图及旋转剖视图，结果如图 5-38 所示。

【实例 5-6】绘制图 5-47 所示的复杂圆弧连接图。

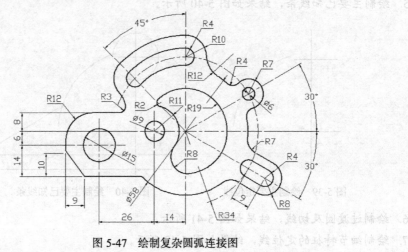

图 5-47　绘制复杂圆弧连接图

1. 设置作图区域的大小为 150mm×120mm，再设定全局线型比例因子为 0.2。

2. 绘制图形元素的定位线 *A*、*B*、*C*、*D*、*E*、*F* 和 *G* 等，结果如图 5-48 所示。

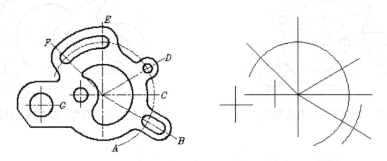

图 5-48　绘制定位线

3. 绘制圆，结果如图 5-49 所示。

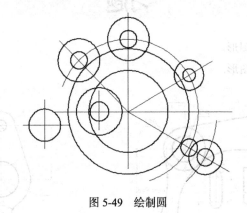

图 5-49　绘制圆

4. 绘制圆及倒圆角 *H*，*I*，*J* 和 *K* 等，结果如图 5-50（a）所示；修剪图形，结果如图 5-50（b）所示。

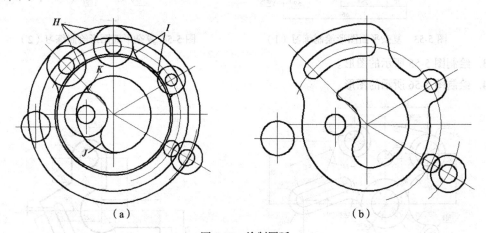

（a）　　　　　　　　　　　　　　　　（b）

图 5-50　绘制圆弧

5. 绘制平行线 *M*、*P* 及公切线 *N* 等，结果如图 5-51 所示。

6. 倒斜角 *A* 及倒圆角 *B*，再绘制过渡圆弧 *C*、*D* 等，然后修改不适当的线型，结果如图 5-52 所示。

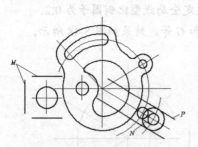

图 5-51　绘制平行线及公切线

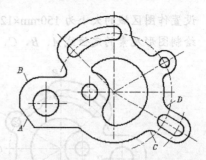

图 5-52　绘制倒角、过渡圆弧并修改线型

5.3　习题

1. 绘制图 5-53 所示的图形。
2. 绘制图 5-54 所示的图形。

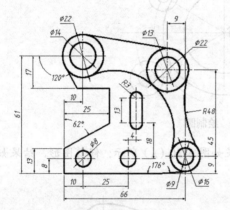

图 5-53　复杂平面图形绘制练习（1）

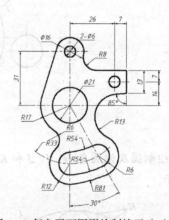

图 5-54　复杂平面图形绘制练习（2）

3. 绘制图 5-55 所示的图形。
4. 绘制图 5-56 所示的图形。

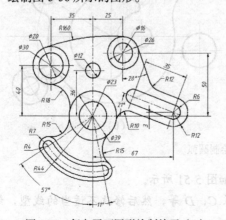

图 5-55　复杂平面图形绘制练习（3）

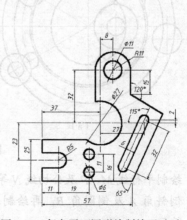

图 5-56　复杂平面图形绘制练习（4）

5. 绘制图 5-57 所示的图形。

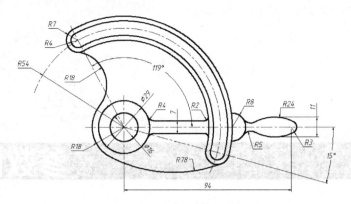

图 5-57　复杂平面图形绘制练习（5）

6. 绘制图 5-58 所示的图形。

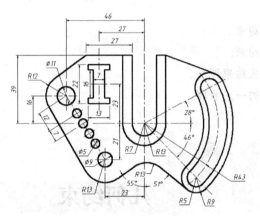

图 5-58　复杂平面图形绘制练习（6）

第6章

参数化绘图

通过本章的学习，读者可以掌握创建添加、编辑几何约束和尺寸约束的方法，学会利用变量及表达式约束图形，熟悉参数化绘图的一般方法。

本章主要内容如下。

- 添加、编辑几何约束。
- 添加、编辑尺寸约束。
- 利用变量及表达式约束图形。
- 了解参数化绘图的一般步骤。

6.1

几何约束

本节介绍添加及编辑几何约束的方法。

6.1.1 添加几何约束

几何约束用于确定二维对象间或对象上各点间的几何关系，如平行、垂直、同心或重合等。例如，可添加平行约束使两条线段平行，添加重合约束使两端点重合等。

通过【参数化】选项卡的【几何】面板来添加几何约束，约束的种类见表 6-1。

表 6-1   几何约束的种类

几何约束按钮	名称	功能
	重合约束	使两个点或一个点和一条直线重合
	共线约束	使两条直线位于同一条无限长的直线上
	同心约束	使选定的圆、圆弧或椭圆保持同一中心点
	固定约束	使一个点或一条曲线固定到相对于世界坐标系（WCS）的指定位置和方向上
	平行约束	使两条直线保持相互平行
	垂直约束	使两条直线或多段线的夹角保持 90°

续表

几何约束按钮	名称	功能
	水平约束	使一条直线或一对点与当前 WCS 的 x 轴保持平行
	竖直约束	使一条直线或一对点与当前 WCS 的 y 轴保持平行
	相切约束	使两条曲线保持相切或与其延长线保持相切
	平滑约束	使一条样条曲线与其他样条曲线、直线、圆弧或多段线保持几何连续性
	对称约束	使两个对象或两个点关于选定直线保持对称
	相等约束	使两条线段或多段线具有相同长度，或使圆弧具有相同半径值
	自动约束	根据选择对象自动添加几何约束。单击【几何】面板右下角的箭头，打开【约束设置】对话框，通过【自动约束】选项卡设置添加各类约束的优先级及是否添加约束的公差值

在添加几何约束时，选择两个对象的顺序将决定对象怎样更新。通常，所选的第二个对象会根据第一个对象进行调整。例如，应用垂直约束时，选择的第二个对象将调整为垂直于第一个对象。

【实例 6-1】绘制平面图形，图形尺寸任意，如图 6-1（a）所示。编辑图形，然后给图中对象添加几何约束，结果如图 6-1（b）所示。

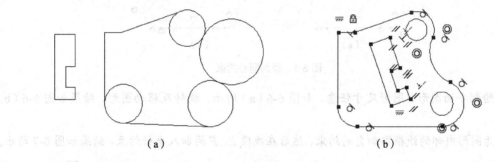

（a）　　　　　（b）

图 6-1　添加几何约束

1. 绘制平面图形，图形尺寸任意，如图 6-2（a）所示。修剪多余线条，结果如图 6-2（b）所示。

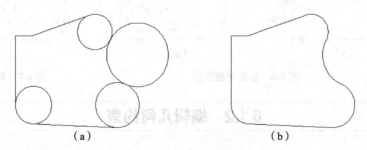

（a）　　　　　（b）

图 6-2　绘制平面图形

2. 单击【几何】面板上的按钮（自动约束），然后选择所有图形对象，AutoCAD 自动对已选对象添加几何约束，如图 6-3 所示。

3. 添加以下约束。

（1）固定约束：单击按钮，捕捉 A 点，如图 6-4 所示。

（2）相切约束：单击 ⬠ 按钮，先选择圆弧 B，再选择线段 C。

（3）水平约束：单击 ▤ 按钮，选择线段 D。

结果如图 6-4 所示。

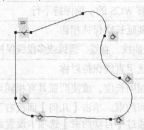
图 6-3　自动添加几何约束

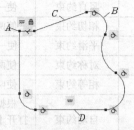
图 6-4　添加固定、相切及水平约束

4. 绘制两个圆，如图 6-5（a）所示。给两个圆添加同心约束，结果如图 6-5（b）所示。指定圆弧圆心时，可利用 "CEN" 捕捉。

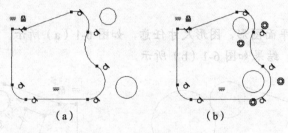

（a）　　　　　　　　　（b）

图 6-5　添加同心约束

5. 绘制平面图形，图形尺寸任意，如图 6-6（a）所示。旋转及移动图形，结果如图 6-6（b）所示。

6. 为图形内部的线框添加自动约束，然后在线段 E、F 间加入平行约束，结果如图 6-7 所示。

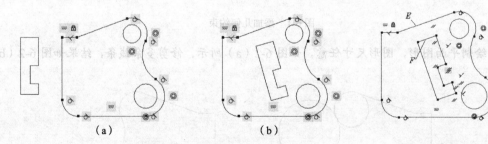

（a）　　　　　　　　　（b）

图 6-6　绘制平面图形　　　　　　　　　图 6-7　添加约束

6.1.2　编辑几何约束

添加几何约束后，在对象的旁边出现约束图标。将光标移动到图标或图形对象上，AutoCAD 将亮显相关的对象及约束图标。对已加到图形中的几何约束可以进行显示、隐藏和删除等操作。

【实例 6-2】编辑几何约束。

1. 绘制平面图形，并添加几何约束，如图 6-8 所示。图中两条长线段平行且相等；两条短线段垂直且相等。

2. 单击【参数化】选项卡中【几何】面板上的 [🔲全部隐藏] 按钮，图形中的所有几何约束将全部隐藏。

3. 单击【参数化】选项卡中【几何】面板上的 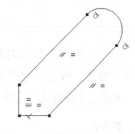 按钮，则图形中所有的几何约束将全部显示。

4. 将鼠标光标放到某一约束上，该约束将加亮显示，单击鼠标右键弹出快捷菜单，如图 6-9 所示。选择快捷菜单中的【删除】选项可以将该几何约束删除。选择快捷菜单的【隐藏】选项，该几何约束将被隐藏，要想重新显示该几何约束，运用【参数化】选项卡中【几何】面板上的 显示 按钮。

图 6-8　绘制图形并添加约束

5. 选择图 6-9 所示快捷菜单中的【约束栏设置】选项或单击【几何】面板右下角的箭头将弹出【约束设置】对话框，如图 6-10 所示。通过该对话框可以设置哪种类型的约束显示在约束栏图标中，还可以设置约束栏图标的透明度。

6. 选择受约束的对象，单击【参数化】选项卡中【管理】面板上的 按钮，将删除图形中所有几何约束和尺寸约束。

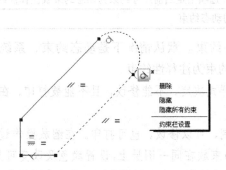

图 6-9　编辑几何约束

图 6-10　【约束设置】对话框

6.1.3　修改已添加几何约束的对象

可通过以下方法编辑受约束的几何对象。

- 使用关键点编辑模式修改受约束的几何图形，该图形会保留应用的所有约束。
- 使用 MOVE、COPY、ROTATE 和 SCALE 等命令修改受约束的几何图形后，结果会保留应用于对象的约束。
- 在有些情况下，使用 TRIM、EXTEND 及 BREAK 等命令修改受约束的对象后，所加约束将被删除。

6.2

尺寸约束

本节介绍添加及编辑尺寸约束的方法。

6.2.1　添加尺寸约束

尺寸约束控制二维对象的大小、角度及两点间距离等，此类约束可以是数值，也可以是变量及方程式。改变尺寸约束，则约束将驱动对象发生相应变化。

可通过【参数化】选项卡的【标注】面板来添加尺寸约束。约束种类、约束转换及显示见表 6-2。

表 6-2　　　　　　　　　　　　　尺寸约束的种类、转换及显示

按钮	名称	功能
	线性约束	约束两点之间的水平或竖直距离
	对齐约束	约束两点、点与直线、直线与直线间的距离
	半径约束	约束圆或者圆弧的半径
	直径约束	约束圆或者圆弧的直径
	角度约束	约束直线间的夹角、圆弧的圆心角或 3 个点构成的角度
	转换	（1）将普通尺寸标注（与标注对象关联）转换为动态约束或注释性约束 （2）使动态约束与注释性约束相互转换 （3）利用"形式(F)"选项指定当前尺寸约束为动态约束或注释性约束
	显示	显示或隐藏图形内的动态约束

尺寸约束分为两种形式：动态约束和注释性约束。默认情况下是动态约束，系统变量 CCONSTRAINTFORM 为 0。若为 1，则默认尺寸约束为注释性约束。

- 动态约束：标注外观由固定的预定义标注样式决定，不能修改，且不能被打印。在缩放操作过程中动态约束保持相同大小。
- 注释性约束：标注外观由当前标注样式控制，可以修改，也可打印。在缩放操作过程中注释性约束的大小发生变化。可把注释性约束放在同一图层上，设置颜色及改变可见性。

动态约束与注释性约束间可相互转换，选择尺寸约束，单击鼠标右键，选中【特性】选项，打开【特性】对话框，在【约束形式】下拉列表中指定尺寸约束要采用的形式。

【实例 6-3】绘制平面图形，添加几何约束及尺寸约束，使图形处于完全约束状态，如图 6-11 所示。

1. 设定绘图区域大小为 200mm×200mm，并使该区域充满整个图形窗口显示出来。

2. 打开极轴追踪、对象捕捉及自动追踪功能，设定对象捕捉方式为端点、交点及圆心。

3. 绘制图形，图形尺寸任意，如图 6-12（a）所示。让 AutoCAD 自动约束图形，对圆心 A 施加固定约束，对所有圆弧施加相等约束，如图 6-12（b）所示。

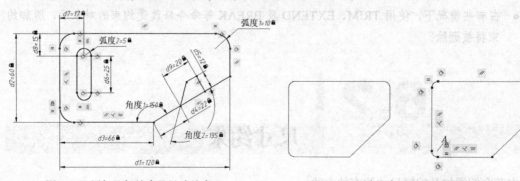

图 6-11　添加几何约束及尺寸约束　　　　　　图 6-12　自动约束图形及施加固定约束

4. 添加以下尺寸约束。

（1）线性约束：单击 按钮，指定 *B*、*C* 点，输入约束值，创建线性尺寸约束，如图 6-13（a）所示。

（2）角度约束：单击 按钮，选择线段 *D*、*E*，输入角度值，创建角度约束。

（3）半径约束：单击 按钮，选择圆弧，输入半径值，创建半径约束。

（4）继续创建其余尺寸约束，结果如图 6-13（b）所示。添加尺寸约束的一般顺序是先定形，后定位；先大尺寸，后小尺寸。

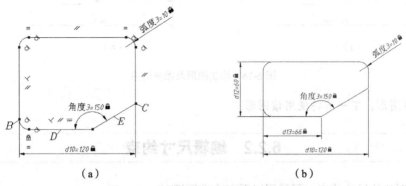

图 6-13　自动约束图形及施加固定约束

5. 绘制图形，图形尺寸任意，如图 6-14（a）所示。让 AutoCAD 自动约束新图形，然后添加平行及垂直约束，如图 6-14（b）所示。

6. 添加尺寸约束，如图 6-15 所示。

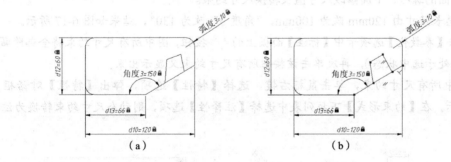

图 6-14　自动约束图形及施加平行和垂直约束

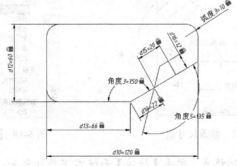

图 6-15　加入尺寸约束

7. 绘制图形，图形尺寸任意，如图 6-16（a）所示。修剪多余线条，添加几何约束及尺寸约束，如图 6-16（b）所示。

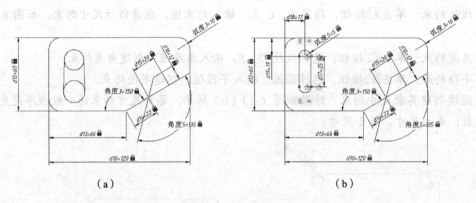

（a）　　　　　　　　　　　（b）

图 6-16　绘制图形及添加约束

8. 保存图形，下一节将使用该图形。

6.2.2　编辑尺寸约束

对于已创建的尺寸约束，可采用以下方法进行编辑。

（1）双击尺寸约束或利用 DDEDIT 命令编辑约束的值、变量名称或表达式。

（2）选中尺寸约束，拖动与其关联的三角形关键点改变约束的值，同时驱动图形对象改变。

（3）选中约束，单击鼠标右键，利用快捷菜单中相应选项编辑约束。

继续前面的练习，下面修改尺寸值及转换尺寸约束。

1. 将总长尺寸由 120mm 改为 100mm，"角度 3"改为 130°，结果如图 6-17 所示。

2. 单击【参数化】选项卡中【标注】面板上的 [ ] 按钮，图中所有尺寸约束将全部隐藏（默认下该按钮处于选中状态），再次单击该按钮所有尺寸约束又显示出来。

3. 选中所有尺寸约束，单击鼠标右键，选择【特性】选项，弹出【特性】对话框，如图 6-18 所示。在【约束形式】下拉列表中选择【注释性】选项，则动态尺寸约束转换为注释性尺寸约束。

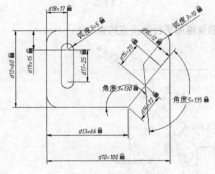

图 6-17　修改尺寸值

图 6-18　【特性】对话框

4. 修改尺寸约束名称的格式。单击【标注】面板右下角的箭头，弹出【约束设置】对话框，如图 6-19（a）所示。在【标注】选项卡的【标注名称格式】下拉列表中选择【值】选项，再取消对【为注释性约束显示锁定图标】选项的选择，结果如图 6-19（b）所示。

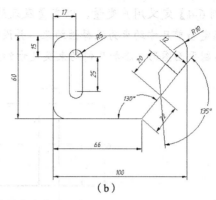

（a）　　　　　　　　　　　　（b）

图 6-19　修改尺寸约束名称的格式

6.2.3　用户变量及方程式

尺寸约束通常是数值形式，但也可采用自定义变量或数学表达式。单击【参数化】选项卡中【管理】面板上的 _fx_ 按钮，打开【参数管理器】对话框，如图 6-20 所示。此管理器显示所有尺寸约束及用户变量，利用它可轻松地对约束和变量进行管理。

- 单击尺寸约束的名称以亮显图形中的约束。
- 双击名称或表达式进行编辑。
- 单击鼠标右键并选择【删除】选项以删除标注约束或用户变量。
- 单击列标题名称对相应列进行排序。

尺寸约束或变量采用表达式时，常用的运算符及数学函数见表 6-3 和表 6-4。

图 6-20　参数管理器

表 6-3　　　　　　　　　　　　　　在表达式中使用的运算符

运算符	说明
+	加
−	减或取负值
*	乘
/	除
^	求幂
( )	圆括号或表达式分隔符

表 6-4　　　　　　　　　　　　　表达式中支持的函数

函数	语法	函数	语法
余弦	cos(表达式)	反余弦	acos(表达式)
正弦	sin(表达式)	反正弦	asin(表达式)
正切	tan(表达式)	反正切	atan(表达式)
平方根	sqrt(表达式)	幂函数	pow(表达式 1;表达式 2)
对数，基数为 e	ln(表达式)	指数函数，底数为 e	exp(表达式)
对数，基数为 10	log(表达式)	指数函数，底数为 10	exp10(表达式)
将度转换为弧度	d2r(表达式)	将弧度转换为度	r2d(表达式)

【实例6-4】定义用户变量，以变量及表达式约束图形。

1. 指定当前尺寸约束为注释性约束，并设定尺寸格式为"名称"。

2. 绘制平面图形，添加几何约束及尺寸约束，使图形处于完全约束状态，如图6-21所示。

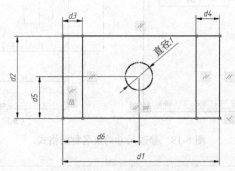

图6-21　绘制平面图形及添加约束

3. 单击【管理】面板上的 f_x 按钮，打开【参数管理器】对话框，利用该管理器修改变量名称、定义用户变量及建立新的表达式等，如图6-22所示。单击 按钮可建立新的用户变量。

4. 利用【参数管理器】将矩形面积改为3 000，结果如图6-23所示。

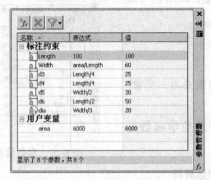

图6-22　参数管理器

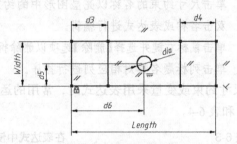

图6-23　修改矩形面积

6.3 参数化绘图的一般步骤

使用 LINE、CIRCLE 及 OFFSET 等命令绘图时，必须输入准确的数据参数，绘制完成的图形是精确无误的。若要改变图形的形状及大小，一般要重新绘制。利用 AutoCAD 的参数化功能绘图，创建的图形对象是可变的，其形状及大小由几何及尺寸约束控制。当修改这些约束后，图形就发生相应变化。

利用参数化功能绘图的步骤与采用一般绘图命令绘图是不同的，主要作图过程如下。

（1）根据图样的大小设定绘图区域大小，并将绘图区充满图形窗口显示，这样就能了解随后绘制的草图轮廓的大小，而不至于使草图形状失真太大。

（2）将图形分成由外轮廓及多个内轮廓组成，按先外后内的顺序绘制。

（3）绘制外轮廓的大致形状，创建的图形对象其大小是任意的，相互间的位置关系如平行、垂直等是近似的。

（4）根据设计要求对图形元素添加几何约束，确定它们之间的几何关系。一般先让 AutoCAD 自动创建约束如重合、水平等，然后加入其他约束。为使外轮廓在 xy 坐标面的位置固定，应对其中某点施加固定约束。

（5）添加尺寸约束确定外轮中各图形元素的精确大小及位置。创建的尺寸包括定形及定位尺寸，标注顺序一般为先大后小，先定形后定位。

（6）采用相同的方法依次绘制各个内轮廓。

【实例 6-5】利用 AutoCAD 的参数化功能绘制平面图形，如图 6-24 所示。先画出图形的大致形状，然后给所有对象添加几何约束及尺寸约束，使图形处于完全约束状态。

1. 设定绘图区域大小为 800mm×800mm，并使该区域充满整个图形窗口显示出来。

2. 打开极轴追踪、对象捕捉及自动追踪功能，设定对象捕捉方式为端点、交点及圆心。

3. 使用 LINE、CIRCLE 及 TRIM 等命令绘制图形，图形尺寸任意，如图 6-25（a）所示。修剪多余线条并倒圆角形成外轮廓草图，如图 6-25（b）所示。

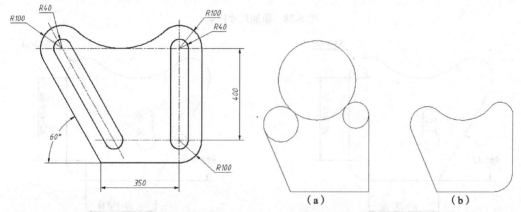

图 6-24　利用参数化功能绘图　　　　图 6-25　绘制图形外轮廓线

4. 启动自动添加几何约束功能，给所有图形对象添加几何约束，如图 6-26 所示。

5. 创建以下约束。

（1）给圆弧 A、B、C 添加相等约束，使 3 个圆弧的半径相等，如图 6-27（a）所示。

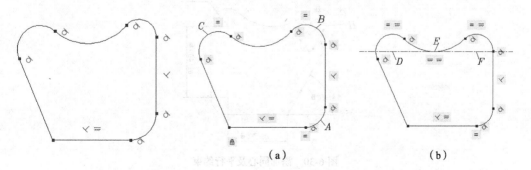

图 6-26　自动添加几何约束　　　　图 6-27　添加几何约束

（2）对左下角点施加固定约束。

（3）给圆心 D、F 及圆弧中点 E 添加水平约束，使三点位于同一条水平线上，如图 6-27（b）所示。操作时，可利用对象捕捉确定要约束的目标点。

6. 单击 [全部隐藏] 按钮，隐藏几何约束。标注圆弧的半径尺寸，然后标注其他尺寸，如图 6-28（a）所示。将角度值修改为 60°，结果如图 6-28（b）所示。

7. 绘制圆及线段，如图 6-29（a）所示。修剪多余线条并自动添加几何约束，如图 6-29（b）所示。

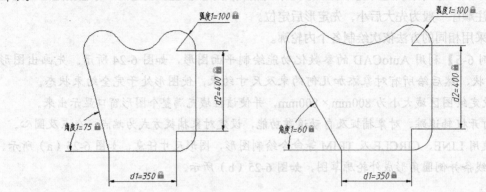

图 6-28　添加尺寸约束

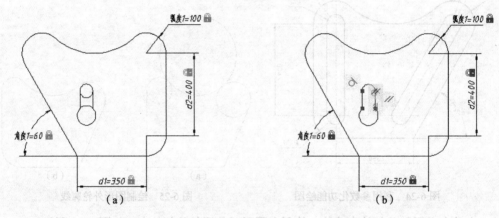

（a）　　　　　　　　　　　　（b）

图 6-29　绘制圆、线段及自动添加几何约束

8. 给圆弧 G、H 添加同心约束；给线段 I、J 添加平行约束等，如图 6-30 所示。

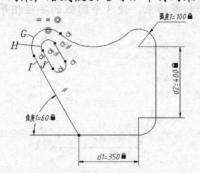

图 6-30　添加同心及平行约束

9. 复制线框，如图 6-31（a）所示。对新线框添加同心约束，如图 6-31（b）所示。

10. 使圆弧 L、M 的圆心位于同一条水平线上，并让它们的半径相等，如图 6-32 所示。

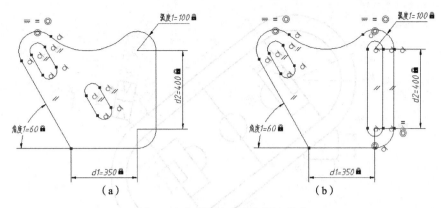

图 6-31　复制对象并添加同心约束

11. 标注圆弧的半径尺寸 40mm，如图 6-33（a）所示。将半径值由 40mm 改为 30mm，结果如图 6-33（b）所示。

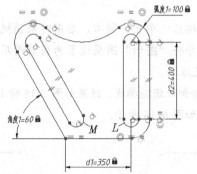

图 6-32　添加水平及相等约束

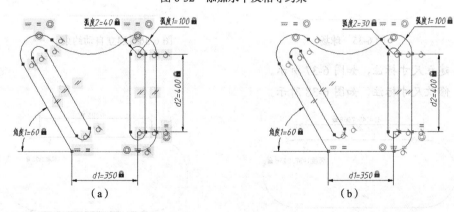

图 6-33　添加尺寸约束

6.4

上机练习——利用参数化功能绘图

【实例 6-6】利用参数化绘图方法绘制如图 6-34 所示的操场平面图。

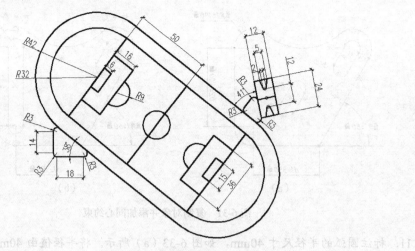

图 6-34　操场平面图

1. 设置绘图环境。

（1）设定对象捕捉方式为端点、中点、圆心，启用对象捕捉追踪和极轴追踪。

（2）创建"图形"图层，并将"图形"图层设置为当前图层。

2. 绘制操场平面图中的足球场。

（1）执行绘制多段线命令绘制球场轮廓线，结果如图 6-35 所示，其中尺寸任意，形状对即可。

（2）建立自动约束，结果如图 6-36 所示。

图 6-35　球场

图 6-36　建立自动约束

（3）建立尺寸标注，如图 6-37 所示。

（4）修改尺寸标注，如图 6-38 所示。

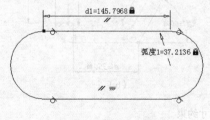

图 6-37　建立尺寸标注

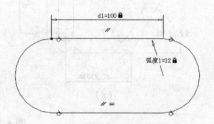

图 6-38　修改尺寸标注

（5）隐藏几何约束和动态约束，执行绘圆、绘制矩形、修剪等命令绘制球场内部图形，结果如图 6-39 所示。

（6）执行偏移命令绘制操场跑道，结果如图 6-40 所示。

3. 绘制篮球场。

（1）执行绘线命令绘制篮球场外轮廓线，建立自动约束，结果如图 6-41 所示。

（2）建立标注约束，如图 6-42 所示。

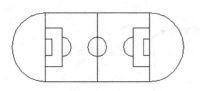

图 6-39　球场内部

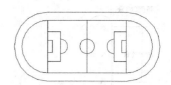

图 6-40　绘制操场跑道

图 6-41　绘制篮球场外轮廓线并建立自动约束

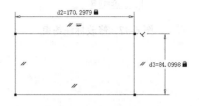

图 6-42　建立标注约束

（3）修改标注约束，如图 6-43 所示。

（4）隐藏几何约束和动态约束，执行绘圆、绘线、修剪等命令绘制篮球场内部图形，结果如图 6-44 所示。

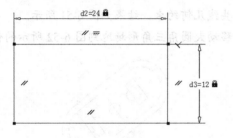

图 6-43　修改标注约束

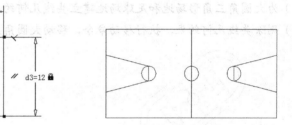

图 6-44　篮球场

4. 绘制两个圆角三角形场地。

（1）执行绘制多段线、圆角命令，绘制圆角三角形场地草图，如图 6-45 所示。

（2）建立自动约束和标注约束，如图 6-46 所示。

图 6-45　圆角三角形场地草图

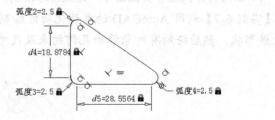

图 6-46　建立自动约束和标注约束

（3）修改标注约束，如图 6-47 所示。

（4）执行复制命令复制圆角三角形场地，删掉线性标注约束，添加一对齐标注约束，结果如图 6-48 所示。

（5）修改标注约束，如图 6-49 所示。

5. 组合图形。

（1）将所有图形创建成块，结果如图 6-50 所示。

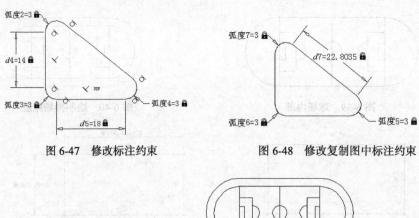

图 6-47　修改标注约束　　　　　　　　　图 6-48　修改复制图中标注约束

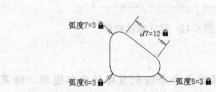

图 6-49　修改标注约束　　　　　　　　　图 6-50　所有图形创建成块

（2）为大圆角三角形场地和足球场地建立共线几何约束，结果如图 6-51 所示。

（3）删除共线几何约束，执行移动命令，移动大圆角三角形场地到图 6-52 所示的位置。

图 6-51　建立共线几何约束　　　　　　　图 6-52　删除共线几何约束并移动图形

（4）以同样方式组合其他图形，完成图形绘制，结果如图 6-34 所示。

【实例 6-7】利用 AutoCAD 的参数化功能绘制平面图形，如图 6-53 所示。先画出图形的大致形状，然后给所有对象添加几何约束及尺寸约束，使图形处于完全约束状态。

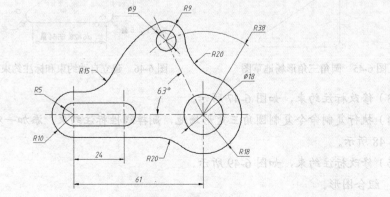

图 6-53　利用参数化功能绘图（1）

【实例6-8】利用 AutoCAD 的参数化功能绘制平面图形，如图 6-54 所示。给所有对象添加几何约束及尺寸约束，使图形处于完全约束状态。

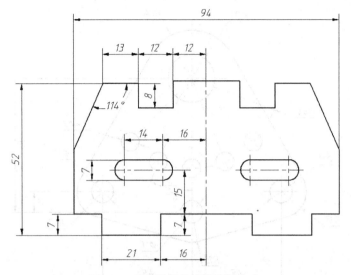

图 6-54　利用参数化功能绘图（2）

6.5 | 习题

1. 利用 AutoCAD 的参数化功能绘制平面图形，如图 6-55 所示。给所有对象添加几何约束及尺寸约束，使图形处于完全约束状态。

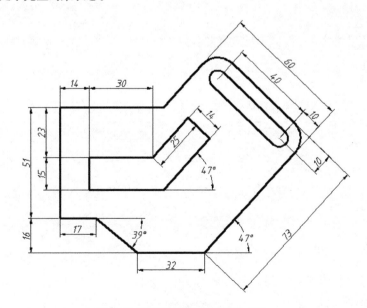

图 6-55　利用参数化功能绘图（3）

2. 利用 AutoCAD 的参数化功能绘制平面图形，如图 6-56 所示。给所有对象添加几何约束及尺寸约束，使图形处于完全约束状态。

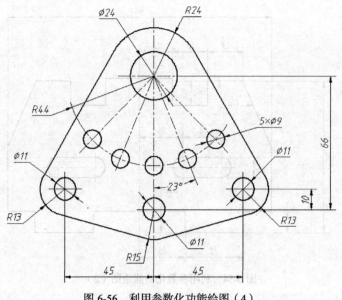

图 6-56　利用参数化功能绘图（4）

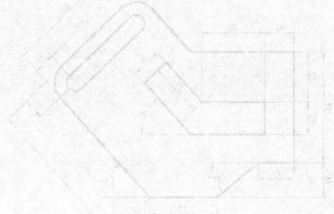

第7章

书写文字和标注尺寸

通过本章的学习，读者可以了解文字样式和尺寸样式的基本概念，学会如何创建单行文字和多行文字，并掌握标注各类尺寸的方法等。

本章主要内容如下。

- 创建文字样式。
- 书写单行文字和多行文字。
- 编辑文字内容及其属性。
- 创建标注样式。
- 标注直线型、角度型、直径及半径型尺寸等。
- 标注尺寸公差和形位公差。
- 编辑尺寸文字和调整标注位置。

7.1

书写文字的方法

在 AutoCAD 中有两类文字对象：一类是单行文字，另一类是多行文字，它们分别由 DTEXT 和 MTEXT 命令来创建。一般来讲，比较简短的文字项目，如标题栏信息、尺寸标注说明等，常采用单行文字，而对带有段落格式的信息，如工艺流程、技术条件等，常采用多行文字。

AutoCAD 生成的文字对象，其外观由与它关联的文字样式决定。默认情况下，Standard 文字样式是当前样式，用户也可根据需要创建新的文字样式。

【实例 7-1】打开素材文件 "\dwg\第 7 章\7-1.dwg"，如图 7-1（a）所示，将图 7-1（a）图修改为图 7-1（b）。此练习内容包括创建文字样式、书写单行文字和多行文字、编辑文字等。

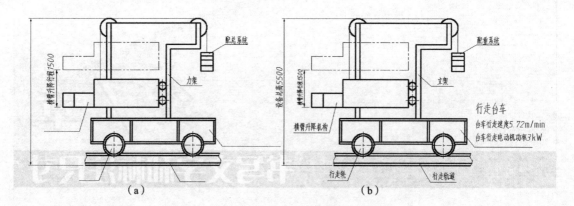

（a）　　　　　　　　　　　　　　　　　（b）

图 7-1　书写文字并编辑

7.1.1　创建国标文字样式

文字样式主要是控制与文本连接的字体、字符宽度、文字倾斜角度及高度等项目，另外，用户还可通过它设计出相反的、颠倒的以及竖直方向的文本。用户可以针对不同风格的文字创建对应的文字样式，这样在输入文本时就可用相应的文字样式控制文本的外观。例如，用户可建立专门用于控制尺寸标注文字和技术说明文字外观的文本样式。

下面介绍创建符合国标规定的文字样式的方法。

1．选择菜单命令【格式】/【文字样式】或输入命令代号 STYLE，打开【文字样式】对话框，如图 7-2 所示。

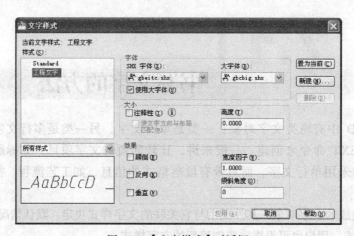

图 7-2　【文字样式】对话框

2．单击 新建(N)... 按钮，打开【新建文字样式】对话框，在【样式名】文本框中输入文字样式的名称"工程文字"，如图 7-3 所示。

3．单击 确定 按钮，返回【文字样式】对话框，在【SHX字体】下拉列表中选择【gbeitc.shx】选项。再选择【使用大字体】复选项，然后在【大字体】下拉列表中选择【gbcbig.shx】选项，如图 7-2 所示。

图 7-3　【新建文字样式】对话框

AutoCAD 提供了符合国标的字体文件。在工程图中，中文字体采用【gbcbig.shx】，该字体文件包含了长仿宋字。西文字体采用【gbeitc.shx】或【gbenor.shx】，前者是斜体西文，后者是直体西文。

4. 单击 应用(A) 按钮，然后退出【文字样式】对话框。

【文字样式】对话框中的常用选项如下。

- 【样式】：该列表框中显示图样中所有文字样式的名称，用户可从中选择一个。
- 新建(N)... 按钮：单击此按钮，就可以创建新文字样式。
- 置为当前(C) 按钮：将在【样式】下选定的文字样式设为当前样式。
- 删除(D) 按钮：在【样式】列表框中选择一个文字样式，再单击此按钮就可以将该文字样式删除。当前样式和正在使用的文字样式不能被删除。
- 【字体名】下拉列表：在此列表中罗列了所有的字体。带有双"T"标志的字体是 Windows 系统提供的 "TrueType" 字体，其他字体是 AutoCAD 自带的字体（*.shx），其中【gbenor.shx】和【gbeitc.shx】（斜体西文）字体是符合国标的工程字体。
- 【使用大字体】：大字体是指专为亚洲国家设计的文字字体。其中【gbcbig.shx】字体是符合国标的工程汉字字体，该字体文件还包含一些常用的特殊符号。由于【gbcbig.shx】字体中不包含西文字体定义，因而使用时可将其与【gbenor.shx】和【gbeitc.shx】字体配合使用。
- 【字体样式】：取消对【使用大字体】复选项的选取，此时将会出现【字体样式】下拉列表。如果用户选择的字体支持不同的样式，如粗体或斜体等，就可在【字体样式】下拉列表中选择一个。
- 【高度】：输入字体的高度。如果用户在该文本框中指定了文本高度，则当使用 DTEXT（单行文字）命令时，系统将不再提示"指定高度"。
- 【颠倒】：选择此复选项，文字将上下颠倒显示。该复选项仅影响单行文字，如图 7-4 所示。

AutoCAD 2010　　　ɐlOζ ᗡⱯϽoʇnⱯ

关闭【颠倒】复选项　　　打开【颠倒】复选项

图 7-4　关闭或打开【颠倒】复选项

- 【反向】：选择该复选项，文字将首尾反向显示。该复选项仅影响单行文字，如图 7-5 所示。

AutoCAD 2010　　　0102 ᗡⱯϽoʇuⱯ

关闭【反向】复选项　　　打开【反向】复选项

图 7-5　关闭或打开【反向】复选项

- 【垂直】：选择该复选项，文字将沿竖直方向排列，如图 7-6 所示。

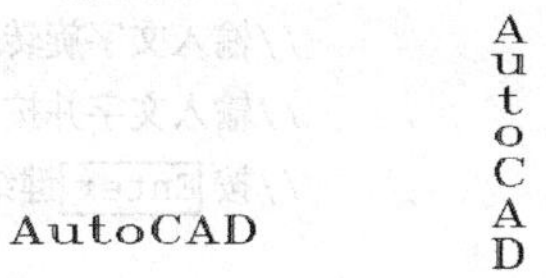

AutoCAD

A
u
t
o
C
A
D

关闭【垂直】复选项　　　打开【垂直】复选项

图 7-6　关闭或打开【垂直】复选项

- **【宽度因子】**：默认的宽度因子为 1。若输入小于 1 的数值，则文本将变窄；否则，文本变宽，如图 7-7 所示。

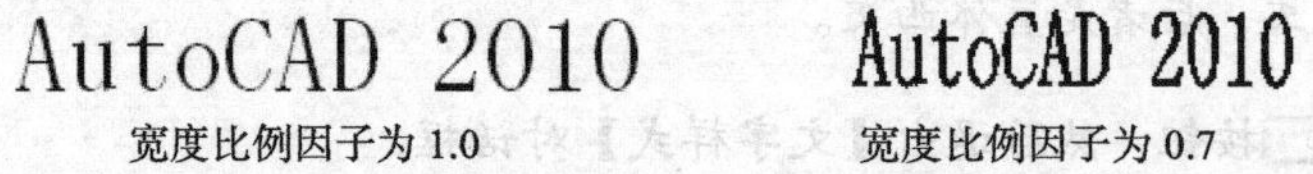

AutoCAD 2010   AutoCAD 2010

宽度比例因子为 1.0   宽度比例因子为 0.7

图 7-7　调整宽度比例因子

- **【倾斜角度】**：该文本框用于指定文本的倾斜角度，角度值为正时向右倾斜，为负时向左倾斜，如图 7-8 所示。

AutoCAD 2010   *AutoCAD 2010*

倾斜角度为 30°   倾斜角度为－30°

图 7-8　设置文字的倾斜角度

7.1.2　创建单行文字

用 DTEXT 命令可以非常灵活地创建文字项目。发出此命令后，用户不仅可以设定文本的对齐方式和文字的倾斜角度，还能用鼠标光标在不同的地方选取点以定位文本的位置。该特性使用户只发出一次命令就能在图形的多个区域放置文本。另外，DTEXT 命令还提供了屏幕预演的功能，即在输入文字的同时该文字也将在屏幕上显示出来，这样用户就能很容易地发现文本的输入是否错误，以便及时修改。

下面介绍创建单行文字的方法。

选择菜单命令【绘图】/【文字】/【单行文字】或输入命令 DTEXT，启动创建单行文字命令。

```
命令: dtext
指定文字的起点或 [对正(J)/样式(S)]:            //单击 A 点，如图 7-9 所示
指定高度 <3.0000>: 5                           //输入文字高度
指定文字的旋转角度 <0>:                        //按 Enter 键
横臂升降机构                                    //输入文字
行走轮                                          //在 B 处单击一点，并输入文字
行走轨道                                        //在 C 处单击一点，输入文字并按 Enter 键
                                                //按 Enter 键结束

命令:DTEXT                                      //重复命令
指定文字的起点或 [对正(J)/样式(S)]:            //单击 D 点
指定高度 <5.0000>:                             //按 Enter 键
指定文字的旋转角度 <0>: 90                      //输入文字旋转角度
设备总高 5500                                   //输入文字并按 Enter 键
                                                //按 Enter 键结束
```

结果如图 7-9 所示。

DTEXT 命令的常用选项如下。

- 样式(S)：指定当前的文字样式。

● 对正(J)：设定文字的对齐方式。

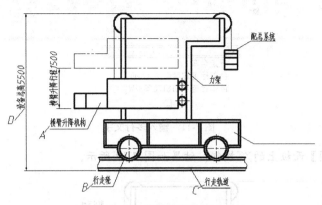

图 7-9　创建单行文字

用 DTEXT 命令可连续输入多行文字，每行按 Enter 键结束，但用户不能控制各行的间距。DTEXT 命令的优点是文字对象的每一行都是一个单独的实体，因而对每行进行重新定位或编辑都很容易。

7.1.3　创建多行文字

MTEXT 命令可以创建复杂的文字说明。用 MTEXT 命令生成的文字段落称为多行文字，它可由任意数目的文字行组成，所有的文字构成一个单独的实体。使用 MTEXT 命令时，用户可以指定文本分布的宽度，文字沿竖直方向可无限延伸。另外，用户还能设置多行文字中单个字符或某一部分文字的属性，包括文本的字体、倾斜角度和高度等。

下面介绍创建多行文字的方法。

1. 单击【注释】面板上的 [A 多行文字] 按钮或输入命令代号 MTEXT，AutoCAD 提示如下。

指定第一角点：　　　　　　//在 E 处单击一点，如图 7-10 所示
指定对角点：　　　　　　　//在 F 处单击一点

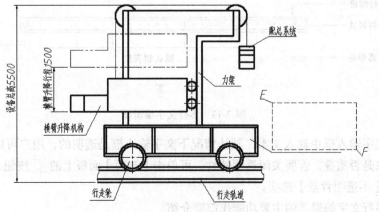

图 7-10　指定多行文字的输入区域

2. 系统弹出【文字编辑器】选项卡及顶部带标尺的文字输入框，在【样式】面板中选择【Standard】选项，在【字体高度】文本框中输入数值"5"，然后输入文字，如图 7-11 所示。

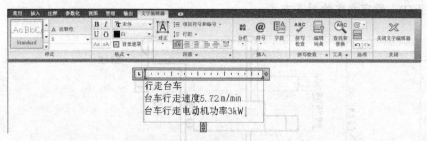

图 7-11　输入多行文字

3. 单击【关闭】面板上的 按钮，结果如图 7-12 所示。

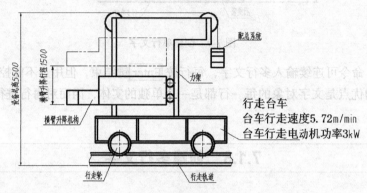

图 7-12　创建多行文字

启动 MTEXT 命令并建立文本边框后，系统弹出【文字编辑器】选项卡及顶部带标尺的文字输入框，这两部分组成了多行文字编辑器，如图 7-13 所示。利用此编辑器可方便地创建文字并设置文字样式、对齐方式、字体及字高等。

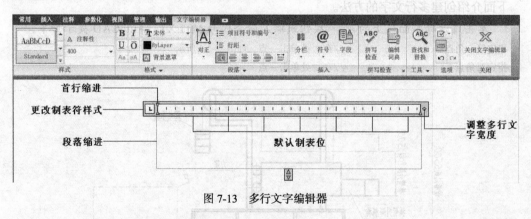

图 7-13　多行文字编辑器

用户在文字输入框中输入文本，默认情况下文字输入框是透明的，用户可以观察到输入文字与其他对象是否重叠。若要关闭透明特性，可单击【选项】面板上的 按钮，然后选择【编辑器设置】/【不透明背景】选项。

下面对多行文字编辑器的主要功能作简要介绍。

一、【文字编辑器】选项卡

● 【样式】面板：设置多行文字的文字样式。若将一个新样式与现有多行文字相关联，将

不会影响文字的某些特殊格式，如粗体、斜体和堆叠等。

- 【字体】下拉列表：从此列表中选择需要的字体。多行文字对象中可以包含不同字体的字符。
- 【字体高度】文本框：从此下拉列表中选择或输入文字高度。多行文字对象中可以包含不同高度的字符。
- B 按钮：如果所选用字体支持粗体，则可以通过此按钮将文本修改为粗体形式，按下该按钮为打开状态。
- I 按钮：如果所选用字体支持斜体，则可以通过此按钮将文本修改为斜体形式，按下该按钮为打开状态。
- U 按钮：可利用此按钮将文字修改为下画线形式。
- 【文字颜色】下拉列表：为输入的文字设定颜色或修改已选定文字的颜色。
- 按钮：打开或关闭文字输入框上部的标尺。
- 、 、 、 、 按钮：设定文字的对齐方式，这 5 个按钮的功能分别为左对齐、居中、右对齐、对正和分散对齐。
- 行距 按钮：设定段落文字的行间距。
- 项目符号和编号 按钮：给段落文字添加数字编号、项目符号或大写字母形式的编号。
- O 按钮：给选定的文字添加上画线。
- @ 按钮：单击此按钮，弹出菜单，该菜单包含了许多常用符号。
- 【倾斜角度】文本框：设定文字的倾斜角度。
- 【追踪】文本框：控制字符间的距离。输入大于 1 的数值，将增大字符间距；否则，缩小字符间距。
- 【宽度因子】文本框：设定文字的宽度因子。输入小于 1 的数值，文本将变窄；否则，文本变宽。
- A 按钮：设置多行文字的对正方式。

二、文本输入框

（1）标尺：设置首行文字及段落文字的缩进，还可设置制表位，操作方法如下。

- 拖动标尺上第一行的缩进滑块可改变所选段落第一行的缩进位置。
- 拖动标尺上第二行的缩进滑块可改变所选段落其余行的缩进位置。
- 标尺上显示了默认的制表位，如图 7-13 所示。要设置新的制表位，可用鼠标左键单击标尺。要删除创建的制表位，可用光标按住制表位，将其拖出标尺。

（2）快捷菜单：在文本输入框中单击鼠标右键，弹出快捷菜单，该菜单中包含了一些标准编辑选项和多行文字特有的选项，如图 7-14 所示（只显示了部分选项）。

- 【符号】：该选项包含以下几个常用的子选项。

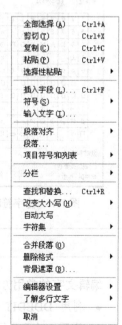

图 7-14 快捷菜单

【度数】：在光标定位处插入特殊字符"%%d"，表示度数符号"°"。

【正/负】：在光标定位处插入特殊字符"%%p"，表示加、减符号"±"。

【直径】：在光标定位处插入特殊字符"%%c"，表示直径符号"ϕ"。

【几乎相等】：在光标定位处插入符号"≈"。

【下标2】：在光标定位处插入下标"2"。

【平方】：在光标定位处插入上标"2"。

【立方】：在光标定位处插入上标"3"。

【其他】：选取该选项，则系统打开【字符映射表】对话框，在该对话框的【字体】下拉列表中选取字体，显示出所选字体包含的各种字符，如图7-15所示。若要插入一个字符，选择该字符并单击 选择(S) 按钮，此时AutoCAD会将选取的字符放在【复制字符】文本框中，按此方法选取所有要插入的字符，然后单击 复制(C) 按钮，关闭【字符映射表】对话框，返回多行文字编辑器，在要插入字符的地方单击鼠标左键，再单击鼠标右键，弹出快捷菜单，从菜单中选取【粘贴】选项，这样就可以将字符插入到多行文字中了。

- 【项目符号和列表】：给段落文字添加编号及项目符号。
- 【背景遮罩】：为文字设置背景。
- 【段落对齐】：设置多行文字的对齐方式。
- 【段落】：设定制表位和缩进，控制段落对齐方式、段落间距和行间距。
- 【堆叠】：利用此命令使可堆叠的文字堆叠起来（见图7-16），这对创建分数及公差形式的文字很有用。AutoCAD通过特殊字符"/"、"^"及"#"表明多行文字是可堆叠的。输入堆叠文字的方式为左边文字+特殊字符+右边文字，堆叠后，左边文字被放在右边文字的上面。

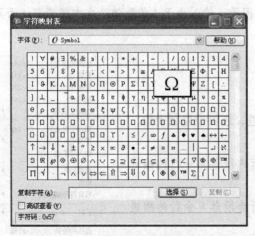

1/3 $\frac{1}{3}$

100+0.021^−0.008 $100^{+0.021}_{-0.008}$

1#12 $\frac{1}{12}$

（a）输入可堆叠的文字   （b）堆叠结果

图7-15 【字符映射表】对话框   图7-16 堆叠文字

7.1.4 编辑文字

编辑文字的常用方法有以下两种。

- 利用DDEDIT命令编辑单行文字或多行文字。选择的对象不同，系统打开的对话框也不同。对于单行文字，系统显示文本编辑框；对于多行文字，系统打开多行文字编辑器。

用 DDEDIT 命令编辑文本的优点是，此命令连续地提示用户选择要编辑的对象，因而只要发出 DDEDIT 命令，就能一次修改许多文字对象。

● 利用 PROPERTIES 命令修改文本。选择要修改的文字后，单击【视图】选项卡【选项板】面板上的 ▓ 按钮，启动 PROPERTIES 命令，打开【特性】对话框，在该对话框中用户不仅能修改文本的内容，还能编辑文本的其他许多属性，如倾斜角度、对齐方式、高度和文字样式等。

继续前面的练习，编辑文字内容及属性。

1. 输入命令代号 DDEDIT，AutoCAD 提示如下。

命令: _ddedit

选择注释对象或 [放弃(U)]:   //选择 "配总系统"，修改为 "配重系统"，按 Enter 键

选择注释对象或 [放弃(U)]:   //选择 "力架"，修改为 "立架"，按 Enter 键

选择注释对象或 [放弃(U)]:   //选择多行文字

AutoCAD 打开【文字编辑器】，在【样式】面板中选择【工程文字】选项，将 "行走台车" 的文字高度修改为 "7"，然后单击 ✕ 按钮返回主窗口，AutoCAD 提示如下。

选择注释对象或 [放弃(U)]:   //按 Enter 键结束

结果如图 7-17 所示。

2. 利用 PROPERTIES 命令将 "横臂升降行程 1500" 的文字高度修改为 "3.5"，结果如图 7-17 所示。

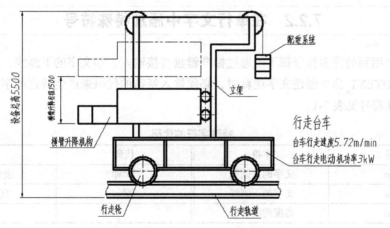

图 7-17　编辑文字内容及属性

7.2

知识拓展——书写特殊文字及填写明细表

本节内容包括修改文字样式，在单行文字及多行文字中加入特殊字符。创建分数及公差形式的文字，填写明细表等。

7.2.1 修改文字样式

修改文字样式也是在【文字样式】对话框中进行的，其过程与创建文字样式相似，这里不再重复。

修改文字样式时，用户应注意以下几点。

- 修改完成后，单击【文字样式】对话框中的 应用(A) 按钮，则修改生效，AutoCAD 立即更新图样中与此文字样式关联的文字。
- 当修改文字样式连接的字体文件时，AutoCAD 将改变所有文字的外观。
- 当修改文字的【颠倒】、【反向】及【垂直】特性时，AutoCAD 将改变单行文字的外观。而修改文字的高度、宽度比例及倾斜角时，则不会引起已有单行文字外观的改变，但会影响此后创建的文字对象。
- 在【文字样式】对话框中，只有【垂直】、【宽度因子】及【倾斜角度】选项影响已有多行文字的外观。

 如果图形中的文本没有正确地显示出来，则多数情况是由于文字样式所连接的字体不合适造成的。

7.2.2 在单行文字中添加特殊符号

工程图中用到的许多符号都不能通过标准键盘直接输入，如文字的下画线、直径代号等。当用户利用 DTEXT 命令创建文字注释时，必须输入特殊的代码来产生特定的字符，这些代码及对应的特殊符号见表 7-1。

表 7-1　　　　　　　　　　　　特殊字符的代码

代码	字符	代码	字符
%%o	文字的上画线	%%p	表示"±"
%%u	文字的下画线	%%c	直径代号
%%d	角度的度符号		

使用表中代码生成特殊字符的样例如图 7-18 所示。

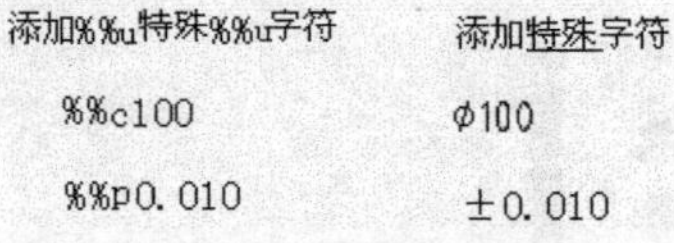

添加%%u特殊%%u字符　　　　添加特殊字符

%%c100　　　　　　　　　φ100

%%p0.010　　　　　　　±0.010

图 7-18　创建特殊字符

7.2.3 在多行文字中添加特殊字符

下面的练习演示了在多行文字中加入特殊字符的方法，文字内容如下。

内外转子的径向间隙δ为 0.10～0.25mm

试验时的机油温度为（85±5）℃

【实例7-2】添加特殊字符。

1. 单击【注释】面板上的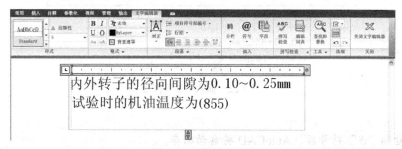按钮，再指定文字分布的宽度，AutoCAD 打开多行文字编辑器，在【字体】下拉列表中选择【宋体】选项，在【字体高度】文本框中输入数值"5"，然后输入文字，如图7-19所示。

图 7-19　书写多行文字

2. 在要插入正/负符号的地方单击鼠标左键，再指定当前字体为【txt】，然后单击鼠标右键，弹出快捷菜单，选取【符号】/【正/负】选项，结果如图7-20所示。

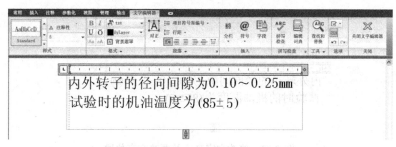

图 7-20　插入正/负符号

3. 在文本输入窗口中单击鼠标右键，弹出快捷菜单，选取【符号】/【其他】选项，打开【字符映射表】对话框，如图7-21所示。

4. 在【字符映射表】对话框的【字体】下拉列表中选择【Symbol】选项，然后选择需要的字符"δ"，如图7-21所示。

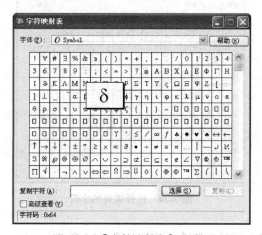

图 7-21　【字符映射表】对话框

5. 单击 选择(S) 按钮，再单击 复制(C) 按钮。

6. 返回【多行文字编辑器】，在需要插入 "δ" 符号的地方单击鼠标左键，然后单击鼠标右键，弹出快捷菜单，选择【粘贴】选项，结果如图 7-22 所示。

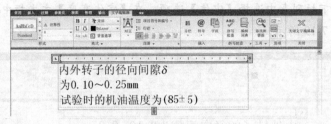

图 7-22　插入 "δ" 符号

 粘贴 "δ" 符号后，AutoCAD 将自动回车。

7. 把 "δ" 符号的高度修改为 "5.5"，再将鼠标光标放置在此符号的后面，按 Delete 键，结果如图 7-23 所示。

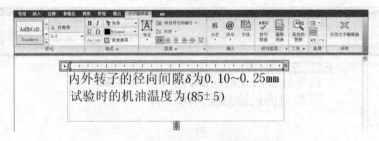

图 7-23　修改文字高度及调整文字位置

8. 打开【字符映射表】对话框，在对话框的【字体】下拉列表中选择【宋体】选项，然后选择需要的字符 "℃"，如图 7-24 所示。

图 7-24　选择需要的字符

9. 重复步骤 5～7 插入 "℃" 符号，结果如图 7-25 所示。

内外转子的径向间隙δ为0.10~0.25mm
试验时的机油温度为(85±5)℃

图7-25 插入"℃"符号

10. 单击 ✕ 按钮完成。

7.2.4 创建分数及公差形式的文字

下面使用多行文字编辑器创建分数及公差形式文字。

【实例7-3】创建分数及公差形式文字。

1. 打开多行文字编辑器，输入多行文字，如图7-26所示。

2. 选择文字"H7/m6"，单击鼠标右键，选择【堆叠】选项，结果如图7-27所示。

3. 选择文字"+0.020^-0.016"，单击鼠标右键，选择【堆叠】选项，结果如图7-28所示。

图7-26 输入多行文字　　　　图7-27 创建分数形式文字　　　　图7-28 创建公差形式文字

4. 单击【关闭】面板上的 ✕ 按钮完成。

 通过堆叠文字的方法也可创建文字的上标或下标，输入方式为"上标^"、"^下标"。例如，输入"53^"后，选中"3^"，单击鼠标右键，选择【堆叠】选项，结果变为"5³"。

7.2.5 填写明细表的技巧

用 DTEXT 命令可以方便地在表格中填写文字，但要保证表中文字项目的位置是对齐的则很困难，因为使用 DTEXT 命令时只能通过拾取点来确定文字的位置，这样就几乎不可能保证表中文字的位置是准确对齐的。

【实例7-4】给表格中添加文字。

1. 打开素材文件"\dwg\第7章\7-4.dwg"。

2. 创建新文字样式，并使其成为当前样式。新样式的名称为"工程文字"，与其相连的字体文件是【gbeitc.shx】和【gbcbig.shx】。

3. 用 DTEXT 命令在明细表底部的第一行中书写文字"序号"，字高为5mm，结果如图7-29所示。

4. 用 COPY 命令将"序号"由 A 点分别复制到 B、C、D 及 E 点，结果如图7-30所示。

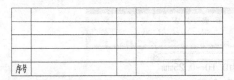

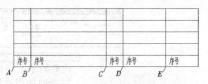

序号

图 7-29　书写单行文字

序号
序号
序号
序号
序号
A
B
C
D
E

图 7-30　复制单行文字

5. 用 DDEDIT 命令修改文字内容，再用 MOVE 命令调整“名称”、“材料”及“备注”的位置，结果如图 7-31 所示。

6. 把已经填写的文字向上阵列，结果如图 7-32 所示。

序号	名称	数量	材料	备注

图 7-31　调整文字位置

序号	名称	数量	材料	备注
序号	名称	数量	材料	备注
序号	名称	数量	材料	备注
序号	名称	数量	材料	备注
序号	名称	数量	材料	备注

图 7-32　阵列文字

7. 用 DDEDIT 命令修改文字内容，结果如图 7-33 所示。

8. 把“序号”及“数量”的数字移动到表格的中间位置，结果如图 7-34 所示。

4	转轴	1	45	
3	定位板	2	Q235	
2	轴承盖	1	HT200	
1	轴承座	1	HT200	
序号	名称	数量	材料	备注

图 7-33　修改文字内容

4	转轴	1	45	
3	定位板	2	Q235	
2	轴承盖	1	HT200	
1	轴承座	1	HT200	
序号	名称	数量	材料	备注

图 7-34　调整文字位置

7.3 创建表格对象

在 AutoCAD 中，用户可以生成表格对象。创建该对象时，系统首先生成一个空白表格，用户可在该表格中填入文字信息。用户可以很方便地修改表格的宽度、高度及表中文字，还可按行、列方式删除表格单元或者合并表格中的相邻单元。

【实例 7-5】创建图 7-35 所示的表格，新建表格样式，创建及修改空白表格，填写表格等。

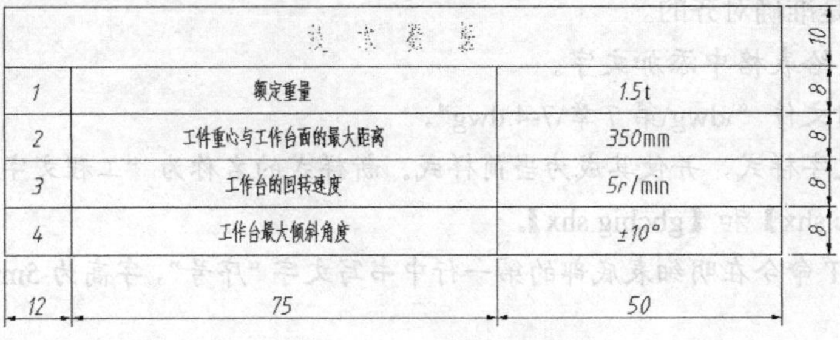

技术数据
1
额定重量
1.5t
2
工件重心与工作台面的最大距离
350mm
3
工作台的回转速度
5r/min
4
工作台最大倾斜角度
±10°
10
8
8
8
8
12
75
50

图 7-35　创建及填写表格

7.3.1 表格样式

表格对象的外观由表格样式控制。默认情况下，表格样式是"Standard"，但用户可以根据需要创建新的表格样式。"Standard"表格的外观如图 7-36 所示，第一行是标题行，第二行是表头行，其他行是数据行。

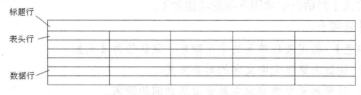

图 7-36 "Standard"表格的外观

在表格样式中，用户可以设定表格单元文字的文字样式、字高、对齐方式及表格单元的填充颜色，还可设定单元边框的线宽、颜色以及控制是否将边框显示出来。

创建新表格样式的方法如下。

1. 创建新文字样式。新样式名称为"工程文字"，与其相连的字体文件是【gbeitc.shx】和【gbcbig.shx】。

2. 选择菜单命令【格式】/【表格样式】，打开【表格样式】对话框，如图 7-37 所示。利用该对话框用户可以新建、修改及删除表格样式。

3. 单击 [新建(B)...] 按钮，弹出【创建新的表格样式】对话框，在【基础样式】下拉列表中选择新样式的原始样式【Standard】，该原始样式为新样式提供默认设置，在【新样式名】文本框中输入新样式的名称"表格样式-1"，如图 7-38 所示。

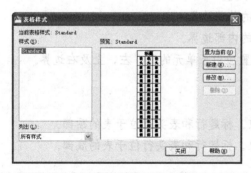

图 7-37 【表格样式】对话框

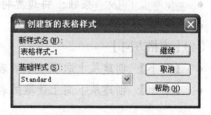

图 7-38 【创建新的表格样式】对话框

4. 单击 [继续] 按钮，打开【新建表格样式】对话框，如图 7-39 所示。

（1）在【单元样式】下拉列表中选择【标题】选项，然后进行以下设置。

● 在【文字】选项卡中指定文字样式为【工程文字】，字高为"5mm"，颜色为【红】色。

● 在【常规】选项卡中指定文字的对齐方式为【正中】。

（2）在【单元样式】下拉列表中选择【数据】

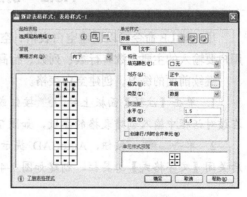

图 7-39 【新建表格样式】对话框

选项，然后进行以下设置。

- 在【文字】选项卡中指定文字样式为【工程文字】，字高为"3.5mm"。
- 在【常规】选项卡中指定文字对齐方式为【正中】。

5. 单击 ⬚确定⬚ 按钮，返回【表格样式】对话框，再单击 置为当前⬚ 按钮，使新的表格样式成为当前样式。

【新建表格样式】对话框中常用选项的功能如下。

（1）【常规】选项卡

- 【填充颜色】：指定表格单元的背景颜色，默认值为【无】。
- 【对齐】：设置表格单元中文字的对齐方式。
- 【水平】：设置单元文字与左右单元边界之间的距离。
- 【垂直】：设置单元文字与上下单元边界之间的距离。

（2）【文字】选项卡

- 【文字样式】：选择文字样式。单击⬚按钮，打开【文字样式】对话框，从中可创建新的文字样式。
- 【文字高度】：输入文字的高度。
- 【文字角度】：设定文字的倾斜角度。逆时针为正，顺时针为负。

（3）【边框】选项卡

- 【线宽】：指定表格单元的边界线宽。
- 【线型】：指定表格单元边界线的线型。
- 【颜色】：指定表格单元的边界颜色。
- ⬚按钮：将边界特性的设置应用于所有单元。
- ⬚按钮：将边界特性的设置应用于单元的外部边界。
- ⬚按钮：将边界特性的设置应用于单元的内部边界。
- ⬚、⬚、⬚及⬚按钮：将边界特性的设置应用于单元的底、左、上及右边界。
- ⬚按钮：隐藏单元的边界。

（4）【表格方向】

- 【向下】：创建从上向下读取的表格对象。标题行和表头行位于表的顶部。
- 【向上】：创建从下向上读取的表格对象。标题行和表头行位于表的底部。

7.3.2　创建及修改空白表格

用 TABLE 命令可以创建空白表格，空白表格的外观由当前表格样式决定。使用该命令时，用户要输入的主要参数有行数、列数、行高及列宽等。

继续前面的练习，创建空白表格。

1. 单击【注释】面板上的⬚表格⬚按钮或输入命令代号 TABLE，打开【插入表格】对话框，在该对话框中输入创建表格的参数，如图 7-40 所示。

2. 单击 ⬚确定⬚ 按钮，AutoCAD 提示"指定插入点"，在绘图区的适当位置单击一点，然后关闭【文字格式】工具栏，创建如图 7-41 所示的表格。

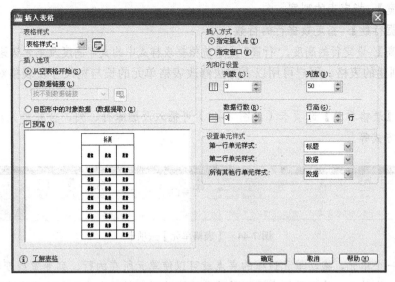

图 7-40　【插入表格】对话框

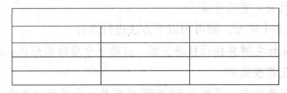

图 7-41　创建表格

3.　按住鼠标左键并拖动鼠标光标，选中第 1 列，单击鼠标右键，在弹出的快捷菜单中选择【特性】选项，打开【特性】对话框，在【单元宽度】及【单元高度】文本框中分别输入数值"12"、"8"，结果如图 7-42 所示。

4.　用类似的方法将第 2 列的【单元宽度】改为"75"，第 1 行的【单元高度】改为"10"，结果如图 7-43 所示。

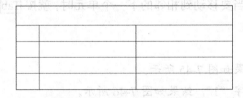

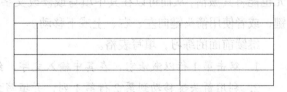

图 7-42　修改第 1 列的单元宽度及高度　　　　　图 7-43　修改其他单元的宽度及高度

【插入表格】对话框有以下常用选项。

- 　【表格样式】：在该分组框的下拉列表中指定表格样式，其默认样式为【Standard】。
- 　按钮：单击此按钮，打开【表格样式】对话框，利用该对话框用户可以创建新的表样式或修改现有样式。
- 　【指定插入点】：指定表格左上角的位置。
- 　【指定窗口】：利用矩形窗口指定表的位置和大小。若事先指定了表的行、列数目，则列宽和行高取决于矩形窗口的大小，反之亦然。
- 　【列数】：指定表的列数。

- 【列宽】：指定表的列宽。
- 【数据行数】：指定数据行的行数。
- 【行高】：设定行的高度。"行高"是系统根据表样式中的文字高度及单元边距确定出来的。

对于已创建的表格，用户可用以下方法修改表格单元的长与宽尺寸及表格对象的行、列数目。

- 利用【表格单元】选项卡（见图 7-44）可插入及删除行、列，合并单元格，修改文字对齐方式等。

图 7-44　【表格单元】选项卡

- 选中一个单元，拖动单元边框的夹点就可以使单元所在的行、列变宽或变窄。
- 选中一个单元，单击鼠标右键，则弹出快捷菜单，利用此菜单上的【特性】选项，用户也可修改单元的长、宽尺寸等。

用户若想一次编辑多个单元，则可用以下方法进行选择。

- 在表格中按住鼠标左键并拖动鼠标光标，出现一个虚线矩形框，在该矩形框内以及与矩形框相交的单元都被选中。
- 在单元内单击以选中它，再按住 Shift 键并在另一个单元内单击，则这两个单元以及它们之间的所有单元都被选中。

7.3.3　填写表格

在表格单元中可以很方便地填写文字信息。用 TABLE 命令创建表格后，AutoCAD 会亮显表的第 1 个单元，同时打开【表格单元】选项卡，此时就可以输入文字了。此外，双击某一单元也能将其激活，从而可以在其中填写或修改文字。当要移动到相邻的下一个单元时，就按 Tab 键，或者使用箭头键向左、右、上或下移动。

继续前面的练习，填写表格。

1. 双击第 1 行以激活它，在其中输入文字，结果如图 7-45 所示。
2. 利用箭头键移动到第 2 行第 1 列，并填写文字 "1"，结果如图 7-46 所示。

图 7-45　在第 1 行中输入文字　　　　图 7-46　在第 2 行第 1 列中填写文字

3. 选中文字 "1" 所在的单元，如图 7-47（a），拖动右下角的夹点到最后一行，系统将自动填充数据，结果如图 7-47（b）所示。

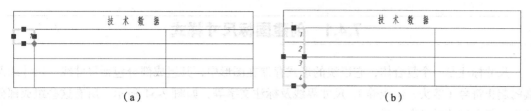

图 7-47　利用夹点自动填充数据

4. 单击【表格单元】选项卡【单元样式】面板中的按钮，选择【正中】选项，结果如图 7-48 所示。

5. 利用箭头键移动到其他单元，继续填写文字，结果如图 7-49 所示。

技 术 数 据		
1		
2		
3		
4		

图 7-48　调整文字位置

技 术 数 据		
1	额定重量	1.5t
2	工件重心与工作台面的最大距离	350mm
3	工作台的回转速度	5r/min
4	工作台最大倾斜角度	±10°

图 7-49　输入表格中的其他文字

7.4 标注尺寸的方法

AutoCAD 的尺寸标注命令很丰富，利用它们可以轻松地创建出各种类型的尺寸。所有的尺寸都与尺寸样式关联，通过调整尺寸样式，就能控制与该样式关联的尺寸标注的外观。下面通过实例介绍创建尺寸样式的方法和 AutoCAD 的尺寸标注命令。

【实例 7-6】打开素材文件 "\dwg\第 7 章\7-6.dwg"，如图 7-50（a）图所示，将图 7-50（a）修改为图 7-50（b）。其中包括创建符合国标的尺寸样式，标注水平、竖直及倾斜方向的尺寸，标注直径和半径型尺寸等。

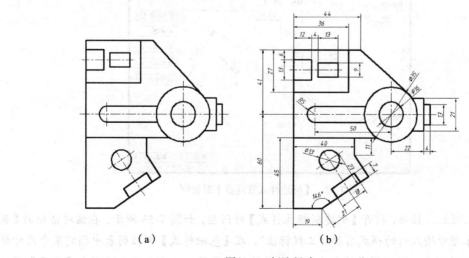

图 7-50　标注尺寸

7.4.1 创建国标尺寸样式

尺寸标注是一个复合体，它以块的形式存储在图形中，其组成部分包括尺寸线、尺寸线两端的起止符号（箭头、斜线等）、尺寸界线及标注文字等，如图 7-51 所示，所有这些组成部分的格式都由尺寸样式来控制。

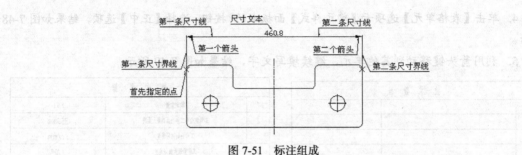

图 7-51　标注组成

在标注尺寸前，用户一般都要创建尺寸样式，否则，AutoCAD 将使用默认样式【ISO-25】生成尺寸标注。在 AutoCAD 中可以定义多种不同的标注样式并为之命名，标注时，用户只需指定某种样式为当前样式，就能创建相应的标注形式。

下面介绍建立符合国标规定的尺寸样式的方法。

1. 创建一个新文件。

2. 建立新文字样式，样式名为"工程文字"，与该样式相连的字体文件是【gbeitc.shx】（或【gbenor.shx】）和【gbcbig.shx】。

3. 单击【注释】面板上的 按钮或选择菜单命令【格式】/【标注样式】，打开【标注样式管理器】对话框，如图 7-52 所示。通过该对话框，用户可以命名新的尺寸样式或修改样式中的尺寸变量。

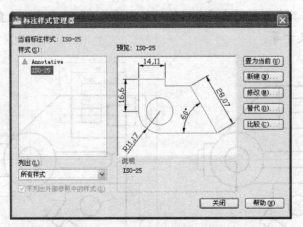

图 7-52　【标注样式管理器】对话框

4. 单击 新建(N)... 按钮，打开【创建新标注样式】对话框，如图 7-53 所示。在该对话框的【新样式名】文本框中输入新的样式名称"工程标注"，在【基础样式】下拉列表中指定某个尺寸样式作为新样式的副本，则新样式将包含副本样式的所有设置。此外，用户还可在【用于】下拉列表中设定新样式对某一种类尺寸的特殊控制。默认情况下，【用于】下拉列表中的选项是【所有标注】，即指新样式将控制所有类型的尺寸。

5. 单击 继续 按钮，打开【新建标注样式】对话框，如图 7-54 所示。

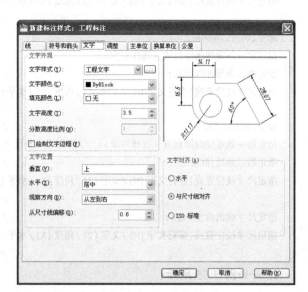

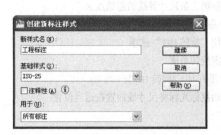

图 7-53 【创建新标注样式】对话框   图 7-54 【新建标注样式】对话框

该对话框有 7 个选项卡，在这些选项卡中分别进行以下设置。

- 在【文字】选项卡的【文字样式】下拉列表中选择【工程文字】选项，在【文字高度】、【从尺寸线偏移】文本框中分别输入 "3.5" 和 "0.8"，在【文字对齐】分组框中选择【与尺寸线对齐】单选项。
- 在【线】选项卡的【基线间距】、【超出尺寸线】和【起点偏移量】文本框中分别输入 "7"、"2" 和 "0.5"。
- 在【符号和箭头】选项卡的【第一个】下拉列表中选择【实心闭合】选项，在【箭头大小】文本框中输入 "2"。
- 在【调整】选项卡的【使用全局比例】文本框中输入 "1"（绘图比例的倒数）。
- 在【主单位】选项卡的【单位格式】、【精度】和【小数分隔符】下拉列表中分别选择【小数】、【0.00】和【句点】选项。

6. 单击 确定 按钮，得到一个新的尺寸样式，再单击 置为当前(U) 按钮，使新样式成为当前样式。

【新建标注样式】对话框中常用选项的功能见 7.5.1 节。

7.4.2 创建水平、竖直及倾斜方向尺寸标注

DIMLINEAR 命令可以用于标注水平、竖直及倾斜方向的尺寸。标注时，若要使尺寸线倾斜，则输入 "R" 选项，然后输入尺寸线的倾角即可。

继续前面的练习，标注水平、竖直及倾斜方向的尺寸。

单击【注释】面板上的 按钮，启动 DIMLINEAR 命令。

```
命令: _dimlinear
指定第一条延伸线原点或 <选择对象>:                    //按 Enter 键，使用"选择对象"选项
选择标注对象:                                        //选择线段 A，如图 7-55 所示
指定尺寸线位置或[多行文字(M)/文字(T)/角度(A)/水平(H)/垂直(V)/旋转(R)]:
                                                    //拖动鼠标光标将尺寸线放置在适当位置

命令: DIMLINEAR                                      //重复命令
指定第一条延伸线原点或 <选择对象>:                    //捕捉第一条尺寸界线的起始点 B
指定第二条延伸线原点:                                //捕捉第二条尺寸界线的起始点 C
指定尺寸线位置或[多行文字(M)/文字(T)/角度(A)/水平(H)/垂直(V)/旋转(R)]:
                                                    //拖动鼠标光标将尺寸线放置在适当位置

命令: DIMLINEAR                                      //重复命令
指定第一条延伸线原点或 <选择对象>: //捕捉第一条尺寸线的起始点 D
指定第二条延伸线原点:                                //捕捉第二条尺寸界线的起始点 E
指定尺寸线位置或[多行文字(M)/文字(T)/角度(A)/水平(H)/垂直(V)/旋转(R)]: r
                                                    //使用"旋转(R)"选项
指定尺寸线的角度 <0>: 34                             //指定旋转角度
指定尺寸线位置或[多行文字(M)/文字(T)/角度(A)/水平(H)/垂直(V)/旋转(R)]
                                                    //拖动鼠标光标将尺寸线放置在适当位置
```

结果如图 7-55 所示。

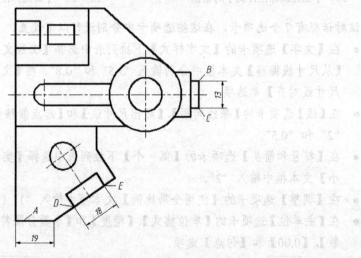

图 7-55 标注水平、竖直及倾斜方向的尺寸

DIMLINEAR 命令的常用选项如下。

- 多行文字(M): 使用该选项时，打开多行文字编辑器，利用此编辑器用户可输入新的标注文字。

 若修改了系统自动标注的文字，就会失去尺寸标注的关联性，即尺寸数字不随标注对象的改变而改变。

- 文字(T): 此选项使用户可以在命令行上输入新的尺寸文字。
- 角度(A): 通过此选项设置文字的放置角度。

- 水平(H)/垂直(V)：创建水平或垂直型尺寸。用户也可通过移动鼠标光标指定创建何种类型的尺寸。若左右移动鼠标光标，则生成垂直尺寸；若上下移动鼠标光标，则生成水平尺寸。

- 旋转(R)：使用 DIMLINEAR 命令时，AutoCAD 自动将尺寸线调整成水平或竖直方向。"旋转(R)"选项可使尺寸线倾斜一个角度，因此，可利用此选项标注倾斜对象。

7.4.3　创建对齐尺寸标注

要标注倾斜对象的真实长度可使用对齐尺寸，对齐尺寸的尺寸线平行于倾斜的标注对象。如果用户是选择两个点来创建对齐尺寸，则尺寸线与两点的连线平行。

继续前面的练习，创建对齐尺寸标注。

单击【注释】面板上的 ╲对齐 按钮，启动 DIMALIGNED 命令。

命令：_dimaligned	
指定第一条延伸线原点或 <选择对象>：	//按 Enter 键选择要标注的对象
选择标注对象：	//选择线段 F，如图 7-56 所示
指定尺寸线位置或[多行文字(M)/文字(T)/角度(A)]：	//移动鼠标光标指定尺寸线的位置
命令：DIMALIGNED	//重复命令
指定第一条延伸线原点或 <选择对象>：	//捕捉交点 G
指定第二条延伸线原点：	//捕捉交点 H
指定尺寸线位置或[多行文字(M)/文字(T)/角度(A)]：	//移动鼠标光标指定尺寸线的位置

结果如图 7-56 所示。

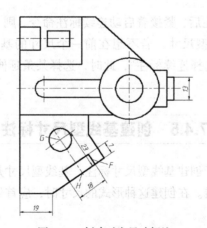

图 7-56　创建对齐尺寸标注

DIMALIGNED 命令各选项的功能与 DIMLINEAR 命令类似，参见 7.4.2 节。

7.4.4　创建连续型尺寸标注

DIMCONTINUE 命令可创建连续型尺寸标注，连续型尺寸标注是一系列首尾相连的尺寸标注形式。在创建这种形式的尺寸时，应首先建立一个尺寸标注，然后发出标注命令。

继续前面的练习，创建连续尺寸标注。

1. 利用 DIMLINEAR 命令给线段 *K* 标注尺寸，如图 7-57 所示。

2. 单击【注释】选项卡【标注】面板的上 连续 按钮，启动 DIMCONTINUE 命令。

命令：_dimcontinue

指定第二条延伸线原点或 [放弃(U)/选择(S)] <选择>：	//捕捉 *M* 点，如图 7-57 所示
指定第二条延伸线原点或 [放弃(U)/选择(S)] <选择>：	//捕捉 *N* 点
指定第二条延伸线原点或 [放弃(U)/选择(S)] <选择>：	//按 Enter 键
选择连续标注：	//按 Enter 键结束

结果如图 7-57 所示。

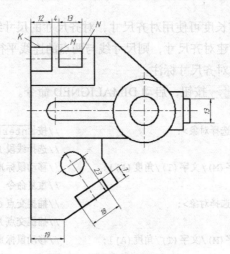

图 7-57　创建连续尺寸标注

当用户创建一个尺寸标注后，紧接着启动连续标注命令，则 AutoCAD 将以该尺寸的第二条延伸线为基准线建立连续型尺寸。若不想在前一个尺寸的基础上生成连续型尺寸，就按 Enter 键，AutoCAD 提示"选择连续标注"，此时，选择某条延伸线作为建立新尺寸的基准线即可。

7.4.5　创建基线型尺寸标注

DIMBASELINE 命令用于创建基线型尺寸标注。基线型尺寸是指所有的尺寸都从同一点开始标注，即公用一条尺寸界线。在创建这种形式的尺寸时，应首先建立一个尺寸标注，然后发出标注命令。

继续前面的练习，创建基线尺寸标注。

单击【注释】选项卡【标注】面板的上 基线 按钮，启动 DIMBASELINE 命令。

命令：_dimbaseline

选择基准标注：	//指定 *A* 点处的尺寸界线为基准线，如图 7-58 所示
指定第二条延伸线原点或 [放弃(U)/选择(S)] <选择>：	//指定基线标注第二点 *B*
指定第二条延伸线原点或 [放弃(U)/选择(S)] <选择>：	//指定基线标注第三点 *C*
指定第二条延伸线原点或 [放弃(U)/选择(S)] <选择>：	//按 Enter 键
选择基准标注：	//按 Enter 键结束

结果如图 7-58 所示。

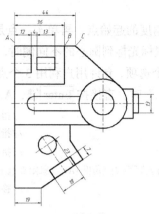

图 7-58　创建基线尺寸标注

当用户创建一个尺寸标注后，紧接着启动连续标注命令，则 AutoCAD 将以该尺寸的第一条延伸线为基准线生成基线型尺寸。若不想在前一个尺寸的基础上生成基线型尺寸，就按 Enter 键，AutoCAD 提示"选择基准标注"，此时，选择某条延伸线作为建立新尺寸的基准线即可。

7.4.6　创建角度尺寸标注

标注角度时，用户可以通过拾取两条边线、3 个点或一段圆弧来创建角度尺寸。

继续前面的练习，标注角度尺寸。

单击【注释】面板上的 角度 按钮，启动 DIMANGULAR 命令。

命令：_dimangular
选择圆弧、圆、直线或 <指定顶点>：　　　　　　　//选择角的第一条边 A，如图 7-59 所示
选择第二条直线：　　　　　　　　　　　　　//选择角的第二条边 B
指定标注弧线位置或 [多行文字(M)/文字(T)/角度(A)/象限点(Q)]：
　　　　　　　　　　　　　　　　　　//移动鼠标光标指定尺寸线的位置

结果如图 7-59 所示。

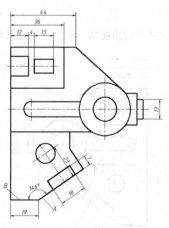

图 7-59　创建角度尺寸标注

选择圆弧时，系统直接标注圆弧所对应的圆心角，移动鼠标光标到圆心的不同侧时，标注

的数值不同。

　　选择圆时，第一个选择点是角度的起始点，再单击一点是角度的终止点，系统标出这两点间圆弧所对应的圆心角。当移动鼠标光标到圆心的不同侧时，标注数值不同。

　　DIMANGULAR 命令具有一个选项，允许用户利用 3 个点标注角度。当 AutoCAD 提示"选择圆弧、圆、直线或 <指定顶点>:"时，直接按 Enter 键，AutoCAD 继续提示如下。

指定角的顶点：	//指定角的顶点，如图 7-60 所示
指定角的第一个端点：	//指定角的第一个端点
指定角的第二个端点：	//指定角的第二个端点
指定标注弧线位置或 [多行文字(M)/文字(T)/角度(A) /象限点(Q)]：	
	//移动鼠标光标指定尺寸线位置

图 7-60　通过 3 个点标注角度

　用户可以使用角度尺寸或长度尺寸的标注命令来查寻角度值和长度值。当发出命令并选择对象后，就能看到标注文本，此时按 Esc 键取消正在执行的命令就不会将尺寸标注出来。

7.4.7　创建直径和半径型尺寸标注

　　在标注直径和半径型尺寸时，AutoCAD 自动在标注文字前面加入"ϕ"或"R"符号。继续前面的练习，标注直径和半径型尺寸。

1. 单击【注释】面板上的 按钮，启动 DIMDIAMETER 命令。

命令: _dimdiameter	
选择圆弧或圆：	//选择要标注的圆 A，如图 7-61 所示
指定尺寸线位置或[多行文字(M)/文字(T)/角度(A)]：	//移动鼠标光标指定标注文字的位置

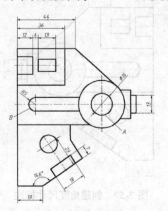

图 7-61　创建直径和半径型尺寸标注

2. 单击【注释】面板上的 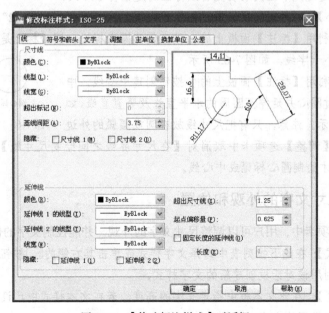按钮，启动 DIMRADIUS 命令。

命令：_dimradius

选择圆弧或圆：   //选择要标注的圆弧 B，如图 7-61 所示

指定尺寸线位置或 [多行文字(M)/文字(T)/角度(A)]：//移动鼠标光标指定标注文字的位置

结果如图 7-61 所示。

3. 标注其余的尺寸。

7.5
知识拓展——尺寸标注样式及形位公差标注

本节内容包括如何控制尺寸标注的外观、删除和重命名尺寸样式、标注样式的覆盖方式、尺寸和形位公差的标注及编辑尺寸标注等。

7.5.1　控制尺寸标注外观

在 AutoCAD 中创建的所有尺寸均与尺寸样式关联，通过调整尺寸样式，就能控制与该样式关联的尺寸标注的外观。

在【标注样式管理器】对话框中单击 修改(M)... 按钮，打开【修改标注样式】对话框，如图 7-62 所示。用户可以在该对话框的各个选项卡中更改设置来控制标注的外观，如箭头样式、文字位置和尺寸公差等。

图 7-62　【修改标注样式】对话框

一、控制尺寸线、尺寸界线

在【线】选项卡中可对尺寸线、尺寸界线进行设置。

- 【基线间距】：此选项决定了平行尺寸线间的距离，例如，当创建基线型尺寸标注时，相邻尺寸线间的距离由该选项控制，如图 7-63 所示。
- 【超出尺寸线】：控制尺寸界线超出尺寸线的距离，如图 7-64 所示。国标中规定，尺寸界线一般超出尺寸线 2~3mm，如果准备使用 1:1 比例出图，则延伸值要设定为 2~3mm 之间的值。
- 【起点偏移量】：控制尺寸界线起点与标注对象端点间的距离，如图 7-64 所示。

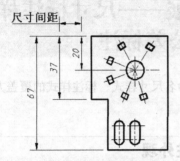

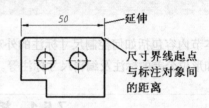

图 7-63　控制尺寸线间的距离　　　图 7-64　延伸尺寸界线、控制尺寸界线起点与标注对象间的距离

二、控制尺寸箭头及圆心标记

利用【符号和箭头】选项卡用户可对尺寸箭头和圆心标记等进行设置。

- 【第一个】和【第二个】：这两个下拉列表用于选择尺寸线两端起止符号的形式。
- 【引线】：通过此下拉列表设置引线标注的起止符号形式。
- 【箭头大小】：利用此选项设定起止符号大小，机械图中设置为 "2"。
- 【标记】：利用【标注】面板上的 ⊙ 按钮创建圆心标记。圆心标记是指标明圆或圆弧圆心位置的小十字线，如图 7-65 所示。
- 【直线】：利用【标注】面板上的 ⊙ 按钮创建中心线。中心线是指过圆心并延伸至圆周的水平直线及竖直直线，如图 7-65 所示。注意，只有把尺寸线放在圆或圆弧的外边时（需在【调整】选项卡中取消对【在尺寸界线之间绘制尺寸线】复选项的选择），AutoCAD 才绘制圆心标记或中心线。

图 7-65　圆心标记及圆中心线

三、控制尺寸文字的外观和位置

在【文字】选项卡中，用户可以调整尺寸文字的外观，并能控制文字的位置。

- 【文字样式】：在此下拉列表中选择文字样式或单击其右侧的 ⬜ 按钮，打开【文字样式】对话框，利用该对话框创建新的文字样式。
- 【文字高度】：在此文本框中指定文字的高度。若在文本样式中已设定了文字高度，则此文本框中设置的文本高度是无效的。
- 【绘制文字边框】：通过此选项用户可以给标注文本添加一个矩形边框，如图 7-66

所示。

- 【垂直】下拉列表：此下拉列表中包含 5 个选项，当选择某一选项时，需注意对话框右上角预览图片的变化，通过这张图片用户可以更清楚地了解每一个选项的功能，见表 7-2。

图 7-66　给标注文字添加矩形边框

表 7-2　　　　　　　　　　　　　　　【垂直】下拉列表中各选项的功能

选项	功能
居中	尺寸线断开，标注文字放置在断开处
上	尺寸文字放置在尺寸线上
外部	以尺寸线为准，将标注文字放置在距标注对象最远的那一边
JIS	标注文字的放置方式遵循日本工业标准
下	将标注文字放在尺寸线下方

- 【水平】下拉列表：此下拉列表中包含 5 个选项，各选项的功能见表 7-3。

表 7-3　　　　　　　　　　　　　　　【水平】下拉列表中各选项的功能

选项	功能
居中	尺寸文字放置在尺寸线的中部
第一条延伸线	在靠近第一条尺寸界线处放置标注文字
第二条延伸线	在靠近第二条尺寸界线处放置标注文字
第一条延伸线上方	将标注文字放置在第一条尺寸界线上
第二条延伸线上方	将标注文字放置在第二条尺寸界线上

- 【从尺寸线偏移】：该选项用于设定标注文字与尺寸线间的距离，如图 7-67 所示。若标注文本在尺寸线的中间（尺寸线断开），则其值表示断开处尺寸线的端点与尺寸文字的间距。另外，该值也用来控制文本边框与其中的文本的距离。
- 【水平】：使所有的标注文本水平放置。
- 【与尺寸线对齐】：使标注文本与尺寸线对齐。对于国标标注，应选择此单选项。
- 【ISO 标准】：当标注文字在两条尺寸界线的内部时，标注文字与尺寸线对齐；否则，标注文字水平放置。

国标中规定了尺寸文字放置的位置及方向，如图 7-68 所示。水平尺寸数字的字头朝上，垂直尺寸数字的字头朝左，要尽可能避免在图示 30° 范围内标注尺寸。线性尺寸数字一般应写在尺寸线上方，也允许写在尺寸线的中断处，但在同一张图样上应尽可能保持一致。

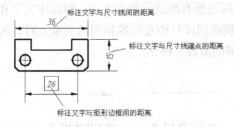

图 7-67　控制文字相对于尺寸线的偏移量

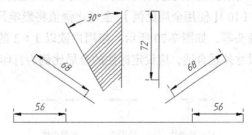

图 7-68　尺寸数字标注规则

在 AutoCAD 中，用户可以方便地调整标注文字的位置。标注机械图时，若要正确地控制标注文字，则可在【文字位置】和【文字对齐】分组框中进行以下设置。

- 在【垂直】下拉列表中选择【上】选项。
- 在【水平】下拉列表中选择【居中】选项。
- 选择【与尺寸线对齐】单选项。

四、调整箭头、标注文字及尺寸界线间的位置关系

在【调整】选项卡中，用户可以调整标注文字、尺寸箭头及尺寸界线间的位置关系。标注时，若两条尺寸界线间有足够的空间，则 AutoCAD 将箭头、标注文字放在尺寸界线之间，若两条尺寸界线间的空间不足，则 AutoCAD 将按此选项卡中的设置调整箭头或标注文字的位置。

（1）【文字或箭头（最佳效果）】：对标注文本及箭头进行综合考虑，自动选择将其中之一放在尺寸界线的外侧，以达到最佳标注效果。该选项有以下 3 种放置方式。

- 若尺寸界线间的距离仅够容纳文字，则只把文字放在尺寸界线内。
- 若尺寸界线间的距离仅够容纳箭头，则只把箭头放在尺寸界线内。
- 若尺寸界线间的距离既不够容纳文字又不够容纳箭头，则文字和箭头都放在尺寸界线外。

（2）【箭头】：选择此单选项后，AutoCAD 尽量将箭头放在尺寸界线内；否则，文字和箭头都放在尺寸界线外。

（3）【文字】：选择此单选项后，AutoCAD 尽量将文字放在尺寸界线内；否则，文字和箭头都放在尺寸界线外。

（4）【文字和箭头】：当尺寸界线间不能同时放下文字和箭头时，就将文字和箭头都放在尺寸界线外。

（5）【文字始终保持在尺寸界线之间】：选择此单选项后，AutoCAD 总是把文字放置在尺寸界线内。

（6）【若箭头不能放在尺寸界线内，则将其消除】：该选项可以和前面的选项一同使用。若尺寸界线间的空间不足以放下尺寸箭头且箭头也没有被调整到尺寸界线外时，AutoCAD 将不绘制出箭头。

（7）【尺寸线旁边】：当标注文字在尺寸界线外时，将文字放置在尺寸线旁边，如图 7-69 所示。

（8）【尺寸线上方，带引线】：当标注文字在尺寸界线外时，把标注文字放在尺寸线上方并用指引线与其相连，如图 7-69 所示。若选择此单选项，则移动文字时将不改变尺寸线的位置。

（9）【尺寸线上方，不带引线】：当标注文字在尺寸界线外时，把标注文字放在尺寸线上方，但不用指引线与其连接，如图 7-69 所示。若选择此单选项，则移动文字时将不改变尺寸线的位置。

（10）【使用全局比例】：全局比例值将影响尺寸标注所有组成元素的大小，如标注文字和尺寸箭头等，如图 7-70 所示。当用户欲以 1∶2 的比例将图样打印在标准幅面的图纸上时，为保证尺寸外观合适，应设定标注的全局比例为打印比例的倒数，即 2。

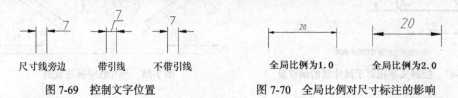

尺寸线旁边　　带引线　　不带引线　　　　全局比例为1.0　　全局比例为2.0

图 7-69　控制文字位置　　　　　　　　图 7-70　全局比例对尺寸标注的影响

五、设置线性尺寸及角度尺寸的精度

在【主单位】选项卡中用户可以设置尺寸数值的精度，并能给标注文字加入前缀或后缀。下面分别介绍【线性标注】和【角度标注】分组框中的选项。

- 线性尺寸的【单位格式】：在此下拉列表中选择所需的长度单位类型。
- 线性尺寸的【精度】：设定长度型尺寸数字的精度（小数点后显示的位数）。
- 【小数分隔符】：若单位类型是小数，则可在此下拉列表中选择小数分隔符的形式。系统共提供了3种分隔符：逗点、句点和空格。
- 【比例因子】：可输入尺寸数字的缩放比例因子。当标注尺寸时，AutoCAD 用此比例因子乘以真实的测量数值，然后将结果作为标注数值。
- 角度尺寸的【单位格式】：在此下拉列表中选择角度的单位类型。
- 角度尺寸的【精度】：设置角度型尺寸数字的精度（小数点后显示的位数）。

六、设置尺寸公差

在【公差】选项卡中用户能设置公差格式及输入上、下偏差值。

（1）【方式】下拉列表中包含5个选项。

- 【无】：只显示基本尺寸。
- 【对称】：如果选择【对称】选项，则只能在【上偏差】文本框中输入数值，标注时 AutoCAD 自动加入"±"符号，结果如图 7-71 所示。
- 【极限偏差】：利用此选项可以在【上偏差】和【下偏差】文本框中分别输入尺寸的上、下偏差值。默认情况下，AutoCAD 将自动在上偏差前面添加"+"号，在下偏差前面添加"−"号。若在输入偏差值时加上"+"或"−"号，则最终显示的符号将是默认符号与输入符号相乘的结果。输入值正、负号与标注效果的对应关系如图 7-71 所示。

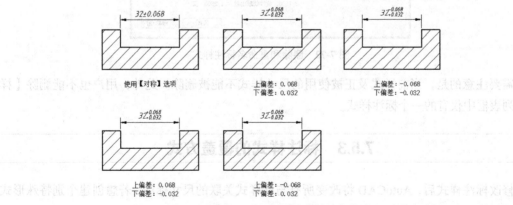

图 7-71　尺寸公差标注结果

- 【极限尺寸】：同时显示最大极限尺寸和最小极限尺寸。
- 【基本尺寸】：将尺寸标注值放置在一个长方形的框中（理想尺寸标注形式）。

（2）【精度】：设置上、下偏差值的精度（小数点后显示的位数）。

（3）【上偏差】：在此文本框中输入上偏差数值。

（4）【下偏差】：在此文本框中输入下偏差数值。

（5）【高度比例】：该选项能让用户调整偏差文本相对于尺寸文本的高度，默认值是"1"，此时偏差文本与尺寸文本的高度相同。在标注机械图时，建议将此数值设定为 0.7 左右，但若使用【对称】选项，则【高度比例】值仍设置为"1"。

（6）【垂直位置】：在此下拉列表中可指定偏差文字相对于基本尺寸的位置关系。当标注机械图时，建议选择【中】选项。

（7）【前导】：隐藏偏差数字中前面的0。

（8）【后续】：隐藏偏差数字中后面的0。

7.5.2 删除和重命名尺寸样式

删除和重命名尺寸样式是在【标注样式管理器】对话框中进行的。

【实例 7-7】删除和重命名尺寸样式。

1. 在【标注样式管理器】对话框的【样式】列表框中选择要进行操作的样式名。

2. 单击鼠标右键，弹出快捷菜单，选择【删除】选项，删除尺寸样式，如图 7-72 所示。

3. 若要重命名样式，则选择【重命名】选项，然后输入新名称，如图 7-72 所示。

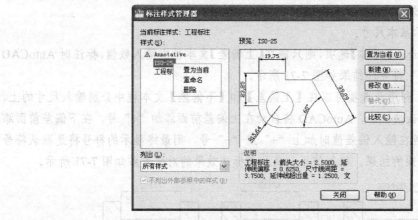

图 7-72 删除和重命名标注样式

需要注意的是，当前样式及正被使用的尺寸样式不能被删除。此外，用户也不能删除【样式】列表框中仅有的一个标注样式。

7.5.3 标注样式的覆盖方式

修改标注样式后，AutoCAD 将改变所有与此样式关联的尺寸标注，若想创建个别特殊形式的尺寸标注，如公差、给标注数值加前缀和后缀等，用户不能直接修改尺寸样式，也不必再创建新样式，只需采用当前样式的覆盖方式进行标注就可以了。

【实例 7-8】打开素材文件"\dwg\第 7 章\7-8.dwg"，用当前样式的覆盖方式标注角度，如图 7-73 所示。

1. 单击【注释】面板上的 按钮，打开【标注样式管理

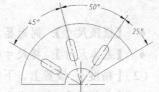

图 7-73 用样式覆盖方式标注角度

器】对话框。

2. 单击 替代⑩ 按钮（注意不要单击 修改⑩ 按钮），打开【替代当前样式】对话框。

3. 进入【文字】选项卡，在【文字对齐】分组框中选择【水平】单选项，如图 7-74 所示。

4. 返回 AutoCAD 主窗口，用 DIMANGULAR 和 DIMCONTINUE 命令标注角度尺寸，角度数字将水平放置，如图 7-73 所示。

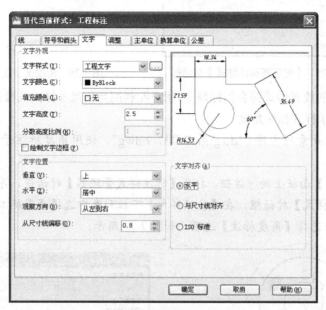

图 7-74　【替代当前样式】对话框

5. 角度标注完成后，若要恢复原来的尺寸样式，就需进入【标注样式管理器】对话框，在此对话框的【样式】列表框中选择尺寸样式，然后单击 置为当前⑪ 按钮，此时系统打开一个提示性对话框，继续单击 确定 按钮完成设置。

7.5.4　标注子样式

有些类型的尺寸，其标注外观可能需要作一些调整。例如，创建角度尺寸时要求文字放置是水平的，标注直径时要求生成圆的中心线等。在 AutoCAD 中，用户可以通过标注子样式对某种特定类型的尺寸进行控制。

在【标注样式管理器】对话框中单击 新建⑩ 按钮，打开【创建新标注样式】对话框，如图 7-75 所示。默认情况下，【用于】下拉列表中的【所有标注】选项被自动选中，利用此选项创建的尺寸样式通常称为父尺寸样式（或上级样式）。用户如果想建立控制某种具体类型尺寸的子样式，就在此下拉列表中选择所需的尺寸类型。

用户可以修改子样式中的某些尺寸变量（暂且称为 A 部分尺寸变量），以形成特殊的标注形式，但对这些变量的改动并不影响上级样式中相应的尺寸变量。同样，若在上级样式中修改 A 部分尺寸变量也不会影响子样式中此部分变量的设置。但若在上级样式中修改其他的尺寸变量，则子样式中对应的变量也将随之变动。

国标对角度标注有规定，如图 7-76 所示。角度数字一律水平书写，一般注写在尺寸线的中断处，必要时可注写在尺寸线的上方或外面，也可画引线标注。显然，角度文本的注写方式与线性尺寸文本是不同的。

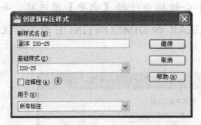

图 7-75　【创建新标注样式】对话框

图 7-76　角度文字注写规则

为使角度数字的放置形式符合国标规定，用户除利用当前尺寸样式的覆盖方式标注角度外，还可使用角度标注子样式标注角度。

【实例 7-9】打开素材文件 "\dwg\第 7 章\7-9.dwg"，使用角度标注子样式标注角度，如图 7-77 所示。

1. 单击【注释】面板上的 按钮，打开【标注样式管理器】对话框，再单击 新建(N)... 按钮，打开【创建新标注样式】对话框，在【基础样式】下拉列表中选择【国标工程标注】选项，在【用于】下拉列表中选择【角度标注】选项，如图 7-78 所示。

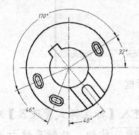

图 7-77　用角度标注子样式标注角度

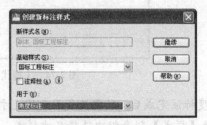

图 7-78　【创建新标注样式】对话框

2. 单击 继续 按钮，打开【新建标注样式】对话框，进入【文字】选项卡，在【文字对齐】分组框中选择【水平】单选项，如图 7-79 所示，单击 确定 按钮完成。

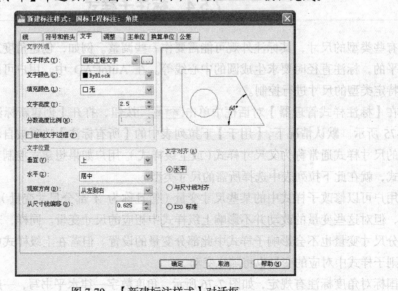

图 7-79　【新建标注样式】对话框

3. 返回 AutoCAD 主窗口，用 DIMANGULAR 和 DIMCONTINUE 命令标注角度尺寸，则此类尺寸的外观由角度子样式控制，结果如图 7-77 所示。

7.5.5 尺寸及形位公差标注

创建尺寸公差的方法有如下两种。

- 在【替代当前样式】对话框的【公差】选项卡中设置尺寸的上、下偏差。
- 标注时，利用"多行文字(M)"选项打开多行文字编辑器，然后采用堆叠文字的方式标注公差。

标注形位公差可使用 TOLERANCE 命令及 QLEADER 命令，前者只能产生公差框格，而后者既能形成公差框格又能形成标注指引线。

【实例 7-10】打开素材文件"\dwg\第 7 章\7-10.dwg"，利用当前样式的覆盖方式标注尺寸公差，如图 7-80 所示。

1. 打开【标注样式管理器】对话框，单击 替代(O)... 按钮，打开【替代当前样式】对话框，进入【公差】选项卡，此时的对话框如图 7-81 所示。

2. 在【方式】、【精度】和【垂直位置】下拉列表中分别选择【极限偏差】、【0.000】和【中】选项，在【上偏差】、【下偏差】和【高度比例】文本框中分别输入"0.039"、"0.015"和"0.75"，如图 7-81 所示。

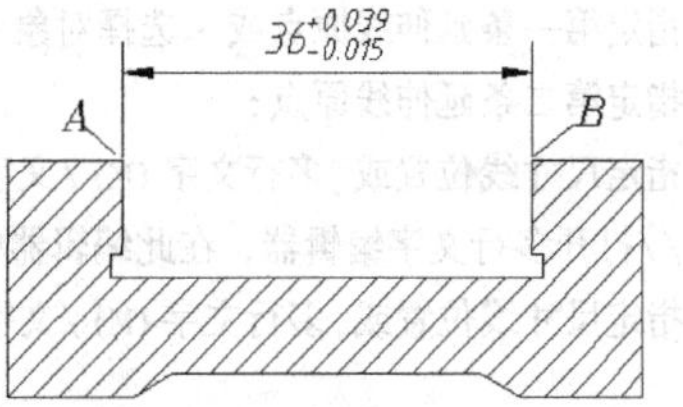

图 7-80 用当前样式的覆盖方式标注尺寸公差

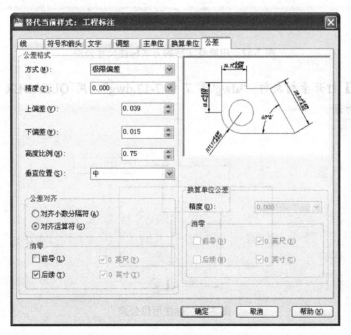

图 7-81 【替代当前样式】对话框

3. 返回 AutoCAD 主窗口，输入 DIMLINEAR 命令，AutoCAD 提示如下。

3. 此回 AutoCAD 主窗口，用 DIMANGULAR 和 DIMCONTINUE

指定第一条延伸线原点或 <选择对象>：   //捕捉交点 A，如图 7-80 所示
指定第二条延伸线原点：   //捕捉交点 B
指定尺寸线位置或[多行文字(M)/文字(T)/角度(A)/水平(H)/垂直(V)/旋转(R)]：
                                              //移动鼠标光标指定标注文字的位置

结果如图 7-80 所示。

 标注尺寸公差时，若空间过小，可考虑使用较窄的文字进行标注。具体方法是先建立一个新的文本样式，在该样式中设置文字宽度比例因子小于 1，然后通过尺寸样式的覆盖方式使当前尺寸样式连接新文字样式，这样标注的文字宽度就会变小。

【实例 7-11】通过堆叠文字的方式标注尺寸公差。

命令：_dimlinear
指定第一条延伸线原点或 <选择对象>：   //捕捉交点 A，如图 7-80 所示
指定第二条延伸线原点：   //捕捉交点 B
指定尺寸线位置或[多行文字(M)/文字(T)/角度(A)/水平(H)/垂直(V)/旋转(R)]：m
//打开多行文字编辑器，在此编辑器中采用堆叠文字的方式输入尺寸公差，如图 7-82 所示
指定尺寸线位置或[多行文字(M)/文字(T)/角度(A)/水平(H)/垂直(V)/旋转(R)]：
                                    //指定标注文字位置，结果如图 7-80 所示

图 7-82　用堆叠文字的方式标注尺寸公差

【实例 7-12】打开素材文件 "\dwg\第 7 章\7-12.dwg"，用 QLEADER 命令标注形位公差，如图 7-83 所示。

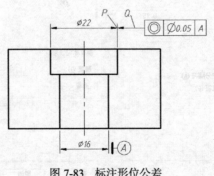

图 7-83　标注形位公差

1. 输入 QLEADER 命令，AutoCAD 提示 "指定第一个引线点或[设置(S)]<设置>："，直接按 Enter 键，打开【引线设置】对话框，在【注释】选项卡中选择【公差】单选项，如图 7-84 所示。

2. 单击 确定 按钮，AutoCAD 提示如下。

指定第一个引线点或 [设置(S)]<设置>:	//捕捉端点 P，如图 7-83 所示
指定下一点: <正交 开>	//打开正交并在 Q 处单击一点
指定下一点:	//按 Enter 键

AutoCAD 打开【形位公差】对话框，在此对话框中输入公差值，如图 7-85 所示。

图 7-84 【引线设置】对话框

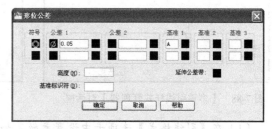
图 7-85 【形位公差】对话框

3. 单击 确定 按钮，结果如图 7-83 所示。

7.5.6 引线标注

MLEADER 命令用于创建引线标注，引线标注由箭头、引线、基线及多行文字或图块组成，如图 7-86 所示。其中，箭头的形式、引线外观、文字属性及图块形状等由引线样式控制。

选中引线标注对象，利用夹点移动基线，则引线、文字或图块跟随移动。若利用夹点移动箭头，则只有引线跟随移动，基线、文字或图块不动。

【实例 7-13】打开素材文件 "\dwg\第 7 章\7-13.dwg"，用 MLEADER 命令创建引线标注，如图 7-87 所示。

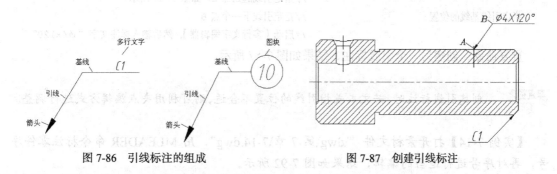

图 7-86 引线标注的组成   图 7-87 创建引线标注

1. 单击【注释】面板上的 按钮，打开【多重引线样式管理器】对话框，如图 7-88 所示，利用该对话框可新建、修改、重命名或删除引线样式。

2. 单击 修改(M)... 按钮，打开【修改多重引线样式】对话框，如图 7-89 所示，在该对话框中完成以下设置。

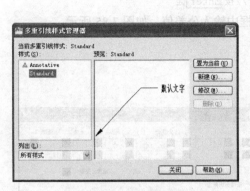

图 7-88　【多重引线样式管理器】对话框

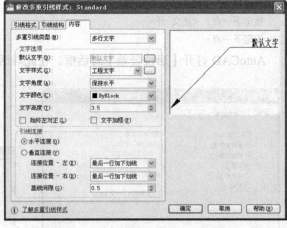

图 7-89　【修改多重引线样式】对话框

（1）在【引线格式】选项卡中设置参数，如图 7-90 所示。

（2）在【引线结构】选项卡中设置参数，如图 7-91 所示。

图 7-90　【引线格式】选项卡中的参数

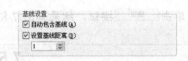

图 7-91　【引线结构】选项卡中的参数

文本框中的数值表示基线的长度。

- 在【内容】选项卡设置参数，如图 7-89 所示。其中，【基线间距】文本框中的数值表示基线与标注文字间的距离。

3. 单击【注释】面板上的 ⌐○多重引线 按钮，启动创建引线标注命令。

命令：_mleader

指定引线箭头的位置或 [引线基线优先(L)/内容优先(C)/选项(O)] <选项>：

　　　　　　　　　　　　　　//指定引线起始点 A，如图 7-87 所示

指定引线基线的位置：　　　　　//指定引线下一个点 B

　　　　　　　　　　　　　　//启动【多行文字编辑器】，然后输入标注文字"$\phi 4 \times 120°$"

重复命令，创建另一个引线标注，结果如图 7-87 所示。

 　创建引线标注时，若文本或指引线的位置不合适，则可利用夹点编辑方式进行调整。

【实例 7-14】打开素材文件"\dwg\第 7 章\7-14.dwg"，用 MLEADER 命令标注零件序号，再对序号进行适当的编辑，结果如图 7-92 所示。

1. 单击【注释】面板上的 ⌐ 按钮，打开【多重引线样式管理器】对话框，再单击 修改(M)... 按钮，打开【修改多重引线样式】对话框，如图 7-93 所示。在该对话框中完成以下设置。

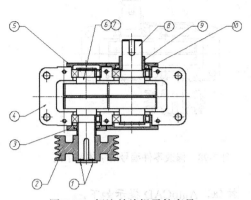

图 7-92 标注并编辑零件序号

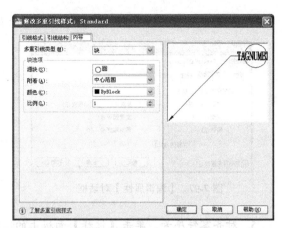

图 7-93 【修改多重引线样式】对话框

（1）在【引线格式】选项卡中设置参数，如图 7-94 所示。

（2）在【引线结构】选项卡中设置参数，如图 7-95 所示。

图 7-94 【引线格式】选项卡的参数

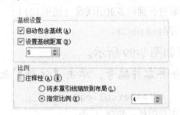

图 7-95 【引线结构】选项卡中的参数

（3）在【内容】选项卡中设置参数，如图 7-93 所示。

2. 利用 MLEADER 命令创建引线标注，如图 7-96 所示。

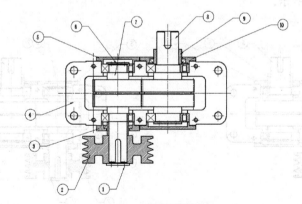

图 7-96 创建引线标注

3. 修改零件编号的字体及字高。选择菜单命令【修改】/【对象】/【属性】/【块属性管理器】，打开【块属性管理器】对话框，再单击 编辑(E)… 按钮，打开【编辑属性】对话框，如图 7-97 所示。进入【文字选项】选项卡，在【文字样式】下拉列表中选择【工程字】选项，在【高度】文本框中输入数值"5"。

4. 返回绘图窗口，选择菜单命令【视图】/【重生成】，结果如图 7-98 所示。

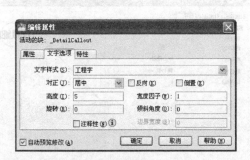

图 7-97 【编辑属性】对话框

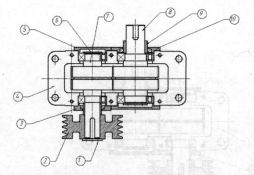

图 7-98 修改零件编号的字体及字高

5. 对齐零件序号。单击【注释】面板上的 按钮，AutoCAD 提示如下。

命令：_mleaderalign
选择多重引线:总计 5 个　　　　　　　　　//选择零件序号 5、6、7、9、10
选择多重引线:　　　　　　　　　　　　　//按 Enter 键
选择要对齐到的多重引线或 [选项(O)]:　　//选择零件序号 8
指定方向:@10<180　　　　　　　　　　　//输入一点的相对坐标

结果如图 7-99 所示。

6. 合并零件编号。单击【注释】面板上的 按钮，AutoCAD 提示如下。

命令：_mleadercollect
选择多重引线:找到 1 个　　　　　　　　　　　　　　　　　//选择零件序号 6
选择多重引线:找到 1 个, 总计 2 个　　　　　　　　　　　//选择零件序号 7
选择多重引线:　　　　　　　　　　　　　　　　　　　　//按 Enter 键
指定收集的多重引线位置或 [垂直(V)/水平(H)/缠绕(W)] <水平>:　　//单击一点

结果如图 7-100 所示。

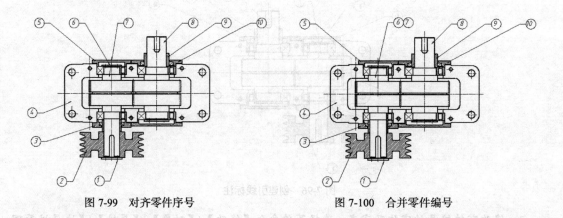

图 7-99 对齐零件序号　　　　　　　　　图 7-100 合并零件编号

7. 给零件编号增加指引线。单击【注释】面板上的 按钮，AutoCAD 提示如下。

选择多重引线:　　　　　　　　　　　　　　//选择零件序号 1 的引线
指定引线箭头位置或[删除引线(R)]:　　　　//指定新增加引线的位置
指定引线箭头位置或[删除引线(R)]:　　　　//按 Enter 键结束

结果如图 7-92 所示。

MLEADER 命令的常用选项如下。

- 引线基线优先(L)：创建引线标注时，首先指定基线的位置。
- 内容优先(C)：创建引线标注时，首先指定文字或图块的位置。

【修改多重引线样式】对话框中的常用选项如下。

（1）【引线格式】选项卡

- 【类型】：指定引线的类型，该下拉列表包含 3 个选项：【直线】、【样条曲线】及【无】。
- 【符号】：设置引线端部的箭头形式。
- 【大小】：设置箭头的大小。

（2）【引线结构】选项卡

- 【最大引线点数】：指定连续引线的端点数。
- 【第一段角度】：指定引线第一段倾角的增量值。
- 【第二段角度】：指定引线第二段倾角的增量值。
- 【自动包含基线】：将水平基线附着到引线末端。
- 【设置基线距离】：设置基线的长度。
- 【指定比例】：指定引线标注的缩放比例。

（3）【内容】选项卡

- 【多重引线类型】：指定引线末端连接文字还是图块。
- 【连接位置—左】：当文字位于引线左侧时，基线相对于文字的位置。
- 【连接位置—右】：当文字位于引线右侧时，基线相对于文字的位置。
- 【基线间隙】：设定基线和文字之间的距离。

7.5.7 编辑尺寸标注

编辑尺寸标注主要包括以下几方面。

- 修改标注文字。修改标注文字的最佳方法是使用 DDEDIT 命令。发出该命令后，用户可以连续地修改想要编辑的尺寸。
- 调整标注位置。夹点编辑方式非常适合于移动尺寸线和标注文字，进入这种编辑模式后，一般利用尺寸线两端或标注文字所在处的夹点来调整标注位置。

对于平行尺寸线间的距离可用 DIMSPACE 命令调整，该命令可使平行尺寸线按用户指定的数值等间距分布。

- 编辑尺寸标注属性。使用 PROPERTIES 命令可以非常方便地编辑尺寸标注属性。用户一次选择多个尺寸标注，启动 PROPERTIES 命令，AutoCAD 打开【特性】对话框，在该对话框中可修改标注字高、文字样式及全局比例等属性。
- 修改某一尺寸标注的外观。先通过尺寸样式的覆盖方式调整样式，然后利用工具去更新尺寸标注。

【实例 7-15】打开素材文件"\dwg\第 7 章\7-15.dwg"，如图 7-101（a）所示。修改标注文字的内容并调整标注位置等，结果如图 7-101（b）所示。

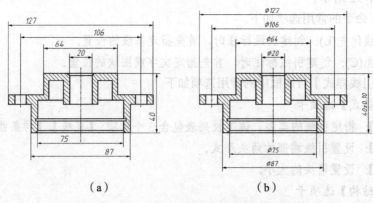

（a） （b）

图 7-101　修改标注文字内容及调整标注位置

1. 利用 DDEDIT 命令将尺寸"40"修改为"40±0.10"。

2. 选择尺寸"40±0.10"，并激活文本所在处的夹点，AutoCAD 自动进入拉伸编辑模式。向右移动鼠标光标，调整文本的位置，结果如图 7-102 所示。

3. 单击【注释】面板上的 按钮，打开【标注样式管理器】对话框，再单击 替代(O)... 按钮，打开【替代当前样式】对话框，进入【主单位】选项卡，在【前缀】文本框中输入直径代号"%%c"。

4. 返回图形窗口，单击【注释】选项卡中【标注】面板上的 按钮，AutoCAD 提示"选择对象:"，选择尺寸"127"、"106"等，按 Enter 键，结果如图 7-103 所示。

5. 调整平行尺寸线间的距离，如图 7-104 所示。

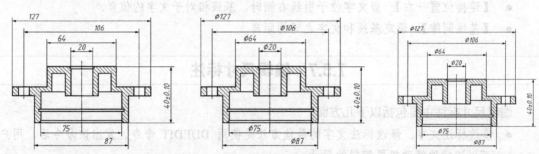

图 7-102　调整尺寸"40±0.10"的位置　　　图 7-103　修改文字内容　　　图 7-104　调整平行尺寸线间的距离

单击【标注】面板上的 按钮，启动 DIMSPACE 命令。

命令: _DIMSPACE	
选择基准标注:	//选择"φ20"
选择要产生间距的标注:找到 1 个	//选择"φ64"
选择要产生间距的标注:找到 1 个,总计 2 个	//选择"φ106"
选择要产生间距的标注:找到 1 个,总计 3 个	//选择"φ127"
选择要产生间距的标注:	//按 Enter 键
输入值或 [自动(A)] <自动>: 12	//输入间距值并按 Enter 键

结果如图 7-104 所示。

6. 利用 PROPERTIES 命令将所有标注文字的高度改为"3.5"，然后利用夹点编辑方式调整一些标注文字的位置，结果如图 7-101（b）所示。

7.6 尺寸标注综合练习

以下提供的是平面图形及零件图的标注练习，内容包括标注尺寸、创建尺寸公差和形位公差、标注表面粗糙度及选用图幅等。

7.6.1 标注平面图形

本节通过两个标注平面图形的练习来进一步掌握尺寸标注的方法。

【实例 7-16】打开素材文件"\dwg\第 7 章\7-16.dwg"，标注该图形，结果如图 7-105 所示。

1. 建立一个名为"尺寸标注"的图层，设置图层颜色为绿色，线型为 Continuous，并使其成为当前层。

2. 创建新文字样式，样式名为"标注文字"，与该样式相连的字体文件是 gbeitc.shx 和 gbcbig.shx。

3. 创建一个尺寸样式，名称为"国标标注"，对该样式进行以下设置。

- 标注文本样式连接【标注文字】，文字高度为"3.5"，标注文本与尺寸线间的距离为"0.8"，精度为【0.0】，小数点格式为【句点】。

- 箭头大小为"2"。

- 尺寸界线超出尺寸线的长度为"2"，尺寸线起始点与标注对象端点间的距离为"0.6"，标注基线尺寸时，平行尺寸线间的距离为"6"。

- 标注全局比例因子为"1"。

- 使【国标标注】成为当前样式。

4. 打开对象捕捉，设置捕捉类型为端点、交点及圆心。

5. 利用 DIMLINEAR、DIMBASELINE 命令标注尺寸，结果如图 7-106 所示。

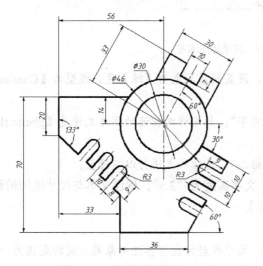

图 7-105　尺寸标注练习

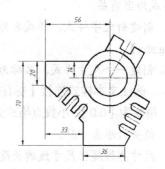

图 7-106　创建直线型尺寸、基线型尺寸

6. 利用 DIMLINEAR 命令的"旋转(R)"选项标注倾斜尺寸，如图 7-107 所示。

7. 利用 DIMALIGNED 命令标注尺寸，如图 7-108 所示。

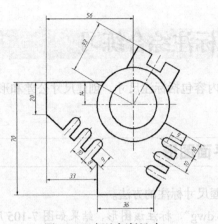

图 7-107 标注倾斜尺寸

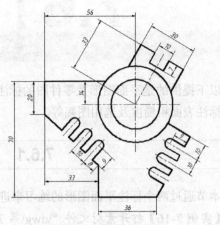

图 7-108 创建对齐尺寸

8. 用覆盖方式标注角度、半径及直径尺寸。如果标注放置位置不合适，可用夹点编辑方式进行修改，结果如图 7-105 所示。

【实例 7-17】打开素材文件"\dwg\第 7 章\7-17.dwg"，标注该图形，结果如图 7-109 所示。

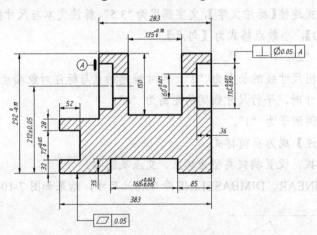

图 7-109 尺寸标注练习

1. 建立一个名为"尺寸标注"的图层，设置图层颜色为【绿】色，线型为【Continuous】，并使其成为当前层。

2. 创建新文字样式，样式名为"标注文字"，与该样式相连的字体文件是【gbeitc.shx】和【gbcbig.shx】。

3. 创建一个尺寸样式，名称为"国标标注"，对该样式进行以下设置。

● 标注文本样式连接【标注文字】，文字高度为"2.5"，标注文本与尺寸线间的距离为"0.8"，精度为【0.0】，小数点格式为【句点】。

● 箭头大小为"2"。

● 尺寸界线超出尺寸线的长度为"2"，尺寸线起始点与标注对象端点间的距离为"0.6"，标注基线尺寸时，平行尺寸线间的距离为"6"。

- 标注全局比例因子为"6"。
- 使【国标标注】成为当前样式。

4. 打开对象捕捉，设置捕捉类型为【端点】、【交点】。

5. 标注尺寸并调整尺寸的位置，结果如图 7-110 所示。

6. 启动 DDEDIT 命令，在【多行文字编辑器】中采用堆叠文字的方式修改尺寸，结果如图 7-111 所示。

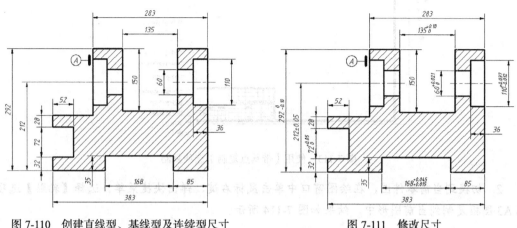

图 7-110　创建直线型、基线型及连续型尺寸　　　　图 7-111　修改尺寸

7. 用 QLEADER 命令标注形位公差，结果如图 7-109 所示。

7.6.2　插入图框、标注零件尺寸及表面粗糙度

本节练习的目的是使读者掌握零件图尺寸标注的步骤和技巧。

【实例 7-18】打开素材文件"\dwg\第 7 章\7-18.dwg"，标注传动轴零件图，标注结果如图 7-112 所示。零件图的图幅选用【A3】幅面，绘图比例为"2:1"，标注字高为"3.5"，字体为【gbeitc.shx】，标注全局比例因子为"0.5"。

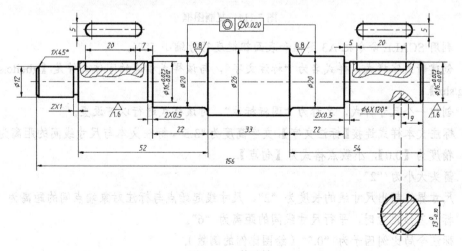

图 7-112　传动轴

1. 打开包含标准图框及表面粗糙度符号的图形文件"\dwg\第 7 章\A3.dwg"，如图 7-113

所示。在绘图窗口中单击鼠标右键，弹出快捷菜单，选择【带基点复制】选项，然后指定 A3 图框的右下角为基点，再选择该图框及表面粗糙度符号。

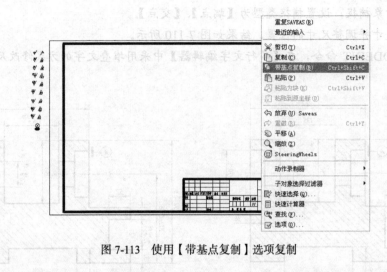

图 7-113　使用【带基点复制】选项复制

2. 切换到当前零件图，在绘图窗口中单击鼠标右键，弹出快捷菜单，选择【粘贴】选项，把 A3 图框复制到当前图形中，结果如图 7-114 所示。

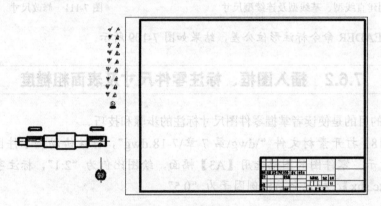

图 7-114　复制图框

3. 利用 SCALE 命令把 A3 图框和表面粗糙度符号缩小 50%。

4. 创建新文字样式，样式名为"标注文字"，与该样式相连的字体文件是【gbeitc.shx】和【gbcbig.shx】。

5. 创建一个尺寸样式，名称为"国标标注"，对该样式进行以下设置。

● 标注文本样式连接【标注文字】，文字高度为"3.5"，标注文本与尺寸线间的距离为"0.8"，精度为【0.0】，小数点格式为【句点】。

● 箭头大小为"2"。

● 尺寸界线超出尺寸线的长度为"2"，尺寸线起始点与标注对象端点间的距离为"0.6"，标注基线尺寸时，平行尺寸线间的距离为"6"。

● 标注全局比例因子为"0.5"（绘图比例的倒数）。

● 使【国标标注】成为当前样式。

6. 利用 MOVE 命令将视图移动到图框内，标注尺寸，再用 COPY 及 ROTATE 命令标注表面粗糙度，结果如图 7-115 所示。

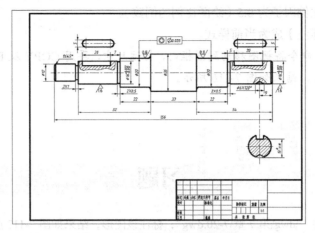

图 7-115　标注尺寸及表面粗糙度

【实例 7-19】打开素材文件 "\dwg\第 7 章\7-19.dwg"，标注法兰盘零件图，标注结果
如图 7-116 所示。零件图的图幅选用【A3】幅面，绘图比例为 "2:1"，标注字高为 "3.5"，
字体为【gbeitc.shx】，标注全局比例因子为 "0.5"。

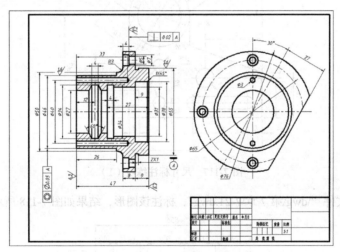

图 7-116　法兰盘零件图

1. 打开包含标准图框、表面粗糙度符号及基准代号的图形文件 "\dwg\第 7 章\A3.dwg"，
利用【带基点复制】/【粘贴】功能将图框及标注代号复制到法兰盘零件图中。

2. 利用 SCALE 命令缩放 A3 图框及标注代号，缩放比例为 0.5（绘图比例的倒数）。

3. 创建新文字样式，样式名为 "标注文字"，与该样式相连的字体文件是【gbeitc.shx】和
【gbcbig.shx】。

4. 创建一个尺寸样式，名称为 "国标标注"，对该样式进行以下设置。

- 标注文本样式连接【标注文字】，文字高度为 "3.5"，标注文本与尺寸线间的距离为 "0.8"，
  精度为【0.0】，小数点格式为【句点】。
- 箭头大小为 "2"。
- 尺寸界线超出尺寸线的长度为 "2"，尺寸线起始点与标注对象端点间的距离为 "0.6"，

标注基线尺寸时，平行尺寸线间的距离为"6"。

● 标注全局比例因子为 0.5（绘图比例的倒数）。

● 使【国标标注】成为当前样式。

5. 利用 MOVE 命令将视图移动到图框内，标注尺寸，再用 COPY 及 ROTATE 命令标注表面粗糙度及基准代号，结果如图 7-116 所示。

7.7 习题

1. 打开素材文件 "\dwg\第 7 章\7-20.dwg"，标注该图形，结果如图 7-117 所示。

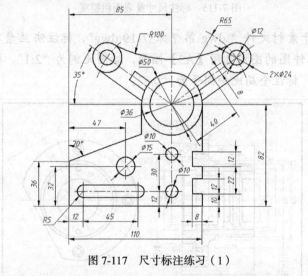

图 7-117　尺寸标注练习（1）

2. 打开素材文件 "\dwg\第 7 章\7-21.dwg"，标注该图形，结果如图 7-118 所示。

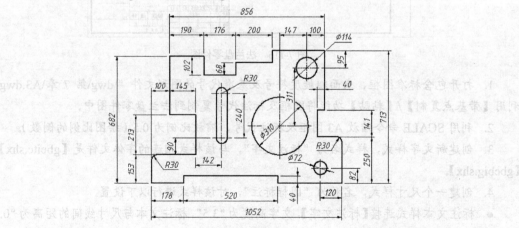

图 7-118　尺寸标注练习（2）

3. 打开素材文件 "\dwg\第 7 章\7-22.dwg"，标注导向支架零件图，标注结果如图 7-119 所示。

零件图的图幅选用 A3 幅面，绘图比例为"1:2.5"，标注字高为"3.5"，字体为 gbeitc.shx，标注全局比例因子为"2.5"。

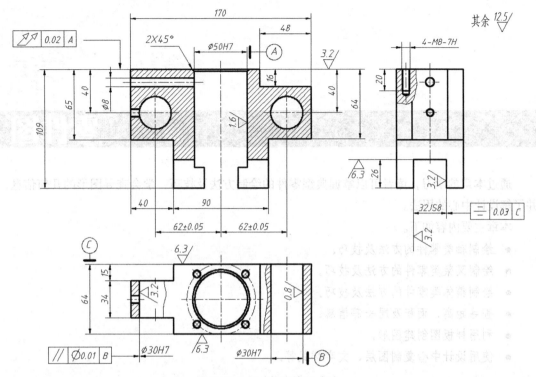

图 7-119　尺寸标注练习（3）

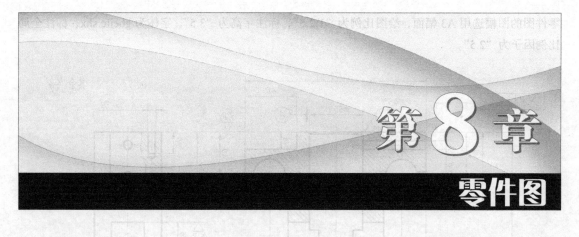

第8章 零件图

通过本章的学习，读者可以掌握典型零件的绘制方法及技巧，学会查寻图形的几何信息，并了解设计中心的用法。

本章主要内容如下。

- 绘制轴类零件的方法及技巧。
- 绘制叉架类零件的方法及技巧。
- 绘制箱体类零件的方法及技巧。
- 查寻距离、面积及周长等信息。
- 利用样板图创建图形。
- 使用设计中心复制图层、文字样式等。

8.1 轴类零件

轴类零件相对来讲较为简单，主要由一系列同轴回转体构成，其上常分布有孔、槽等结构。它的视图表达方案是将轴线水平放置的位置作为主视图的位置。一般情况下，仅主视图就可表现其主要的结构形状，对于局部细节，则可利用局部视图、局部放大图和剖面图来表达。

8.1.1 轴类零件的画法特点

轴类零件的视图有以下特点。

- 主视图表现零件的主要结构形状，有对称轴线。
- 主视图图形是沿轴线方向排列的，大部分线条与轴线平行或垂直。

图 8-1 所示的图形是一轴类零件的主视图，该图形一般可采取以下两种方法绘制。

一、轴类零件画法一

第一种画法是用 OFFSET、TRIM 命令绘图，具体绘制过程如下。

1. 利用 LINE 命令绘制主视图的对称轴线 *A* 及左端面线 *B*，结果如图 8-2 所示。

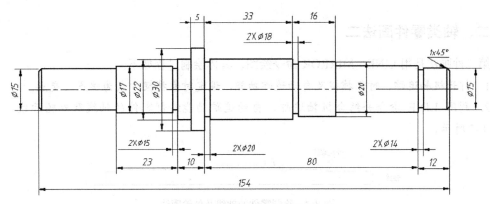

图 8-1　轴类零件的主视图

图 8-2　绘制主视图的对称轴线及左端面线

2. 偏移线段 *A*、*B*，然后修剪多余线条，形成第一轴段，结果如图 8-3 所示。

图 8-3　形成第一轴段

3. 偏移线段 *A*、*C*，然后修剪多余线条，形成第二轴段，结果如图 8-4 所示。

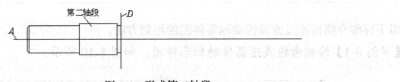

图 8-4　形成第二轴段

4. 偏移线段 *A*、*D*，然后修剪多余线条，形成第三轴段，结果如图 8-5 所示。

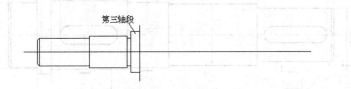

图 8-5　形成第三轴段

5. 用上述同样的方法，绘制轴类零件主视图的其余轴段，结果如图 8-6 所示。

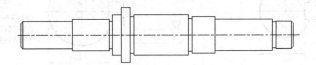

图 8-6　绘制轴类零件主视图的其余轴段

二、轴类零件画法二

第二种画法是用 LINE、MIRROR 命令绘图，具体绘制过程如下。

1. 打开极轴追踪、对象捕捉及自动追踪功能，设定对象捕捉方式为端点、交点。

2. 利用 LINE 命令并结合极轴追踪、自动追踪功能绘制零件的轴线及外轮廓线，结果如图 8-7 所示。

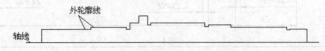

图 8-7　绘制零件的轴线及外轮廓线

3. 以轴线为镜像轮廓线，结果如图 8-8 所示。

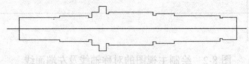

图 8-8　镜像轮廓线

4. 补画主视图的其余线条，结果如图 8-9 所示。

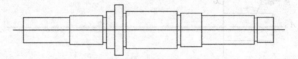

图 8-9　补画主视图的其余线条

8.1.2　轴类零件绘制实例

以下详细介绍齿轮减速器传动轴零件图的绘制方法。

【实例 8-1】绘制齿轮减速器传动轴零件图，如图 8-10 所示。

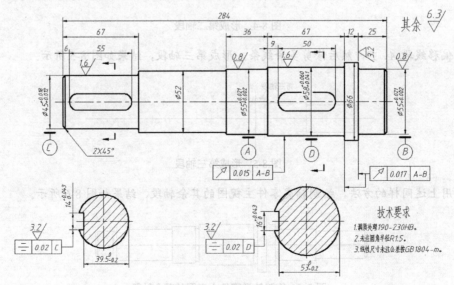

图 8-10　齿轮减速器传动轴零件图

1. 创建以下 4 个图层。

名称	颜色	线型	线宽
轮廓线	白色	Continuous	0.5mm
中心线	红色	Center	默认
细实线	绿色	Continuous	默认
尺寸标注	绿色	Continuous	默认

2. 打开极轴追踪、对象捕捉及捕捉追踪功能。设置极轴追踪角度增量为90°，设定对象捕捉方式为端点、交点。

3. 切换到轮廓线层。绘制轴线 *A*、左端面线 *B* 及右端面线 *C*，如图 8-11 所示。这些线条是绘图的主要基准线。

图 8-11　绘制轴线 *A*、左端面线 *B* 及右端面线 *C*

> 有时也用 XLINE 命令绘制轴线及零件的左、右端面线，这些线条构成了主视图的布局线。

4. 绘制轴类零件左边的第一段。用 OFFSET 命令向右偏移线段 *B*，向上、向下偏移线段 *A*，如图 8-12（a）所示。修剪多余线条，结果如图 8-12（b）所示。

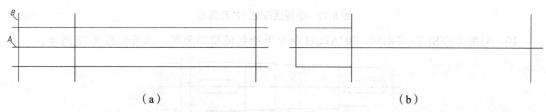

（a）　　　　　　　　　　　　　　　　　　　　　　（b）

图 8-12　绘制左边第一段

>
> 当绘制图形的局部细节时，为方便绘图，常用矩形窗口把局部区域放大，绘制完成后，再返回前一次的显示状态以观察图样全局。

5. 利用 OFFSET 和 TRIM 命令绘制轴的其余各段，结果如图 8-13 所示。

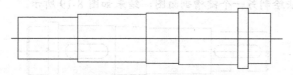

图 8-13　绘制轴的其余各段

6. 利用 OFFSET 和 CHAMFER 命令绘制倒角，结果如图 8-14 所示。

7. 利用 OFFSET、CIRCLE 及 TRIM 命令绘制键槽，结果如图 8-15 所示。

8. 利用 FILLET 命令绘制倒圆角，结果如图 8-16 所示。

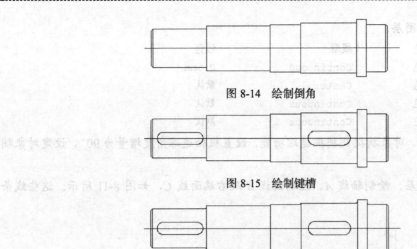

图 8-14　绘制倒角

图 8-15　绘制键槽

图 8-16　绘制倒圆角

9. 绘制线段 *E*、*F* 及圆 *G*，结果如图 8-17 所示。

图 8-17　绘制线段 *E*、*F* 及圆 *G*

10. 利用 OFFSET、TRIM、BHATCH 命令等绘制键槽剖面图，结果如图 8-18 所示。

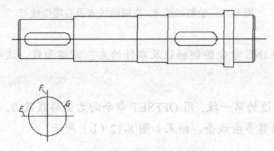

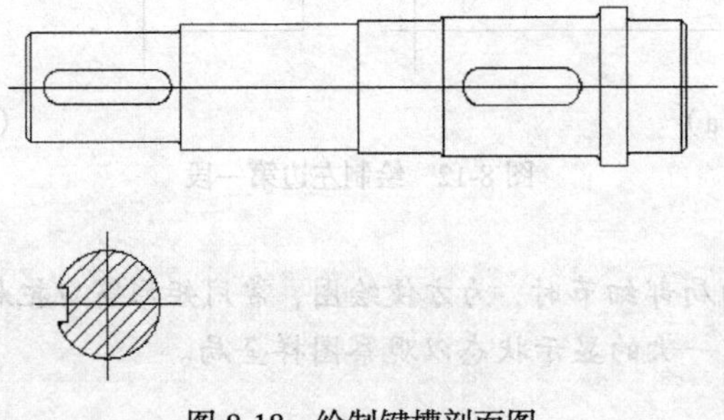

图 8-18　绘制键槽剖面图

11. 用相同的方法绘制另一个键槽剖面图，结果如图 8-19 所示。

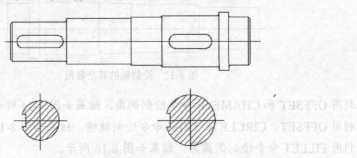

图 8-19　绘制另一个键槽剖面图

12. 将轴线、圆的定位线等修改到中心线层上，将剖面图案修改到细实线层上，结果如图 8-20 所示。

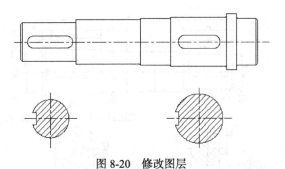

图 8-20　修改图层

13. 打开素材文件 "\dwg\第 8 章\A3.dwg"，该文件包含 A3 幅面的图框、表面粗糙度符号及基准代号。利用【带基点复制】/【粘贴】功能将图框及标注符号复制到零件图中，用 SCALE 命令缩放它们，缩放比例为 1.5，然后把零件图布置在图框中，结果如图 8-21 所示。

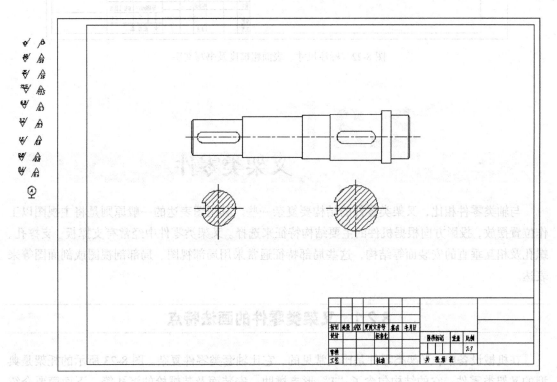

图 8-21　把零件图布置在图框中

14. 切换到标注层，标注尺寸及表面粗糙度，结果如图 8-22 所示（本图仅为了示意工程图标注后的真实结果）。尺寸文字高度为 3，标注总体比例因子为 1.5（当以 1:1.5 比例打印图纸时，标注字高为 3）。

15. 书写技术要求文字，其中"技术要求"字高为 5×1.5=7.5，其余文字高为 3×1.5=4.5，结果如图 8-22 所示。

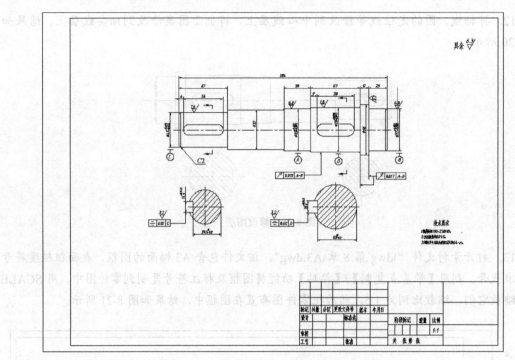

图 8-22　标注尺寸、表面粗糙度及书写文字

8.2

叉架类零件

与轴类零件相比，叉架类零件的结构要复杂一些。其视图表达的一般原则是将主视图以工作位置摆放，投影方向根据机件的主要结构特征来选择。叉架类零件中经常有支撑板、支撑孔、螺孔及相互垂直的安装面等结构，这些局部特征通常采用局部视图、局部剖视图或剖面图等来表达。

8.2.1　叉架类零件的画法特点

在机械设备中，叉架类零件是比较常见的，它比轴套类零件复杂。图 8-23 所示的托架是典型的叉架类零件，它的结构包含了"T"形支撑肋、安装面及装螺栓的沉孔等，下面简要介绍该零件图的绘制过程。

一、绘制零件主视图

先绘制托架左上部分圆柱体的投影，再以投影圆的定位线为基准线，使用 OFFSET 和 TRIM 命令绘制主视图的右下部分，这样就形成了主视图的大致形状，如图 8-24 所示。

接下来，使用 LINE、OFFSET 及 TRIM 等命令形成主视图的其余细节，如图 8-25 所示。

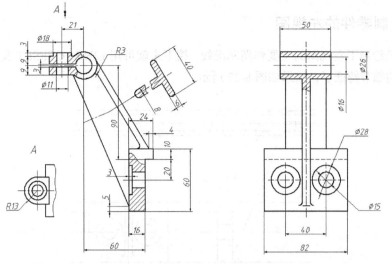

图 8-23　托架零件图

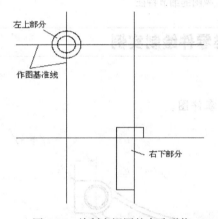

图 8-24　绘制主视图的大致形状

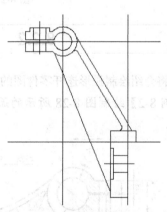

图 8-25　形成主视图的细节

二、从主视图向左视图投影几何特征

左视图可利用绘制辅助投影线的方法来绘制，如图 8-26 所示，用 **XLINE** 命令绘制水平构造线，把主要的结构特征从主视图向左视图投影，再在绘图区的适当位置绘制左视图的对称线，这样就形成了左视图的主要作图基准线。

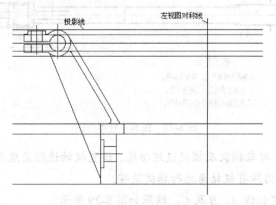

图 8-26　形成左视图的作图基准线

三、绘制零件的左视图

前面已经绘制了左视图的主要作图基准线，接下来就可用 LINE、OFFSET 及 TRIM 等命令绘制左视图的细节特征了，结果如图 8-27 所示。

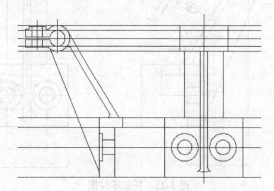

图 8-27　绘制左视图的细节特征

8.2.2　叉架类零件绘制实例

本节将介绍绘制弧形连杆零件图的方法。

【实例 8-2】绘制图 8-28 所示的弧形连杆零件图。

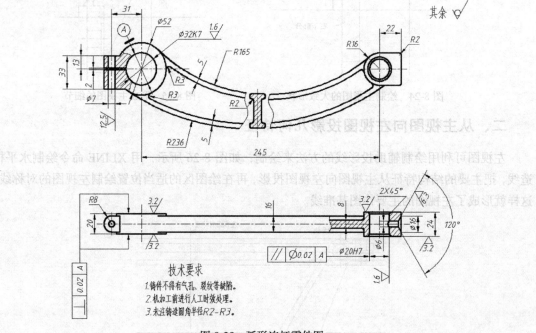

图 8-28　弧形连杆零件图

1. 打开极轴追踪、对象捕捉及捕捉追踪功能。设置极轴追踪角度增量为 30°，设定对象捕捉方式为端点、交点，沿所有极轴角进行捕捉追踪。

2. 绘制主视图的定位线 A、B 及 C，结果如图 8-29 所示。

图 8-29 绘制定位线

3. 利用 CIRCLE 命令绘制圆，结果如图 8-30 所示。

图 8-30 绘制圆

4. 利用 CIRCEL、TRIM 命令绘制圆弧 *D*、*E*，结果如图 8-31 所示。

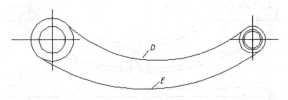

图 8-31 绘制圆弧

5. 利用 OFFSET、TRIM 命令绘制圆弧 *F*、*G*，结果如图 8-32 所示。

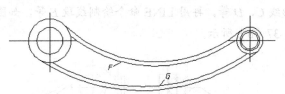

图 8-32 偏移圆弧

6. 利用 OFFSET、TRIM 命令绘制图形 *H*、*J*，结果如图 8-33 所示。

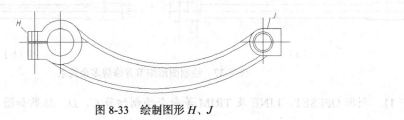

图 8-33 绘制图形 *H*、*J*

7. 利用 LINE、OFFSET 及 TRIM 等命令绘制细节 *K*，用 FILLET 命令在 *L*、*M* 等处绘制倒圆角，结果如图 8-34 所示。

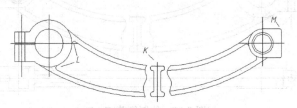

图 8-34 绘制细节 *K* 并倒圆角

8. 利用 XLINE 命令绘制竖直投影线，用 LINE 命令绘制水平线，结果如图 8-35 所示。

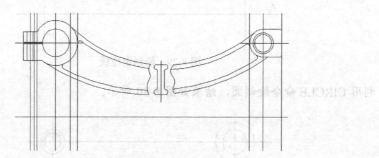

图 8-35　形成俯视图的作图基准线

9. 利用 OFFSET、CIRCLE 及 TRIM 等命令绘制图形细节 A、B，结果如图 8-36 所示。

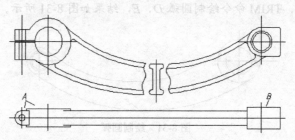

图 8-36　绘制图形细节 A、B

10. 绘制竖直投影线 C、D 等，再用 LINE 命令绘制线段 E 等，如图 8-37（a）所示。修剪多余线条，结果如图 8-37（b）所示。

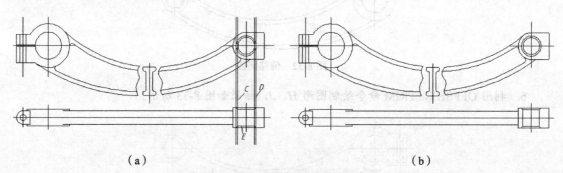

（a）　　　　　　　　　　　　　　　　　（b）

图 8-37　绘制图形细节并修剪多余线条

11. 利用 OFFSET、LINE 及 TRIM 等命令绘制细节 C、D，结果如图 8-38 所示。

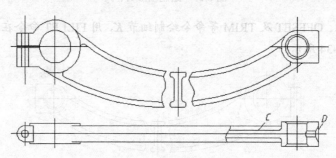

图 8-38　绘制细节 C、D

12. 填充剖面图案，修改线型，并调整一些线条的长度，结果如图 8-28 所示。

8.3 箱体类零件

与轴类零件、叉架类零件相比，箱体类零件的结构最为复杂，表现此类零件的视图往往也较多，要用到主视图、左视图、俯视图、局部视图及局部剖视图等。绘图时，用户应考虑采取适当的绘图步骤，使整个绘制工作有序进行，从而提高绘图效率。

8.3.1 箱体类零件的画法特点

箱体零件是构成机器或部件的主要零件之一，由于其内部要安装其他各类零件，因而形状较为复杂。在机械图中，表现箱体结构所采用的视图往往较多，除基本视图外，还常使用辅助视图、剖面图及局部剖视图等。图 8-39 所示的是减速器箱体的零件图，下面简要介绍该零件图的绘制过程。

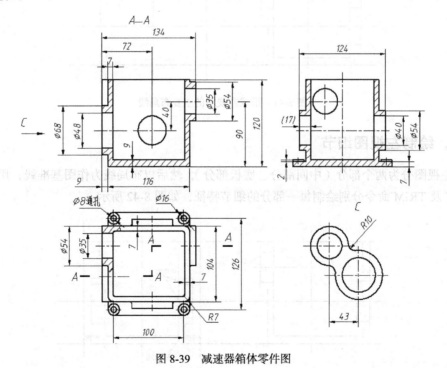

图 8-39　减速器箱体零件图

一、绘制主视图

先绘制主视图中重要的轴线、端面线等，这些线条构成了主视图的主要布局线，如图 8-40 所示。再将主视图划分为 3 个部分：左边部分、右边部分、下边部分，然后以布局线为作图基准线，用 LINE、OFFSET 及 TRIM 命令逐一绘制每一部分的细节。

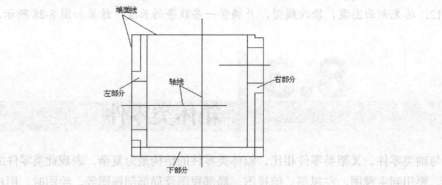

图 8-40　绘制主视图

二、从主视图向左视图投影几何特征

绘制水平投影线，把主视图的主要几何特征向左视图投影，再绘制左视图的对称轴线及左、右端面线，这些线条构成了左视图的主要布局线，如图 8-41 所示。

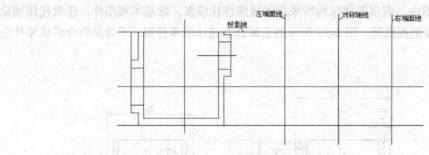

图 8-41　形成左视图的主要布局线

三、绘制左视图细节

把左视图分为两个部分（中间部分、底板部分），然后以布局线为作图基准线，用 LINE、OFFSET 及 TRIM 命令分别绘制每一部分的细节特征，如图 8-42 所示。

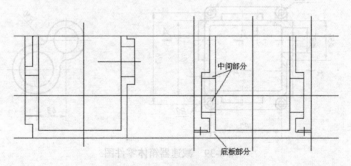

图 8-42　绘制左视图细节

四、从主视图、左视图向俯视图投影几何特征

绘制完主视图及左视图后，俯视图的布局线就可通过主视图及左视图投影得到，如图 8-43 所示。为方便从左视图向俯视图投影，用户可将左视图复制到新位置并旋转 90°，这样就可以

很方便地绘制投影线了。

五、绘制俯视图细节

把俯视图分为 4 个部分：左边部分、中间部分、右边部分及底板部分，然后以布局线为作图基准线，用 LINE、OFFSET 及 TRIM 命令分别绘制每一部分的细节特征，或者通过从主视图及左视图投影获得图形细节，如图 8-44 所示。

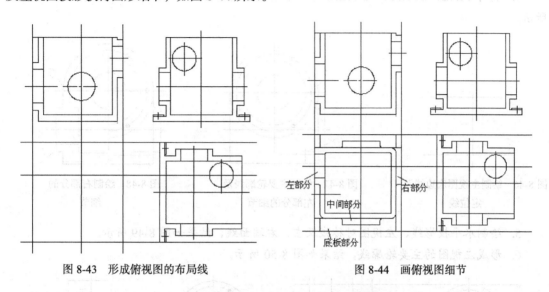

图 8-43　形成俯视图的布局线　　　　　　　　　图 8-44　画俯视图细节

8.3.2　箱体类零件的绘制实例

本节将介绍绘制蜗轮箱零件图的方法。

【实例 8-3】绘制图 8-45 所示的蜗轮箱零件图。

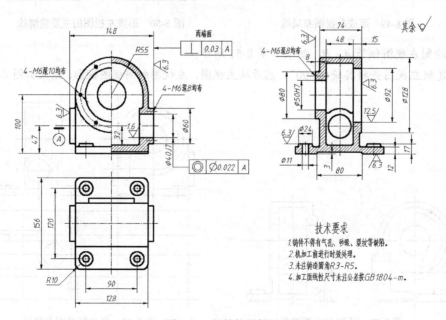

技术要求
1. 铸件不得有气孔、砂眼、裂纹等缺陷。
2. 机加工前进行时效处理。
3. 未注铸造圆角R3~R5。
4. 加工面线性尺寸未注公差按GB1804-m。

图 8-45　蜗轮箱零件图

1. 打开极轴追踪、对象捕捉及捕捉追踪功能。设置极轴追踪角度增量为 90°，设定对象捕捉方式为端点、交点，仅沿正交方向进行捕捉追踪。

2. 绘制主视图底边线 A 及定位线 B、C，结果如图 8-46 所示。

3. 用 CIRCLE、OFFSET 及 TRIM 等命令形成主视图的主要轮廓线及左部分的细节 D、E，结果如图 8-47 所示。

4. 利用 LINE、OFFSET 及 TRIM 等命令绘制主视图右部分的细节 F、G，结果如图 8-48 所示。

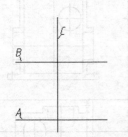 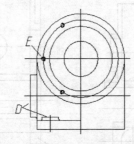 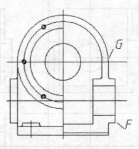

图 8-46　绘制主视图底边线及　　　图 8-47　绘制主要轮廓线及　　　图 8-48　绘制右部分的
　　　　　　定位线　　　　　　　　　　　　左部分的细节　　　　　　　　　　细节

5. 绘制水平投影线、左视图对称线及左、右端面线，结果如图 8-49 所示。

6. 形成左视图的主要轮廓线，结果如图 8-50 所示。

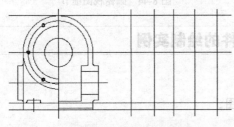 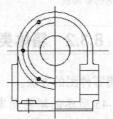
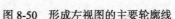

图 8-49　形成左视图布局线　　　　　　图 8-50　形成左视图的主要轮廓线

7. 绘制左视图细节 A、B，结果如图 8-51 所示。

8. 复制左视图并将其旋转-90°，然后从主视图、左视图向俯视图投影，结果如图 8-52 所示。

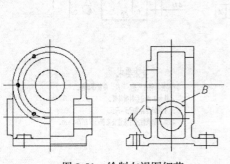 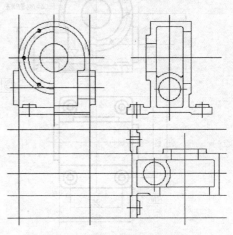

图 8-51　绘制左视图细节　　　　　　　图 8-52　形成俯视图布局线

9. 形成俯视图的主要轮廓线，结果如图 8-53 所示。

10. 绘制俯视图细节 *E*、*F*，结果如图 8-54 所示。

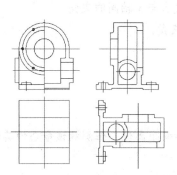

图 8-53　形成俯视图的主要轮廓线

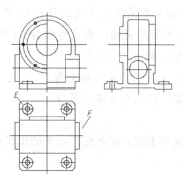

图 8-54　绘制俯视图细节

8.4 获取零件图的几何信息

设计过程中，用户有时需计算零件图的面积、周长或两点间距离等，利用 LIST、DIST 命令可以很方便地完成这项任务。

LIST 命令将列表显示对象的图形信息，这些信息随对象类型的不同而不同，一般包括以下内容。

- 对象类型、图层及颜色。
- 对象的一些几何特性，如线段的长度、端点坐标、圆心位置、半径大小、圆的面积及周长等。

DIST 命令可测量两点之间的距离，同时，还能计算出与两点连线相关的某些角度。

8.4.1　测量距离

【实例 8-4】练习 DIST 命令。

单击【实用工具】面板上的 ⊟ 距离 按钮或输入命令代号 DIST，AutoCAD 提示如下。

命令: '_dist 指定第一点: end 于　　　　　　　　//捕捉端点 *A*，如图 8-55 所示
指定第二点: end 于　　　　　　　　　　　　　//捕捉端点 *B*
距离 = 48.4335, *xy* 平面中的倾角 = 291, 与 *xy* 平面的夹角 = 0
x 增量 = 17.5468, *y* 增量 = −45.1433, *z* 增量 = 0.0000

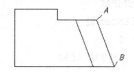

图 8-55　测量两点之间的距离

DIST 命令显示的测量值意义如下。

- 距离：两点间的距离。
- xy 平面中的倾角：两点连线在 xy 平面上的投影与 x 轴间的夹角。
- 与 xy 平面的夹角：两点连线与 xy 平面间的夹角。
- x 增量：两点的 x 坐标差值。
- y 增量：两点的 y 坐标差值。
- z 增量：两点的 z 坐标差值。

 使用 DIST 命令时，两点的选择顺序不影响距离值，但影响该命令的其他测量值。

8.4.2 计算零件图的面积及周长

获取零件图的面积及周长的方法是，先将图形创建成面域，然后用 LIST 命令列出图形的面积、周长等几何信息。

【实例 8-5】打开素材文件 "\dwg\第 8 章\8-5.dwg"，如图 8-56 所示。试计算该图形的面积及外轮廓线的周长。

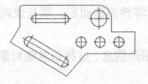

图 4-56　计算图形的面积及外轮廓线的周长

1. 用 REGION 命令将图形的外轮廓线框创建成面域。
2. 用 LIST 命令获取外轮廓线框面域的周长。

命令: list
选择对象: 找到 1 个　　　　　　　//选择面域
选择对象:　　　　　　　　　　　//按 Enter 键
　　　　　　REGION　图层: 0
　　　　　　　　　　面积: 149529.9418
　　　　　　　　　　周长: 1766.9728

3. 用 REGION 命令将图形内部的两个长槽及 4 个圆孔创建成面域，再执行差运算将它们从外轮廓线框面域中去除。

4. 用 LIST 命令查寻面域的面积。

命令: list
选择对象: 找到 1 个　　　　　　　//选择面域
选择对象:　　　　　　　　　　　//按 Enter 键
　　　　　　REGION　图层: 0
　　　　　　　　　　面积: 117908.4590
　　　　　　　　　　周长: 3529.6745

8.4.3　计算带长及带轮中心距

带传动图如图 8-57 所示，要计算带长及两个大带轮的中心距，可使用 LIST 及 DIST
命令。

【实例 8-6】打开素材文件 "\dwg\第 8 章\8-6.dwg"，如图 8-57 所示。试计算带长及两
个大带轮的中心距。

1. 用 DIST 命令查寻两个大带轮的中心距。

```
命令: dist
指定第一点:                          //捕捉一个带轮的中心
指定第二点:                          //捕捉另一个带轮的中心
距离 = 640.3124, xy 平面中的倾角 = 39, 与 xy 平面的夹角 = 0
x 增量 = 500.0000, y 增量 = 400.0000, z 增量 = 0.0000
```

2. 修剪带传动图，再删除多余线条，然后将其创建成面域，如图 8-58 所示。

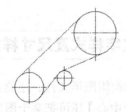

图 8-57　计算带长及两个大带轮的中心距　　　　图 8-58　修剪图形并创建面域

3. 用 LIST 命令查寻面域周长，此周长值即带长。

```
命令: list
选择对象: 找到 1 个                    //选择面域
选择对象:                             //按 Enter 键
REGION      图层: 0
            面积: 210436.5146
            周长: 2150.0355
```

8.5

保持零件图标准一致

在实际的图样设计工作中，有许多项目都需采取统一标准，如字体、标注样式、图层及标
题栏等，下面介绍两种使图形标准保持一致的方法。

8.5.1　创建及使用样板图

用户可以使用样板图来建立绘图环境，在样板图中保存了各种标准设置，每当创建新图时，
就以样板文件为原型图，将它的设置复制到当前图样中，这样新图就具有与样板图相同的作图

环境。

AutoCAD 中有许多标准的样板文件，它们都存在"Template"文件夹中，扩展名是".dwt"。用户可根据需要建立自己的标准样板，这个标准样板一般应具有以下一些设置。

- 单位类型和精度。
- 图形界限。
- 图层、颜色及线型。
- 标题栏、边框。
- 标注样式及文字样式。
- 常用标注符号。

创建样板图的方法与建立一个新文件类似。当用户将样板文件包含的所有标准项目设置完成后，将此文件另存为".dwt"类型文件。

当要通过样板图创建新图形时，选择菜单命令【文件】/【新建】，打开【选择样板】对话框，通过此对话框找到所需的样板文件后，单击 打开⑪ 按钮，AutoCAD 就以此文件为样板创建新图形。

8.5.2 通过设计中心复制图层、文字样式及尺寸样式

使用 AutoCAD 的【设计中心】可以很容易地查找和组织图形文件，还能直接浏览及复制图形数据（不管该图形文件是否打开）。此外，通过【设计中心】还可把某个图形文件包含的图层、文本样式及尺寸样式等信息展示出来，并能利用拖放操作把这些内容复制到另一图形中，下面的实例演示了这种操作过程。

【实例 8-7】通过【设计中心】复制图层、文字样式及尺寸样式。

1. 单击【视图】选项卡中【选项板】面板上的 按钮，打开【设计中心】对话框，在该对话框左边的【文件夹列表】列表框中找到"AutoCAD 2010"子目录，选中并打开该子目录中的"Sample/Database Connectivity"文件夹，然后单击 按钮，选择【大图标】选项，此时【设计中心】右边的列表框中显示出文件夹里图形文件的小型图片，如图 8-59 所示。

2. 单击"db_samp.dwg"图形文件的小图片以选中它，然后单击鼠标右键，在弹出的快捷菜单中选择【浏览】选项，结果如图 8-60 所示。

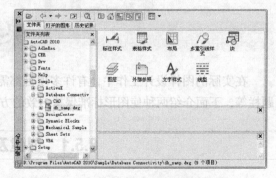

图 8-59 【设计中心】对话框   图 8-60 显示标注样式、图块及图层等

3. 若要显示图形中图层的详细信息，就选择【图层】选项，然后单击鼠标右键，在弹出的

快捷菜单中选择【浏览】选项，则【设计中心】列出图形中所有的图层，如图 8-61 所示。

4. 选中某一图层，按住鼠标左键将其拖入当前图形中，则此图层成为当前图形的一个图层。

5. 用与上述类似的方法可将文字样式及尺寸样式拖入当前图形中使用。

图 8-61　显示图形中图层的详细信息

8.6 习题

1. 绘制图 8-62 所示的蜗杆轴零件图。

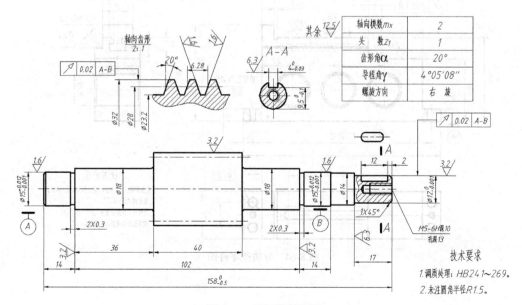

图 8-62　蜗杆轴零件图

2. 绘制图 8-63 所示的转轴支架零件图。

3. 绘制图 8-64 所示的导轨座零件图。

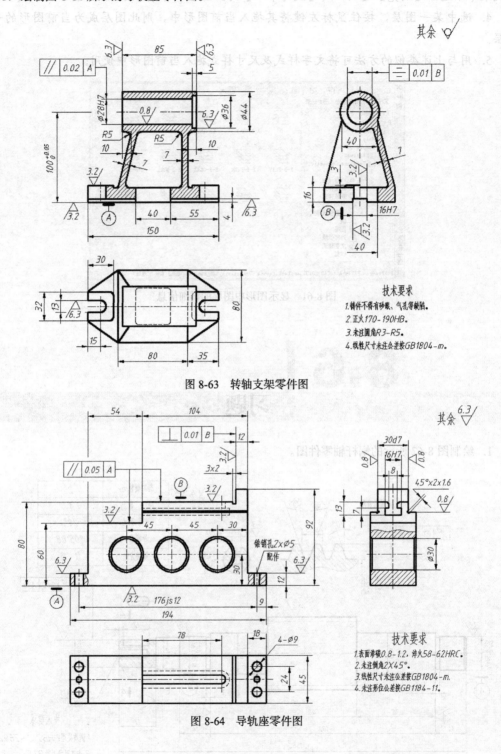

图 8-63 转轴支架零件图

技术要求
1.铸件不得有砂眼、气孔等缺陷。
2.正火170-190HB。
3.未注圆角R3-R5。
4.线性尺寸未注公差按GB1804-m。

技术要求
1.表面渗碳0.8-1.2,淬火58-62HRC。
2.未注倒角2X45°。
3.线性尺寸未注公差按GB1804-m。
4.未注形位公差按GB1184-11。

图 8-64 导轨座零件图

第9章
装配图

通过本章的学习，读者可以掌握利用 AutoCAD 进行二维装配设计及由零件图组合装配图的方法及技巧，并学会标注零件序号、编写明细表等。

本章主要内容如下。

- 绘制详细的二维装配图。
- 根据装配图拆画零件图。
- 由零件图组合装配图。
- 标注零件序号。
- 编写明细表。
- 创建及使用标准件块。
- 引用外部图形。
- 检验零件间装配尺寸的正确性。

9.1
用 AutoCAD 进行装配设计的方法

工程技术人员在开发新产品时，要绘制详细的装配图，表明产品的工作原理，确定零件的结构、形状和相对位置等，利用装配图还可拆画零件图。

【实例 9-1】绘制图 9-1 所示的千斤顶装配图，练习在 AutoCAD 中绘制二维装配图、由装配图拆画零件图的方法及技巧。

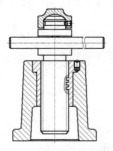

图 9-1　千斤顶的装配图

9.1.1 绘制详细的二维装配图

在 AutoCAD 中，工程技术人员可以进行详细的二维装配设计。与手工绘图相比，这个过程变得比较容易且更为有效。设计时，一般按装配顺序将零件的形状、尺寸准确地绘制出来，就形成了一张精确的装配图。

千斤顶是利用螺旋传动来顶举重物的一种起重或顶压工具，主要由底座、螺套、螺旋杆、顶垫及铰杠等零件组成，零件尺寸如图 9-2 所示。

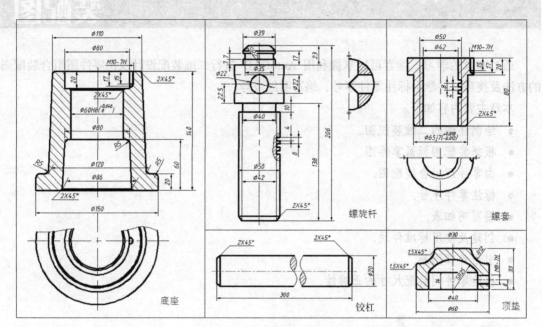

图 9-2　千斤顶的主要组成零件

绘制如图 9-1 所示的千斤顶时，要先绘制主要轴线、中心线及基准线，然后沿装配轴线按装配关系依次绘制底座、螺套、螺旋杆、顶垫及铰杠等零件。

下面详细绘制千斤顶装配图的方法。

1. 新建图形文件 "9-1.dwg"，创建图层并设置绘图区域、全局线型比例因子。
2. 绘制水平线 A 及对称轴线 B，结果如图 9-3 所示。
3. 绘制底座，结果如图 9-4 所示。

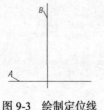

图 9-3　绘制定位线

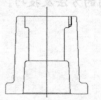

图 9-4　绘制底座

4. 绘制螺套，结果如图 9-5 所示。
5. 绘制螺旋杆，结果如图 9-6 所示。

6. 依次绘制顶垫、铰杠及螺钉等零件，并修饰图形，结果如图 9-7 所示。

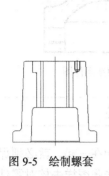

图 9-5　绘制螺套

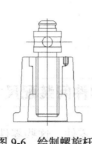

图 9-6　绘制螺旋杆

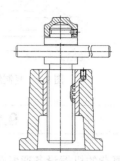

图 9-7　绘制其余零件并修饰图形

9.1.2　根据装配图拆画零件图

绘制了精确的机器或部件的装配图后，用户就可利用 AutoCAD 的复制及粘贴功能从该图拆画零件图，具体过程如下。

● 将结构图中某个零件的主要轮廓复制到剪贴板上。

● 通过样板文件创建一个新文件，然后将剪贴板上的零件图粘贴到当前文件中。

● 在已有零件图的基础上进行详细的结构设计，要求精确地进行绘制，以便以后利用零件图检验装配尺寸的正确性，详见 9.1.3 节。

继续前面的练习，从如图 9-7 所示的装配图中拆画零件图。

1. 创建新图形文件，文件名为"顶垫.dwg"。

2. 切换到图形"9-1.dwg"，在绘图窗口中单击鼠标右键，弹出快捷菜单，选择【带基点复制】选项，然后选择顶垫零件并指定复制的基点为 A 点，如图 9-8 所示。

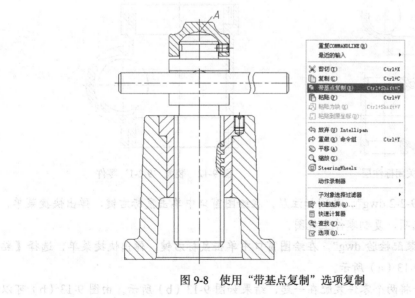

图 9-8　使用"带基点复制"选项复制

3. 切换到图形"顶垫.dwg"，在绘图窗口中单击鼠标右键，弹出快捷菜单，选择【粘贴】选项，结果如图 9-9 所示。

4. 对顶垫零件进行必要的编辑，结果如图 9-10 所示。

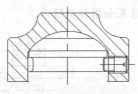

图 9-9　复制结果

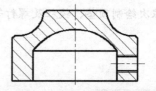

图 9-10　顶垫零件图

9.1.3　检验零件间装配尺寸的正确性

复杂的机器设备通常包含成百上千个零件，这些零件要正确地装配在一起，就必须保证所有零件配合尺寸的正确性，否则，就会产生干涉。若技术人员利用一张张图样去核对零件的配合尺寸，则工作量非常大，并且容易出错。怎样才能更有效地检查配合尺寸的正确性呢？可先通过 AutoCAD 的复制及粘贴功能将零件图"装配"在一起，然后通过查看"装配"后的图样来迅速判断配合尺寸是否正确。

【实例 9-2】打开素材文件"\dwg\第 9 章\9-2-1.dwg"、"\dwg\第 9 章\9-2-2.dwg"及"\dwg\第 9 章\9-2-3.dwg"，将它们装配在一起以检验配合尺寸的正确性。

1. 创建新图形文件，文件名为"装配检验.dwg"。

2. 切换到图形"9-2-1.dwg"，关闭标注层，如图 9-11 所示。在绘图窗口中单击鼠标右键，弹出快捷菜单，选择【带基点复制】选项，复制零件主视图。

3. 切换到图形"装配检验.dwg"，在绘图窗口中单击鼠标右键，弹出快捷菜单，选择【粘贴】选项，结果如图 9-12 所示。

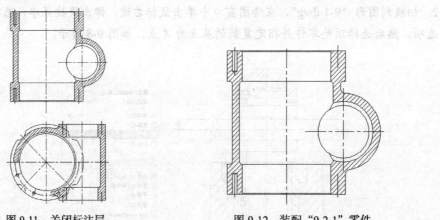
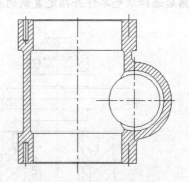

图 9-11　关闭标注层　　　　　　　　　图 9-12　装配"9-2-1"零件

4. 切换到图形"9-2-2.dwg"，关闭标注层。在绘图窗口中单击鼠标右键，弹出快捷菜单，选择【带基点复制】选项，复制零件主视图。

5. 切换到图形"装配检验.dwg"，在绘图窗口中单击鼠标右键，弹出快捷菜单，选择【粘贴】选项，结果如图 9-13（a）所示。

6. 用 MOVE 命令将两个零件装配在一起，结果如图 9-13（b）所示。由图 9-13（b）可以看出，两零件正确地配合在一起，它们的装配尺寸是正确的。

7. 用上述同样的方法，将零件"9-2-3.dwg"与"9-2-1.dwg"装配在一起，结果如图 9-14所示。

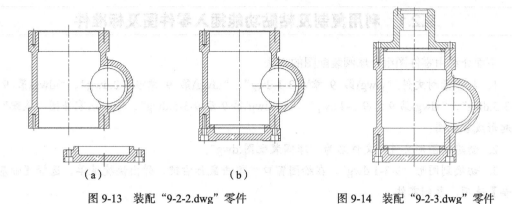

图 9-13　装配 "9-2-2.dwg" 零件　　　　　　图 9-14　装配 "9-2-3.dwg" 零件

9.2　由零件图组合装配图的方法

若已绘制了机器或部件的所有零件图，当需要一张完整的装配图时，可考虑利用零件图来拼画装配图，这样能避免重复劳动，提高工作效率。拼画装配图的方法如下。

- 创建一个新文件。
- 打开所需的零件图，关闭尺寸所在的图层，利用复制及粘贴功能将零件图复制到新文件中。
- 利用 MOVE 命令将零件图组合在一起，再进行必要的编辑形成装配图。

【实例 9-3】绘制图 9-15 所示的球阀装配图，练习由零件图组合装配图、标注零件序号及编写明细表的方法。

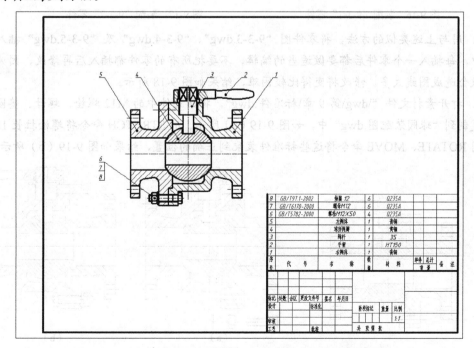

图 9-15　由零件图组合装配图、标注零件序号及编写明细表

9.2.1 利用复制及粘贴功能插入零件图及标准件

下面介绍由零件图组合球阀装配图的方法。

1. 打开素材文件"\dwg\第 9 章\9-3-1.dwg"、"\dwg\第 9 章\9-3-2.dwg"、"\dwg\第 9 章\9-3-3.dwg"、"\dwg\第 9 章\9-3-4.dwg"及"\dwg\第 9 章\9-3-5.dwg"。将 5 张零件图"装配"在一起形成装配图。

2. 创建新图形文件，文件名为"球阀装配图.dwg"。

3. 切换到图形"9-3-1.dwg"，在绘图窗口中单击鼠标右键，弹出快捷菜单，选择【带基点复制】选项，复制零件。

4. 切换到图形"球阀装配图.dwg"，在绘图窗口中单击鼠标右键，弹出快捷菜单，选择【粘贴】选项，结果如图 9-16 所示。

5. 切换到图形"9-3-2.dwg"，在绘图窗口中单击鼠标右键，弹出快捷菜单，选择【带基点复制】选项，以主视图的左上角点为基点复制零件。

6. 切换到图形"球阀装配图.dwg"，在绘图窗口中单击鼠标右键，弹出快捷菜单，选择【粘贴】选项，指定 A 点为插入点，删除多余线条，结果如图 9-17 所示。

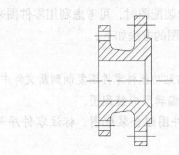 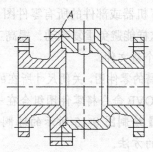

图 9-16　装配"9-3-1"零件　　　　　　图 9-17　装配"9-3-2"零件

7. 用与上述类似的方法，将零件图"9-3-3.dwg"、"9-3-4.dwg"及"9-3-5.dwg"插入到装配图中，每插入一个零件后都要做适当的编辑，不要把所有的零件都插入后再修改，因为如果这样做会造成图线太多，修改将变得比较困难，结果如图 9-18 所示。

8. 打开素材文件"\dwg\第 9 章\标准件.dwg"，将该文件中的 M12 螺栓、螺母、垫圈等标准件复制到"球阀装配图.dwg"中，如图 9-19（a）所示。用 STRETCH 命令将螺栓拉长 15mm，然后用 ROTATE、MOVE 命令将这些标准件装配到正确的位置，结果如图 9-19（b）所示。

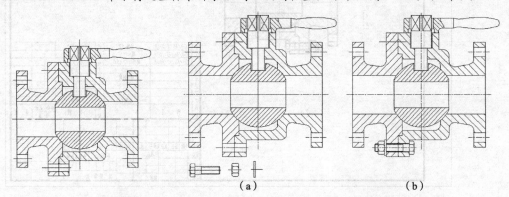

（a）　　　　　　　　　　　（b）

图 9-18　装配"9-3-3"、"9-3-4"与"9-3-5"零件　　　图 9-19　装配标准件

9.2.2 标注零件序号

使用 MLEADER 命令可以很方便地创建带下画线或带圆圈形式的零件序号，如图 9-20 所示。生成序号后，用户可通过关键点编辑方式调整引线或序号数字的位置。

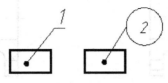

图 9-20 零件序号的形式

继续前面的练习，为球阀装配图标注零件序号。

1. 单击【注释】面板上的 按钮，打开【多重引线样式管理器】对话框，再单击按钮 修改(M)... ，打开【修改多重引线样式】对话框，如图 9-21 所示。在该对话框中进行以下设置。

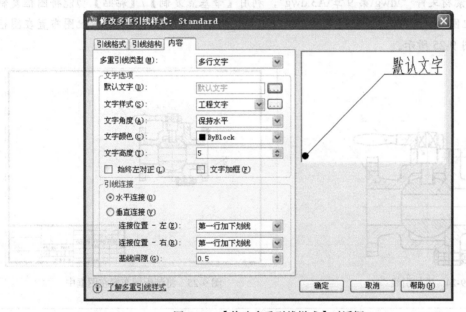

图 9-21 【修改多重引线样式】对话框

- 在【引线格式】选项卡【符号】下拉列表中选择【点】选项，在【大小】文本框中输入"2"。
- 在【引线结构】选项卡中选中【自动包含基线】和【设置基线距离】复选项，设置【设置基线距离】值为2，选中【指定比例】单选项，设定【指定比例】值为2。
- 在【内容】选项卡设置内容如图 9-21 所示。其中，【基线间隙】文本框中的数值表示下画线的长度。

2. 单击【注释】面板上的 多重引线 按钮，启动创建引线标注命令，标注零件序号，结果如图 9-22 所示。

3. 对齐零件序号。

（1）单击【注释】面板上的 对齐 按钮，选择零件序号1、2、4、5，按 Enter 键，然后选择要对齐的序号3并指定水平方向为对齐方向，结果如图 9-23 所示。

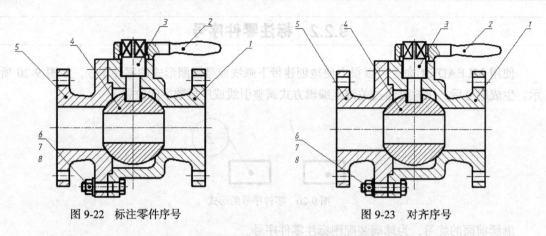

图 9-22 标注零件序号　　　　　　　　图 9-23 对齐序号

（2）将序号 6、7、8 与序号 5 在竖直方向上对齐，结果如图 9-23 所示。

4. 用 LINE 命令给序号 7、8 添加引线，结果如图 9-24 所示。

5. 打开素材文件 "\dwg\第 9 章\A3.dwg"，利用【带基点复制】/【粘贴】功能将图框复制到 "球阀装配图.dwg" 中，用 SCALE 命令缩放图框，缩放比例为 2，然后把装配图布置在图框中，结果如图 9-25 所示。

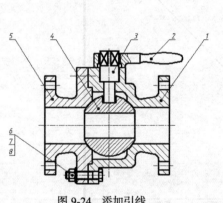

图 9-24 添加引线

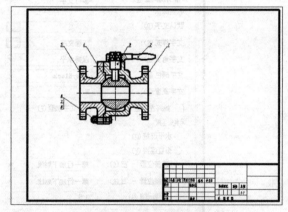

图 9-25 将装配图布置在图框中

9.2.3 编写零件明细表

用户可事先创建空白表格对象并保存在一个文件中，当要编写零件明细表时，打开该文件，然后填写表格对象。

继续前面的练习，为球阀装配图编写明细表。

1. 打开素材文件 "\dwg\第 9 章\明细表.dwg"，该文件包含两个表格对象：一个是单独的零件明细表，另一个是放在标题栏上方的零件明细表。通过双击其中一个单元就可填写文字，填写好后删除表格中的多余行，结果如图 9-26 所示。

2. 用 SCALE 命令缩放明细表，缩放比例为 2，然后用 MOVE 命令将明细表移动到标题栏上方，结果如图 9-27 所示。

8	GB/T97.1-2002	垫圈 12	6	Q235A			
7	GB/T6170-2000	螺母M12	6	Q235A			
6	GB/T5782-2000	螺栓M12X50	4	Q235A			
5		左阀体	1	青铜			
4		球承阀瓣	1	黄铜			
3		阀杆	1	35			
2		手柄	1	HT150			
1		右阀体	1	青铜			
序号	代　号	名　称	数量	材料	单件	总计	备注
					重量		

图 9-26 编写明细表

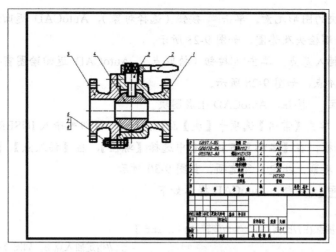

图 9-27　缩放并移动明细表

9.3

知识拓展——使用块及块属性

本节内容包括创建及使用标准件块、创建及使用块属性、引用外部图形等。

9.3.1　使用标准件块

在机械工程中有大量反复使用的标准件，如轴承、螺栓、螺钉等。由于某种类型的标准件其结构形状相同，只是尺寸、规格有所不同，因而作图时常事先将它们生成图块。这样，当用到标准件时只需插入已定义的图块即可。

【实例 9-4】创建及插入图块。

1. 打开素材文件 "\dwg\第 9 章\9-4.dwg"，如图 9-28 所示。

2. 单击【常用】选项卡中【块】面板上的 按钮或输入 BLOCK 命令，AutoCAD 打开【块定义】对话框，在【名称】文本框中输入块名 "螺栓"，如图 9-29 所示。

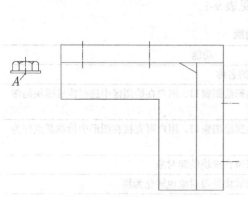

图 9-28　创建及插入图块

图 9-29　【块定义】对话框

3. 选择构成块的图形元素。单击 🔲 按钮（选择对象），AutoCAD 返回绘图窗口，并提示 "选择对象"，选择螺栓头及垫圈，如图 9-28 所示。

4. 指定块的插入基点。单击 🔲 按钮（拾取点），AutoCAD 返回绘图窗口，并提示 "指定插入基点"，拾取 A 点，如图 9-28 所示。

5. 单击 ⌗确定⌗ 按钮，AutoCAD 生成图块。

6. 插入图块。单击【常用】选项卡【块】面板上的 🔲 按钮或输入 INSERT 命令，AutoCAD 打开【插入】对话框，在【名称】下拉列表中选择【螺栓】，在【插入点】、【比例】及【旋转】分组框中选择【在屏幕上指定】复选项，如图 9-30 所示。

7. 单击 ⌗确定⌗ 按钮，AutoCAD 提示如下。

```
命令: _insert
指定插入点或 [基点(B)/比例(S)/X/Y/Z/旋转(R)]: int 于
                                       //指定插入点 B, 如图 9-31 所示
输入 x 比例因子, 指定对角点, 或 [角点(C)/XYZ(XYZ)] <1>: 1
                                       //输入 x 方向的缩放比例因子
输入 y 比例因子或 <使用 x 比例因子>: 1  //输入 y 方向的缩放比例因子
指定旋转角度 <0>: -90                   //输入图块的旋转角度
```

结果如图 9-31 所示。

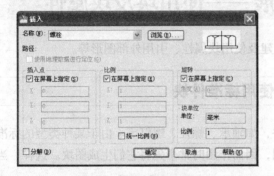

图 9-30　【插入】对话框

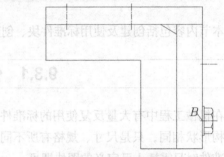

图 9-31　插入图块

 用户可以指定 x、y 方向的负缩放比例因子，此时插入的图块将做镜像变换。

8. 读者自己练习插入其余图块。

【块定义】及【插入】对话框中常用选项的功能见表 9-1。

表 9-1　　　　　　　　　　　　　　常用选项的功能

对话框	选项	功能
块定义	名称	在此文本框中输入新建图块的名称
	选择对象	单击此按钮，AutoCAD 切换到绘图窗口，用户在绘图区中选择构成图块的图形对象
	拾取点	单击此按钮，AutoCAD 切换到绘图窗口，用户可直接在图形中拾取某点作为块的插入基点
	保留	AutoCAD 生成图块后，还保留构成块的源对象
	转换为块	AutoCAD 生成图块后，把构成块的源对象也转化为块

续表

对话框	选项	功能
插入	名称	通过此下拉列表选择要插入的块。如果要将".dwg"文件插入到当前图形中，就单击 浏览(B)... 按钮，然后选择要插入的文件
	统一比例	使块沿 x、y、z 方向的缩放比例都相同
	分解	AutoCAD 在插入块的同时分解块对象

9.3.2 创建及使用块属性

在 AutoCAD 中，可以使块附带属性。属性类似于商品的标签，包含了图块所不能表达的一些文字信息，如材料、型号及制造者等，存储在属性中的信息一般称为属性值。当用 BLOCK 命令创建块时，将已定义的属性与图形一起生成块，这样块中就包含属性了。当然，用户也只能将属性本身创建成一个块。

属性有助于用户快速产生关于设计项目的信息报表或作为一些符号块的可变文字对象，其次，属性也常用来预定义文本的位置、内容或提供文本默认值等。例如，把标题栏中的一些文字项目定制成属性对象，就能方便地填写或修改。

下面的练习将介绍定义及使用属性的具体过程。

【实例 9-5】定义及使用属性。

1. 打开素材文件 "\dwg\第 9 章\9-5.dwg"。

2. 单击【常用】选项卡【块】面板上的 按钮或输入命令代码 ATTDEF，AutoCAD 打开【属性定义】对话框，如图 9-32 所示。在【属性】分组框中输入下列内容。

【标记】：姓名及号码
【提示】：请输入您的姓名及电话号码
【默认】：李燕　2660732

3. 在【文字样式】下拉列表中选择【工程字】，在【高度】文本框中输入数值 "3"，在【插入点】分组框中选择【在屏幕上指定】复选项，然后单击 确定 按钮，AutoCAD 提示如下。

指定起点：　　　　//在电话机的下边拾取 A 点，如图 9-33 所示

结果如图 9-33 所示。

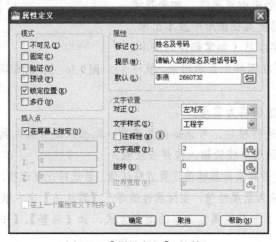

图 9-32 【属性定义】对话框

图 9-33 定义属性

4. 将属性与图形一起创建成图块。单击【块】面板上的 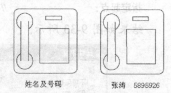 按钮，AutoCAD 打开【块定义】对话框，如图 9-34 所示。

5. 在【名称】文本框中输入新建图块的名称"电话机"，在【对象】分组框中选择【保留】单选项，如图 9-34 所示。

6. 单击 按钮（选择对象），AutoCAD 返回绘图窗口，并提示"选择对象"，选择"电话机"及属性，如图 9-33 所示。

7. 指定块的插入基点。单击 按钮（拾取点），AutoCAD 返回绘图窗口，并提示"指定插入基点"，拾取点 B，如图 9-33 所示。

8. 单击 确定 按钮，AutoCAD 生成图块。

9. 插入带属性的块。单击【块】面板上的 按钮，AutoCAD 打开【插入】对话框，在【名称】下拉列表中选择【电话机】，如图 9-35 所示。

图 9-34 【块定义】对话框

图 9-35 【插入】对话框

10. 单击 确定 按钮，AutoCAD 提示如下。

指定插入点或 [基点(B)/比例(S)/X/Y/Z/旋转(R)]：
//在绘图区的适当位置指定插入点

请输入您的姓名及电话号码 <李燕 2660732>：张涛 5895926 //输入属性值

结果如图 9-36 所示。

【属性定义】对话框（见图 9-32）中常用选项的功能如下。

- 【不可见】：控制属性值在图形中的可见性。如果想使图中包含属性信息，但又不想使其在图形中显示出来，就选择此复选项。有一些文字信息（如零部件的成本、产地及存放仓库等）如不需要在图样中显示出来，就可设定为不可见属性。

姓名及号码 张涛 5895926

图 9-36 插入附带属性的图块

- 【固定】：选择此复选项，属性值将为常量。

- 【验证】：设置是否对属性值进行校验。若选择此复选项，则插入块并输入属性值后，AutoCAD 将再次给出提示，让用户校验输入值是否正确。

- 【预设】：此复选项用于设定是否将实际属性值设置成默认值。若选择此复选项，则插入块时 AutoCAD 将不再提示用户输入新属性值，实际属性值等于【默认值】文本框中的值。

- 【对正】：该下拉列表中包含了十多种属性文字的对齐方式，如【调整】、【中心】、【中间】、【左】及【右】等。

- 【文字样式】：从该下拉列表中选择文字样式。
- 【文字高度】：用户可直接在文本框中输入属性的文字高度，也可单击 按钮切换到绘图窗口，在绘图区中拾取两点以指定高度。
- 【旋转】：设定属性文字的旋转角度。

9.3.3　在设计过程中引用外部图形

当用户将其他图形以块的形式插入到当前图样时，被插入的图形就成为当前图样的一部分，但用户并不想如此，而仅仅是要把另一个图形作为当前图形的一个样例，或者想观察正在设计的模型与相关的其他模型是否匹配，此时就可通过外部引用（也称为 Xref）将其他图形文件放置到当前图形中。

Xref 使用户能方便地在自己的图形中以引用的方式看到其他图样，被引用的图并不成为当前图样的一部分，当前图样中仅记录了外部引用文件的位置和名称。尽管如此，用户仍然可以控制被引用图形层的可见性，并能进行对象捕捉。

利用 Xref 获得其他图形文件比插入文件块有更多的优点。

- 由于外部引用的图形并不是当前图样的一部分，因而利用 Xref 组合的图样比通过文件块构成的图样要小。
- 每当 AutoCAD 装载图样时，都将加载最新的 Xref 版本。因此，若外部图形文件有所改动，那么用户装入的引用图形也将跟随其变动。
- 利用外部引用将有利于几个人共同完成一个设计项目，因为 Xref 使设计者之间可以容易地查看对方的设计图样，从而协调设计内容。另外，Xref 也使设计人员可以同时使用相同的图形文件进行分工设计。例如，一个建筑设计小组的所有成员通过外部引用能同时参照建筑物的结构平面图，然后分别开展电路、管道等方面的设计工作。

【实例 9-6】引用外部文件。

1. 打开素材文件 "\dwg\第 9 章\9-6-1.dwg"、"\dwg\第 9 章\9-6-2.dwg"。

2. 创建新文件 "9-6.dwg"，单击【插入】选项卡中【参照】面板右下角的 按钮或输入命令代号 XREF，系统弹出【外部参照】对话框，如图 9-37 所示，利用该对话框用户可加载及重新加载外部图形。

3. 单击 按钮右边的 按钮，弹出如图 9-38 所示的附着下拉菜单。

图 9-37　【外部参照】对话框　　　　图 9-38　附着下拉菜单

4. 选择【附着 DWG】选项，打开【选择参照文件】对话框，在该对话框中选择"9-6-1.dwg"，单击 打开(0) 按钮，弹出【附着外部参照】对话框，如图 9-39 所示。按照图 9-39 所示进行设置，然后单击 确定 按钮，用户可将外部文件插入到当前图形中。

5. 如果选择【附着图像】选项，则系统打开【选择参照文件】对话框，选择图像文件后，单击 打开(0) 按钮，打开图 9-40 所示的【附着图像】对话框，用户可在该对话框中设置图像文件的插入点、缩放比例等，然后插入所选择的图像文件。

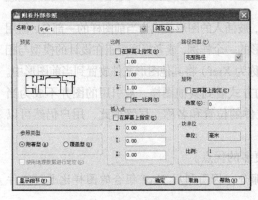

图 9-39 【附着外部参照】对话框

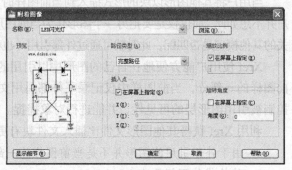

图 9-40 【附着图像】对话框

6. 用相同的方法将图形"9-6-2.dwg"插入到当前文件中，插入点是（0,0,0），缩放比例为 1:1，结果如图 9-41 所示。

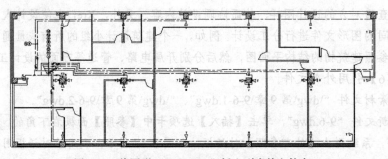

图 9-41 将图形"9-6-2.dwg"插入到当前文件中

8. 切换到"9-6-1.dwg"图形窗口，修改图形，结果如图 9-42 所示，然后保存文件。

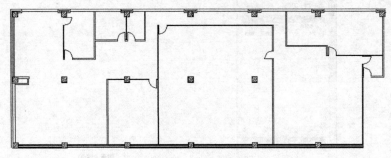

图 9-42 修改图形

9. 切换到"9-6.dwg"图形窗口，在窗口右下角弹出【外部参照文件已修改】提示，选择"重载 9-6-1"，结果如图 9-43 所示。

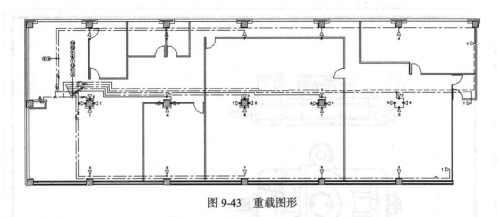

图 9-43　重载图形

【附着外部参照】对话框中常用选项的功能如下。

- ![ ]: 单击此按钮，AutoCAD 弹出【选择参照文件】对话框，用户通过该对话框选择要插入的图形文件。
- 附着（快捷菜单选项）: 选择此选项，AutoCAD 弹出【附着外部参照】对话框，用户通过此对话框选择要插入的图形文件。
- 卸载: 暂时移走当前图形中的某个外部参照文件，但在列表框中仍保留该文件的路径。
- 重载: 在不退出当前图形文件的情况下更新外部引用文件。
- 拆离: 将某个外部参照文件去除。
- 绑定: 将外部参照文件永久地插入当前图形中，使之成为当前文件的一部分。

9.4 习题

1. 打开素材文件 "\dwg\第 9 章 9-7.dwg"，如图 9-44 所示，由此装配图拆画零件图。

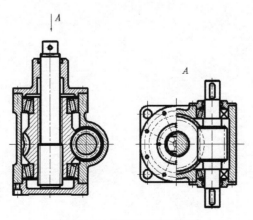

图 9-44　由装配图拆画零件图

2. 将素材文件 "\dwg\第 9 章\9-8-1.dwg" 至 "\dwg\第 9 章\9-8-9.dwg" 组合成虎钳装配图，标注零件序号并编写明细表，结果如图 9-45 所示。

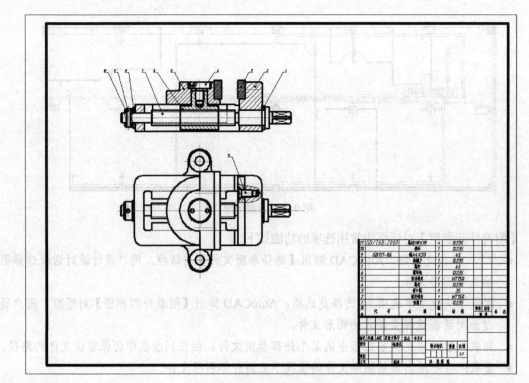

11	GB/T68-2000	螺钉M8×19	4		Q235	
10		垫环	1		Q235	
9	GB117-86	销A4×20	1		65	
8		齿轮轴	1		Q235	
7		齿轮	1		65	
6		螺塞头	1		Q235	
5		齿条螺母	1		Q235	
4		螺杆	1		Q235	
3		齿口盖	1		35	
2		圆柱销套	1		HT150	
1		箱体1	1		Q235	
序号	代 号	名 称	数量	材 料		备 注

图 9-45　由零件图组合装配图

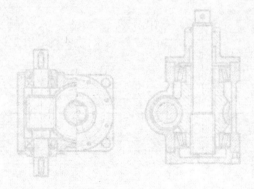

第10章
创建三维实体模型

通过本章的学习，读者可以掌握创建及编辑实体模型的主要命令，了解利用布尔运算构建复杂模型的方法。

本章主要内容如下。

- 观察三维模型。
- 创建长方体、球体及圆柱体等基本立体。
- 拉伸或旋转二维对象形成三维实体。
- 阵列、旋转及镜像三维实体
- 拉伸、移动及旋转实体表面。
- 使用用户坐标系。
- 利用布尔运算构建复杂模型。

10.1
创建实体模型的过程

下面通过一个实例介绍创建三维模型的过程。

【实例 10-1】创建如图 10-1 所示立体的实体模型。建立用户坐标系，拉伸二维对象形成三维实体，进行布尔运算，观察三维模型等。

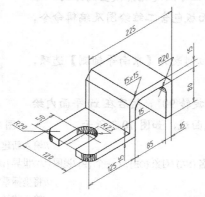

图 10-1　创建实体模型

10.1.1　切换视点及建立用户坐标系

模型空间实际上是一个三维绘图空间，默认情况下，AutoCAD 使观察点位于三维坐标系的 z 轴上，因而屏幕上显示的是 xy 坐标面。绘制三维图形时，需改变观察的方向，这样才能看到模型沿 x、y、z 轴的形状。

创建三维模型时，常常要在三维空间的某个平面上绘图，此时要先建立新的坐标系，并使坐标系的 xy 平面与绘图平面重合，然后就能用二维绘图命令在该平面上绘图了。

下面切换到东南等轴测视图，然后建立新坐标系。

1. 创建一个新图形，单击状态栏上的按钮，弹出快捷菜单，选择【三维建模】选项，就切换至该空间，如图 10-2 所示。

图 10-2　"三维建模"工作空间

默认情况下，三维建模空间包含【建模】面板、【实体编辑】面板、【视图】面板及工具选项板等。【建模】面板包含创建基本立体、回转体及其他曲面立体等的命令按钮。利用【实体编辑】面板中的命令按钮可对实体表面进行拉伸、旋转等操作。通过【视图】面板中的命令按钮可设定观察模型的方向，形成不同的模型视图。工具选项面板包含二维绘图及编辑命令，还提供了各类材质样例。

2. 选择【视图控制】下拉列表的【东南等轴测】选项，切换到东南等轴测视图。

3. 将坐标系绕 z 轴、x 轴旋转 90°，然后在 xy 平面内绘制平面图形，并将图形创建成面域，如图 10-3 所示。

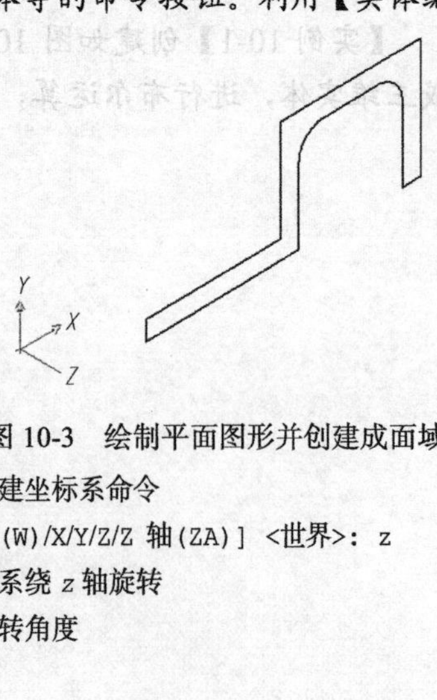

图 10-3　绘制平面图形并创建成面域

```
命令: ucs                                              //输入新建坐标系命令
指定 UCS 的原点或 [面(F)/命名(NA)/对象(OB)/上一个(P)/视图(V)/世界(W)/X/Y/Z/Z 轴(ZA)] <世界>: z
                                                       //将坐标系绕 z 轴旋转
指定绕 z 轴的旋转角度 <90>:90                           //输入旋转角度
```

| 命令:UCS | //重复命令 |

指定 UCS 的原点或 [面(F)/命名(NA)/对象(OB)/上一个(P)/视图(V)/世界(W)/X/Y/Z/Z 轴(ZA)] <世界>: x
//将坐标系统 x 轴旋转

指定绕 x 轴的旋转角度 <90>:90   //输入旋转角度

在 *xy* 平面内绘制平面图形，再将图形创建成面域，结果如图 10-3 所示。

10.1.2 将二维对象拉伸成实体

EXTRUDE 命令可以拉伸二维对象来生成 3D 实体或曲面，若拉伸闭合对象，则生成实体，否则生成曲面。操作时，用户可指定拉伸高度值及拉伸对象的锥角，还可沿某一直线或曲线路径进行拉伸。

继续前面的练习，用 EXTRUDE 命令拉伸面域形成实体。

单击【建模】面板上的 ⬚拉伸 按钮，启动 EXTRUDE 命令。

命令: _extrude
选择要拉伸的对象:找到 1 个   //选择面域
选择要拉伸的对象: //按 Enter 键
指定拉伸的高度或 [方向(D)/路径(P)/倾斜角(T)] <50.0000>: 120
//输入拉伸高度

结果如图 10-4 所示。

EXTRUDE 命令的常用选项如下。

● 指定拉伸的高度: 如果输入正的拉伸高度，则使对象沿 *z* 轴正向拉伸。若输入负的拉伸高度，则沿 *z* 轴负向拉伸。当对象不在 *xy* 平面内时，将沿该对象所在平面的法线方向拉伸对象。

● 方向(D): 指定两点，两点的连线表明了拉伸的方向和距离。

● 路径(P): 沿指定路径拉伸对象来形成实体或曲面。拉伸时，路径被移动到轮廓的形心位置。路径不能与拉伸对象在同一个平面内，也不能具有较大曲率的区域，否则，有可能在拉伸过程中产生自相交的情况。

● 倾斜角(T): 当 AutoCAD 提示"指定拉伸的倾斜角度<0>:"时，输入正的拉伸倾斜角表示从基准对象逐渐变细地拉伸，而负角度值则表示从基准对象逐渐变粗地拉伸，如图 10-5 所示。用户要注意拉伸倾斜角不能太大，若拉伸实体截面在到达拉伸高度前已经变成一个点，那么 AutoCAD 将提示不能进行拉伸。

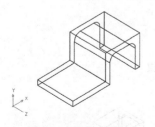

图 10-4　拉伸面域

拉伸倾斜角为 5°　　拉伸倾斜角为 −5°

图 10-5　设置拉伸倾斜角度

10.1.3 创建并移动三维立体

返回世界坐标系，创建三维实体，然后用 MOVE 命令移动它。

继续前面的练习，创建实体并移动它。

1. 返回世界坐标系，如图 10-6 所示。

命令：ucs   //启动 UCS 命令

指定 UCS 的原点或 [面(F)/命名(NA)/对象(OB)/上一个(P)/视图(V)/世界(W)/X/Y/Z/Z 轴(ZA)] <世界>：
                  //按 Enter 键返回世界坐标系

2. 在 xy 平面内绘制平面图形，然后将图形创建成面域，如图 10-6 所示。

3. 用 EXTRUDE 命令拉伸面域以形成三维实体，如图 10-7 所示。

4. 用 MOVE 命令移动三维实体，如图 10-8 所示。

命令：_move

选择对象：找到 1 个   //选择要移动的对象

选择对象：   //按 Enter 键

指定基点或 [位移(D)] <位移>：mid 于   //捕捉中点 A

指定第二个点或 <使用第一个点作为位移>：mid 于   //捕捉中点 B

结果如图 10-8（b）所示。

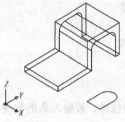 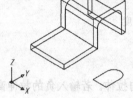 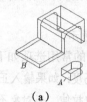 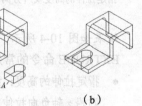

图 10-6　绘制平面图形并创建成面域　　　　图 10-7　拉伸面域　　　　图 10-8　移动三维实体

10.1.4　执行差运算

差运算可将一个实体从另一实体中去除，从而形成槽、孔等结构。

继续前面的练习，执行差运算。

单击【实体编辑】面板上的 ◎ 按钮，启动差运算命令。

命令：_subtract 选择要从中减去的实体、曲面和面域…

选择对象：找到 1 个   //选择对象 C，如图 10-9（a）所示

选择对象：   //按 Enter 键

选择要减去的实体、曲面和面域…

选择对象：找到 1 个   //选择对象 D

选择对象：   //按 Enter 键结束

结果如图 10-9（b）所示。

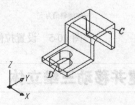

（a）　　　　　　　　　　（b）

图 10-9　执行差运算

10.1.5　3D 倒圆角及倒角

FILLET、CHAMFER 命令可以给实心体的棱边倒圆角及倒角，不过这两个命令对表面模型不适用。在 3D 空间中使用这两个命令时与在 2D 空间中有一些不同，用户不必事先设定圆角半径及倒角距离，AutoCAD 会提示用户进行设定。

继续前面的练习，给三维模型倒圆角及倒角。

1. 单击【修改】面板上的 按钮或输入命令代号 FILLET，启动倒圆角命令。

```
命令: _fillet
选择第一个对象或 [放弃(U)/多段线(P)/半径(R)/修剪(T)/多个(M)]:
                                    //选择棱边 E，如图 10-10（a）所示
输入圆角半径 <15.0000>: 20          //输入圆角半径
选择边或 [链(C)/半径(R)]:           //选择棱边 F
选择边或 [链(C)/半径(R)]:           //按 Enter 键结束
```

2. 单击【修改】面板上的 按钮或输入命令代号 CHAMFER，启动倒角命令。

```
命令: _chamfer
选择第一条直线或 [放弃(U)/多段线(P)/距离(D)/角度(A)/修剪(T)/方式(E)/多个(M)]:
                                    //选择棱边 G，如图 10-10（a）所示
基面选择…                          //平面 I 高亮显示，该面是倒角基面
输入曲面选择选项 [下一个(N)/当前(OK)] <当前(OK)>:   //按 Enter 键
指定基面的倒角距离: 15             //输入基面内的倒角距离
指定其他曲面的倒角距离 <15.0000>:   //按 Enter 键
选择边或 [环(L)]:                  //选择棱边 G
选择边或 [环(L)]: 选择边或 [环(L)]:  //选择棱边 H
```

再启动消隐命令 HIDE，结果如图 10-10（b）所示。

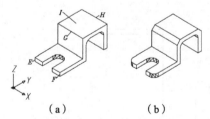

（a）　　　　　　　（b）

图 10-10　给三维模型倒圆角及倒角

10.2
知识拓展——创建及观察三维实体

本节内容包括观察三维模型，创建基本立体，旋转二维对象形成实体，通过扫掠或放样形成实体，阵列、旋转及镜像三维实体等。

10.2.1 用标准视点观察模型

任何三维模型都可以从任意一个方向观察。进入三维建模空间，该空间【常用】选项卡中【视图】面板上的【视图控制】下拉列表提供了 10 种标准视点，如图 10-11 所示。通过这些视点就能获得 3D 对象的 10 种视图，如前视图、后视图、左视图及东南轴测图等。

【实例 10-2】利用标准视点观察如图 10-12 所示的三维模型。

图 10-11 标准视点

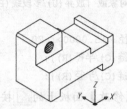

图 10-12 用标准视点观察模型

1. 打开素材文件 "\dwg\第 10 章\10-2.dwg"。

2. 选取【视图控制】下拉列表中的【前视】选项，结果如图 10-13 所示，此图是三维模型的前视图。

3. 选取【视图控制】下拉列表中的【左视】选项，再执行消隐命令 HIDE，结果如图 10-14 所示，此图是三维模型的左视图。

4. 选取【视图控制】下拉列表中的【东南等轴测】选项，然后执行消隐命令 HIDE，结果如图 10-15 所示，此图是三维模型的东南等轴测视图。

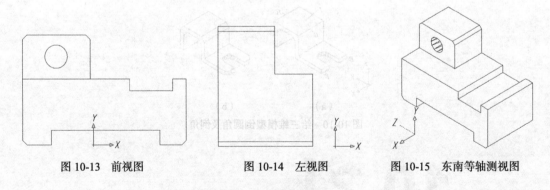

图 10-13 前视图　　　　　　　　图 10-14 左视图　　　　　　　　图 10-15 东南等轴测视图

10.2.2 三维动态旋转

单击【视图】选项卡中【导航】面板上的 按钮，启动三维动态旋转命令（3DFORBIT），此时，用户可通过单击并拖动鼠标的方法来改变观察方向，从而能够非常方便地获得不同方向的 3D 视图。使用此命令时，可以选择观察全部的对象或是模型中的一部分对象，AutoCAD 围绕待观察的对象形成一个辅助圆，该圆被 4 个小圆分成 4 等份，如图 10-16 所示。辅助圆的圆心是观察目标点，当用户按住鼠标左键并拖动时，待观察的对象的观察目标点静止不动，而视点绕着 3D 对象旋转，显示结果是视图在不断地转动。

当用户想观察整个模型的部分对象时，应先选择这些对象，然后启动 3DFORBIT 命令。此时，仅所选对象显示在屏幕上。若其没有处在动态观察器的大圆内，就单击鼠标右键，选取【范围缩放】选项。

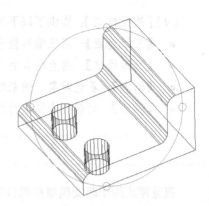

图 10-16　3D 动态视图

三维动态旋转的命令启动方法如下。

- 菜单命令:【视图】/【动态观察】/【自由动态观察】。
- 面板:【导航】面板上的 自由动态观察 按钮。
- 命令行：3DFORBIT。

启动 3DFORBIT 命令，AutoCAD 窗口中就出现 1 个大圆和 4 个均布的小圆，如图 10-16 所示。当鼠标光标移至圆的不同位置时，其形状将发生变化，不同形状的鼠标光标表明了当前视图的旋转方向。

一、球形光标

鼠标光标位于辅助圆内时，就变为这种形状，此时可假想一个球体将目标对象包裹起来。单击并拖动鼠标光标，就使球体沿鼠标光标拖动的方向旋转，因而模型视图也就旋转起来。

二、圆形光标

移动鼠标光标到辅助圆外，鼠标光标就变为图示形状，按住鼠标左键并将鼠标光标沿辅助圆拖动，就使 3D 视图旋转，旋转轴垂直于屏幕并通过辅助圆心。

三、水平椭圆形光标

当把鼠标光标移动到左、右小圆的位置时，其形状就变为水平椭圆。单击并拖动鼠标光标就使视图绕着一个铅垂轴线转动，此旋转轴线经过辅助圆心。

四、竖直椭圆形光标

将鼠标光标移动到上、下两个小圆的位置时，鼠标光标就变为这种形状。单击并拖动鼠标光标将使视图绕着一个水平轴线转动，此旋转轴线经过辅助圆心。

当 3DFORBIT 命令激活时，单击鼠标右键，弹出如图 10-17 所示的快捷菜单。

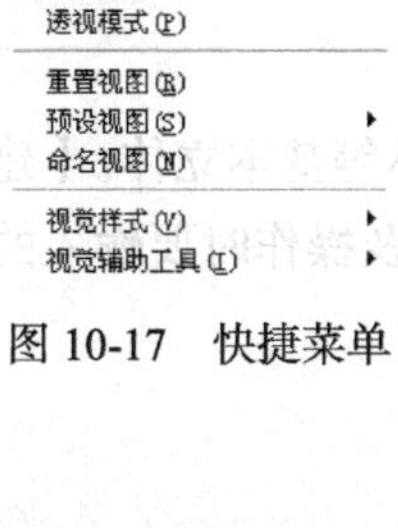

此快捷菜单中常用选项的功能如下。

退出 (X)
当前模式: 自由动态观察
其他导航模式 (O)
✓ 启用动态观察自动目标 (T)
动画设置 (A)...
缩放窗口 (W)
范围缩放 (E)
缩放上一个 (P)
✓ 平行模式 (A)
透视模式 (P)
重置视图 (R)
预设视图 (S)
命名视图 (N)
视觉样式 (V)
视觉辅助工具 (I)

图 10-17　快捷菜单

（1）【其他导航模式】：对三维视图执行平移、缩放操作。

（2）【缩放窗口】：用矩形窗口选择要缩放的区域。

（3）【范围缩放】：将所有 3D 对象构成的视图缩放到图形窗口的大小。

（4）【缩放上一个】：动态旋转模型后再回到旋转前的状态。

（5）【平行模式】：激活平行投影模式。

（6）【透视模式】：激活透视投影模式，透视图与眼睛观察到的图像极为接近。

（7）【重置视图】：将当前的视图恢复到激活 3DORBIT 命令时的视图。

（8）【预设视图】：提供了常用的标准视图，如前视图、左视图等。

（9）【视觉样式】：提供了以下的模型显示方式。

- 【三维隐藏】：用三维线框表示模型并隐藏不可见线条。
- 【三维线框】：用直线和曲线表示模型。
- 【概念】：着色对象，效果缺乏真实感，但可以清晰地显示模型细节。
- 【真实】：对模型表面进行着色，显示已附着于对象的材质。

10.2.3 视觉样式

视觉样式用于改变模型在视口中的显示外观，它是一组控制模型显示方式的设置，这些设置包括面设置、环境设置及边设置等。面设置控制视口中面的外观，环境设置控制阴影和背景，边设置控制如何显示边。当选择一种视觉样式时，AutoCAD 将在视口中按样式规定的形式显示模型。

AutoCAD 提供了以下 5 种默认的视觉样式，用户可在【视图】面板的【视觉样式】下拉列表中进行选择，也可通过选择菜单命令【视图】/【视觉样式】来选择。

- 二维线框：以线框形式显示对象，光栅图像、线型及线宽均可见，如图 10-18 所示。
- 三维线框：以线框形式显示对象，同时显示着色的 UCS 图标，光栅图像、线型及线宽可见，如图 10-18 所示。
- 三维隐藏：以线框形式显示对象并隐藏不可见线条，光栅图像及线宽可见，线型不可见，如图 10-18 所示。

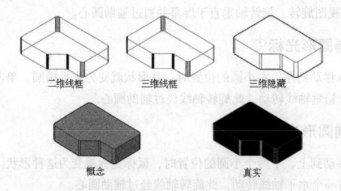

图 10-18　各种视觉样式的效果

- 概念：对模型表面进行着色，着色时采用从冷色到暖色的过渡而不是从深色到浅色的过渡。效果缺乏真实感，但可以很清晰地显示模型细节，如图 10-18 所示。
- 真实：对模型表面进行着色，显示已附着于对象的材质。光栅图像、线型及线宽均可见，如图 10-18 所示。

10.2.4 创建三维基本立体

利用 AutoCAD 能生成长方体、球体、圆柱体、圆锥体、楔形体及圆环体等基本立体。【建模】面板中包含了创建这些立体的命令按钮，表 10-1 列出了这些按钮的功能及操作时要输入的主要参数。

表 10-1 创建基本立体的命令按钮

按钮	功能	输入参数
长方体	创建长方体	指定长方体的一个角点，再输入另一角点的相对坐标
球体	创建球体	指定球心，输入球半径
圆柱体	创建圆柱体	指定圆柱体底面的中心点，输入圆柱体半径及高度
圆锥体	创建圆锥体及圆锥台	指定圆锥体底面的中心点，输入锥体底面半径及锥体高度 指定圆锥台底面的中心点，输入圆锥台底面半径、顶面半径及圆锥台高度
楔体	创建楔形体	指定楔形体的一个角点，再输入另一对角点的相对坐标
圆环体	创建圆环	指定圆环中心点，输入圆环体半径及圆管半径
棱锥体	创建棱锥体及棱锥台	指定棱锥体底面边数及中心点，输入棱锥体底面半径及锥体高度 指定棱锥台底面边数及中心点，输入棱锥台底面半径、顶面半径及棱锥台高度

创建长方体或其他基本立体时，也可通过单击一点设定参数的方式进行绘制。当 AutoCAD 提示输入相关数据时，用户移动鼠标光标到适当位置，然后单击一点，在此过程中立体的外观将显示出来，以便于用户初步确定立体形状。绘制完成后，可用 PROPERTIES 命令显示立体尺寸，并可对其进行修改。

【实例 10-3】创建长方体及圆柱体。

1. 进入三维建模工作空间。打开【视图】面板上的【视图控制】下拉列表，选择【东南等轴测】选项，切换到东南等轴测视图。再通过【视图】选项卡中【导航】面板上的【视觉样式】下拉列表设定当前模型显示方式为"二维线框"。

2. 单击【建模】面板上的 长方体 按钮，AutoCAD 提示如下。

命令: _box
指定第一个角点或 [中心(C)]: //指定长方体角点 A，如图 10-19 所示
指定其他角点或 [立方体(C)/长度(L)]: @100,200,300
//输入另一角点 B 的相对坐标，如图 10-19 所示

3. 单击【建模】面板上的 圆柱体 按钮，AutoCAD 提示如下。

命令: _cylinder
指定底面的中心点或 [三点(3P)/两点(2P)/切点、切点、半径(T)/椭圆(E)]:
//指定圆柱体底圆中心，如图 10-19 所示
指定底面半径或 [直径(D)] <80.0000>: 80 //输入圆柱体半径
指定高度或 [两点(2P)/轴端点(A)] <300.0000>: 300 //输入圆柱体高度

结果如图 10-19 所示。

4. 改变实体表面网格线的密度。

命令: isolines
输入 ISOLINES 的新值 <4>: 40 //设置实体表面网格线的数量，详见 10.2.15 节

选择菜单命令【视图】/【重生成】，重新生成模型，实体表面网格线变得更加密集。

5. 控制实体消隐后表面网格线的密度。

命令: facetres
输入 FACETRES 的新值 <0.5000>: 5 //设置实体消隐后的网格线密度，详见 10.2.15 节

启动 HIDE 命令，结果如图 10-19 所示。

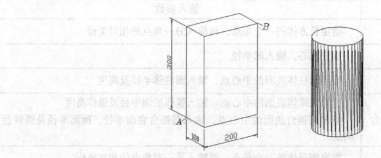

图 10-19 创建长方体及圆柱体

10.2.5 旋转二维对象形成实体

REVOLVE 命令可以旋转二维对象生成 3D 实体，若二维对象是闭合的，则生成实体，否则生成曲面。用户通过选择直线、指定两点或 x、y 轴来确定旋转轴。

REVOLVE 命令可以旋转以下二维对象。

* 直线、圆弧及椭圆弧。
* 二维多段线，二维样条曲线。
* 面域，实体上的平面。

【实例 10-4】练习 REVOLVE 命令。

打开素材文件 "\dwg\第 10 章\10-4.dwg"，用 REVOLVE 命令创建实体。单击【建模】面板上的 旋转 按钮，启动该命令。

```
命令：_revolve
选择要旋转的对象：找到 1 个      //选择要旋转的对象，该对象是面域，如图 10-20（a）所示
选择要旋转的对象：                                    //按 Enter 键
指定轴起点或根据以下选项之一定义轴 [对象(O)/X/Y/Z] <对象>：//捕捉端点 A
指定轴端点：                                         //捕捉端点 B
指定旋转角度或 [起点角度(ST)] <360>：st              //使用 "起点角度(ST)" 选项
指定起点角度 <0.0>：-30                              //输入回转起始角度
指定旋转角度 <360>：210                              //输入回转角度
```

再启动 HIDE 命令，结果如图 10-20（b）所示。

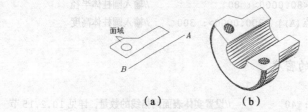

（a）   （b）

图 10-20 将二维对象旋转成 3D 实体

 若通过拾取两点来指定旋转轴，则轴的正向是从第一点指向第二点，旋转角的正方向按右手螺旋法则确定。

REVOLVE 命令的常用选项如下。

- 对象(O)：选择直线或实体的线性边作为旋转轴，轴的正方向是从拾取点指向最远端点。
- X/Y/Z：使用当前坐标系的 x、y、z 轴作为旋转轴。
- 起点角度(ST)：指定旋转起始位置与旋转对象所在平面的夹角，角度的正向以右手螺旋法则确定。

10.2.6　通过扫掠创建实体

SWEEP 命令可以将平面轮廓沿二维或三维路径进行扫掠形成实体或曲面，若二维轮廓是闭合的，则生成实体，否则生成曲面。扫掠时，轮廓一般会被移动并被调整到与路径垂直的方向。默认情况下，轮廓形心将与路径起始点对齐，但也可指定轮廓的其他点作为扫掠对齐点。

【实例 10-5】练习 SWEEP 命令。

1. 打开素材文件 "\dwg\第 10 章\10-5.dwg"。
2. 利用 PEDIT 命令将路径曲线 A 编辑成一条多段线。
3. 利用 SWEEP 命令将面域沿路径扫掠。

单击【建模】面板上的 扫掠 按钮，启动 SWEEP 命令。

命令：_sweep
选择要扫掠的对象：找到 1 个　　　　　　　　　//选择轮廓面域，如图 10-21（a）所示
选择要扫掠的对象：　　　　　　　　　　　　　 //按 Enter 键
选择扫掠路径或 [对齐(A)/基点(B)/比例(S)/扭曲(T)]：b　//使用 "基点(B)" 选项
指定基点： end 于　　　　　　　　　　　　　 //捕捉 B 点
选择扫掠路径或 [对齐(A)/基点(B)/比例(S)/扭曲(T)]：　//选择路径曲线 A

再启动 HIDE 命令，结果如图 10-21（b）所示。

（a）　　　　　　　　　　　　（b）

图 10-21　扫掠

SWEEP 命令的常用选项如下。

- 对齐(A)：指定是否将轮廓调整到与路径垂直的方向还是保持原有方向。默认情况下，AutoCAD 将使轮廓与路径垂直。
- 基点(B)：指定扫掠时的基点，该点将与路径起始点对齐。
- 比例(S)：路径起始点的处轮廓缩放比例为 1，路径结束处的缩放比例为输入值，中间轮廓沿路径连续变化。与选择点靠近的路径端点是路径的起始点。
- 扭曲(T)：设定轮廓沿路径扫掠时的扭转角度，角度值小于360°。该选项包含 "倾斜" 子选项，可使轮廓随三维路径自然倾斜。

10.2.7　通过放样创建实体

LOFT 命令可对一组平面轮廓曲线进行放样形成实体或曲面，若所有轮廓是闭合的，则生

成实体，否则生成曲面，如图 10-22 所示。注意，放样时轮廓线或是全部闭合或是全部开放，不能使用既包含开放轮廓又包含闭合轮廓的选择集。

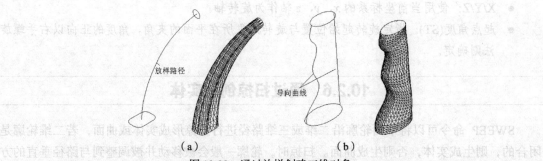

（a）　　　　　　　　（b）

图 10-22　通过放样创建三维对象

放样实体或曲面中间轮廓的形状可利用放样路径控制，如图 10-22（a）所示。放样路径始于第一个轮廓所在的平面，终于最后一个轮廓所在的平面。导向曲线是另一种控制放样形状的方法，将轮廓上对应的点通过导向曲线连接起来，使轮廓按预定方式进行变化，如图 10-22（b）所示。轮廓的导向曲线可以有多条，但每条导向曲线都必须与各轮廓相交，始于第一个轮廓，止于最后一个轮廓。

【实例 10-6】练习 LOFT 命令。

1. 打开素材文件 "\dwg\第 10 章\10-6.dwg"。

2. 利用 PEDIT 命令将线条 A、D、E 编辑成多段线，如图 10-23 所示。

3. 利用 LOFT 命令在轮廓 B、C 间放样，路径曲线是 A。

单击【建模】面板上的 放样 按钮，启动 LOFT 命令。

命令: _loft

按放样次序选择横截面:总计 2 个　　　　　　　//选择轮廓 B、C，如图 10-23（a）所示

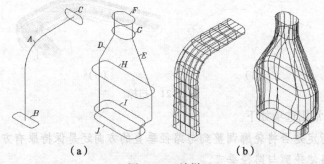

（a）　　　　　　　　（b）

图 10-23　放样

按放样次序选择横截面:　　　　　　　　　　　//按 Enter 键

输入选项 [导向(G)/路径(P)/仅横截面(C)] <仅横截面>: P

　　　　　　　　　　　　　　　　　　　　　　//使用 "路径(P)" 选项

选择路径曲线:　　　　　　　　　　　　　　　//选择路径曲线 A

结果如图 10-23（b）所示。

4. 利用 LOFT 命令在轮廓 F、G、H、I 及 J 间放样，导向曲线是 D、E。

命令: _loft

按放样次序选择横截面:总计 5 个　　　　　　　//选择轮廓 F、G、H、I 及 J

按放样次序选择横截面:　　　　　　　　　　　//按 Enter 键

输入选项 [导向(G)/路径(P)/仅横截面(C)] <仅横截面>：G
　　　　　　　　　　　　　　　　　//使用"导向(G)"选项
选择导向曲线：总计 2 个　　　　　　//导向曲线是 D、E
选择导向曲线：　　　　　　　　　　//按 Enter 键

结果如图 10-23（b）所示。

10.2.8　3D 移动

用户可以使用 MOVE 命令在三维空间中移动对象，其操作方式与在二维空间中一样，只不过当通过输入距离来移动对象时，必须输入沿 x、y、z 轴 3 个方向的距离值。

AutoCAD 提供了专门用来在三维空间中移动对象的命令 3DMOVE，该命令还能移动实体的面、边及顶点等子对象（按住 Ctrl 键可选择子对象）。3DMOVE 命令的操作方式与 MOVE 命令类似，但前者使用起来更形象、更直观。

【实例 10-7】练习 3DMOVE 命令。

1. 打开素材文件 "\dwg\第 10 章\10-7.dwg"。

2. 单击【修改】面板上的 ⊕ 按钮，启动 3DMOVE 命令，将对象 A 由基点 B 移动到第二点 C，再通过输入距离的方式移动对象 D，移动距离为 "40,-50"，结果如图 10-24（b）所示。

3. 重复命令，选择对象 E，按 Enter 键，AutoCAD 显示附着在 E 上的移动工具，该工具 3 个轴的方向与当前坐标轴的方向一致，如图 10-25（a）所示。

4. 移动光标到 y 轴上，停留一会儿，显示出移动辅助线，单击鼠标左键确认，物体的移动方向被约束到与轴的方向一致处。

5. 若将光标移动到两轴间的短线处，停住直至两条短线变成黄色，则表明移动被限制在两条短线构成的平面内。

6. 移动方向确定后，输入移动距离 50，结果如图 10-25（b）所示，也可通过单击一点移动对象。

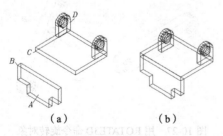

　　（a）　　　　　　　　（b）

图 10-24　指定两点或距离移动对象

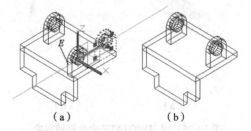

　　（a）　　　　　　　　（b）

图 10-25　利用移动辅助工具移动对象

10.2.9　3D 旋转

使用 ROTATE 命令仅能使对象在 xy 平面内旋转，即旋转轴只能是 z 轴。ROTATE3D 及 3DROTATE 命令是 ROTATE 的 3D 版本，这两个命令能使对象绕 3D 空间中的任意轴旋转。此外，ROTATE3D 命令还能旋转实体的表面（按住 Ctrl 键选择实体表面）。下面介绍这两个命令的用法。

【实例 10-8】练习 3DROTATE 命令。

1. 打开素材文件 "\dwg\第 10 章\10-8.dwg"。

2. 单击【视图】选项卡中【导航】面板上的 ⊕ 按钮，启动 3DROTATE 命令，选择要移动的对象，按 Enter 键，AutoCAD 显示附着在鼠标光标上的旋转工具，如图 10-26（a）所示，该工具包含表示旋转方向的 3 个辅助圆。

3. 移动鼠标光标到 A 点处，并捕捉该点，旋转工具就被放置在此点，如图 10-26（a）所示。

4. 将鼠标光标移动到圆 B 处后停住，直至圆变为黄色，同时出现以圆为回转方向的回转轴，单击鼠标左键确认。回转轴与当前坐标系的坐标轴是平行的，且轴的正方向与坐标轴的正向一致。

5. 输入回转角度值 "-90"，结果如图 10-26 右图所示。角度的正方向可按右手螺旋法则确定，也可通过单击一点指定回转起点，然后再单击一点指定回转终点来确定。

ROTATE3D 命令没有提供指示回转方向的辅助工具，但使用此命令时，可通过拾取两点来设置回转轴。而 3DROTATE 命令则没有此功能，它只能沿与当前坐标轴平行的方向来设置回转轴。

【实例 10-9】练习 ROTATE3D 命令。

打开素材文件 "\dwg\第 10 章\10-9.dwg"，用 ROTATE3D 命令旋转 3D 对象

命令: _rotate3d   //输入 ROTATE3D 命令
选择对象: 找到 1 个   //选择要旋转的对象
选择对象: //按 Enter 键
指定轴上的第一个点或定义轴依据[对象(O)/最近的(L)/视图(V)/X 轴(X)/Y 轴(Y)/Z 轴(Z)/两点(2)]:
                                                  //指定旋转轴上的第一点 A，如图 10-27 所示
指定轴上的第二点: //指定旋转轴上的第二点 B
指定旋转角度或 [参照(R)]: 60   //输入旋转的角度值

结果如图 10-27 所示。

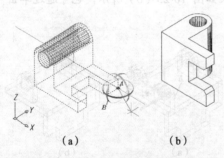
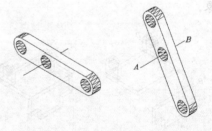

图 10-26　用 3DROTATE 命令旋转对象　　　图 10-27　用 ROTATE3D 命令旋转对象

ROTATE3D 命令的常用选项如下。

● 对象(O): AutoCAD 根据选择的对象来设置旋转轴。若用户选择直线，则该直线就是旋转轴，而且旋转轴的正方向是从选择点开始指向远离选择点的那一端。若选择圆或圆弧，则旋转轴通过圆心并与圆或圆弧所在的平面垂直。

● 最近的(L): 该选项将上一次使用 ROTATE3D 命令时定义的轴作为当前旋转轴。

● 视图(V): 旋转轴垂直于当前视区，并通过用户的选取点。

● X 轴(X): 旋转轴平行于 x 轴，并通过用户的选取点。

- Y 轴(Y)：旋转轴平行于 y 轴，并通过用户的选取点。
- Z 轴(Z)：旋转轴平行于 z 轴，并通过用户的选取点。
- 两点(2)：通过指定两点来设置旋转轴。
- 指定旋转角度：输入正或负的旋转角，角度正方向由右手螺旋法则确定。
- 参照(R)：选择此选项后，AutoCAD 将提示 "指定参照角 <0>:"，此时输入参考角度值或拾取两点来指定参考角度，当 AutoCAD 继续提示 "指定新角度:" 时，再输入新的角度值或拾取另外两点来指定新参考角，新角度减去初始参考角就是实际的旋转角度。常用 "参照(R)" 选项将 3D 对象从最初位置旋转到与某一方向对齐的另一位置。

使用 ROTATE3D 命令时，用户应注意确定旋转轴的正方向。当旋转轴平行于坐标轴时，坐标轴的方向就是旋转轴的正方向。如果用户通过两点来指定旋转轴，那么轴的正方向是从第一个选取点指向第二个选取点。

10.2.10 3D 阵列

3DARRAY 命令是二维 ARRAY 命令的 3D 版本。通过该命令，用户可以在三维空间中创建对象的矩形阵列或环形阵列。

【实例 10-10】练习 3DARRAY 命令。

打开素材文件 "\dwg\第 10 章\10-10.dwg"，用 3DARRAY 命令创建矩形阵列及环形阵列。单击【修改】面板上的 按钮，启动 3DARRAY 命令。

```
命令：_3darray
选择对象：找到 1 个                    //选择要阵列的对象，如图 10-28 所示
选择对象：                            //按 Enter 键
输入阵列类型 [矩形(R)/环形(P)] <矩形>：//指定矩形阵列
输入行数 (…) <1>：2                   //输入行数，行的方向平行于 x 轴
输入列数 (|||) <1>：3                 //输入列数，列的方向平行于 y 轴
输入层数 (…) <1>：3                   //指定层数，层数表示沿 z 轴方向的分布数目
指定行间距 (…)：50                    //输入行间距，若输入负值，则阵列方向沿 x 轴负方向
指定列间距 (|||)：80                  //输入列间距，若输入负值，则阵列方向沿 y 轴负方向
指定层间距 (…)：120                   //输入层间距，若输入负值，则阵列方向沿 z 轴负方向
```

启动 HIDE 命令，结果如图 10-28 所示。

如果选择 "环形(P)" 选项，就能建立环形阵列，此时 AutoCAD 提示如下。

```
输入阵列中的项目数目：6              //输入环形阵列的数目
指定要填充的角度 (+=逆时针，-=顺时针) <360>：
//输入环形阵列的角度值，可以输入正值或负值，角度正方向由右手螺旋法则确定
旋转阵列对象？[是(Y)/否(N)]<是>：    //按 Enter 键，阵列的同时旋转对象
指定阵列的中心点：                  //指定旋转轴的第一点 A，如图 10-29 所示
指定旋转轴上的第二点：              //指定旋转轴的第二点 B
```

启动 HIDE 命令，结果如图 10-29 所示。

旋转轴的正方向是从第一个指定点指向第二个指定点，沿该方向伸出大拇指，则其他 4 个手指的弯曲方向就是旋转角的正方向。

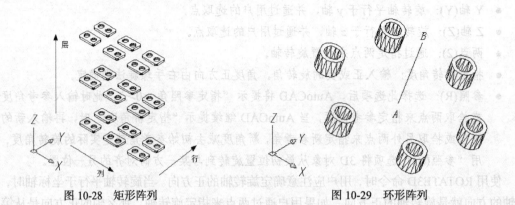

图 10-28　矩形阵列　　　　　　　　　　　　　图 10-29　环形阵列

10.2.11　3D 镜像

如果镜像线是当前坐标系 xy 平面内的直线，则使用常见的 MIRROR 命令就可对 3D 对象进行镜像复制。但若想以某个平面作为镜像平面来创建 3D 对象的镜像复制，就必须使用 MIRROR3D 命令。如图 10-30 所示，把 A、B、C 点定义的平面作为镜像平面，对实体进行镜像。

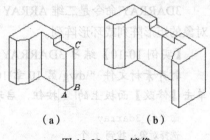

（a）　　　　　　（b）

图 10-30　3D 镜像

【实例 10-11】练习 MIRROR3D 命令。

打开素材文件 "\dwg\第 10 章\10-11.dwg"，单击【修改】面板上的 按钮或输入命令代号 MIRROR3D，启动 MIRROR3D 命令。

```
命令：_mirror3d
选择对象：找到 1 个                      //选择要镜像的对象
选择对象：                              //按 Enter 键
指定镜像平面（三点）的第一个点或[对象(O)/最近的(L)/Z 轴(Z)/视图(V)/XY 平面(XY)/YZ 平面(YZ)/ZX
平面(ZX)/三点(3)]<三点>：
                                       //利用 3 点指定镜像平面，捕捉第一点 A，如图 10-30（a）所示
在镜像平面上指定第二点：                  //捕捉第二点 B
在镜像平面上指定第三点：                  //捕捉第三点 C
是否删除源对象？[是(Y)/否(N)] <否>：      //按 Enter 键不删除源对象
```

结果如图 10-30（b）所示。

MIRROR3D 命令有以下选项，利用这些选项就可以在三维空间中定义镜像平面。

● 对象(O)：以圆、圆弧、椭圆及 2D 多段线等二维对象所在的平面作为镜像平面。

● 最近的：该选项指定上一次 MIRROR3D 命令使用的镜像平面作为当前镜像平面。

● Z 轴(Z)：用户在三维空间中指定两个点，镜像平面将垂直于两点的连线，并通过第一个选取点。

● 视图(V)：镜像平面平行于当前视区，并通过用户的拾取点。

● XY 平面(XY)/YZ 平面(YZ)/ZX 平面(ZX)：镜像平面平行于 xy、yz 或 zx 平面，并通过用户的拾取点。

10.2.12　3D 对齐

3DALIGN 命令在 3D 建模中非常有用，通过此命令，用户可以指定源对象与目标对象的对齐点，从而使源对象的位置与目标对象的位置对齐。例如，用户利用 3DALIGN 命令让对象 M（源对象）某一平面上的 3 点与对象 N（目标对象）某一平面上的 3 点对齐，操作完成后，M、N 两对象将重合在一起，如图 10-31 所示。

【实例 10-12】练习 3DALIGN 命令。

打开素材文件 "\dwg\第 10 章\10-12.dwg"，用 3DALIGN 命令对齐 3D 对象。单击【修改】面板上的按钮，启动 3DALIGN 命令。

```
命令: _3dalign
选择对象: 找到 1 个                          //选择要对齐的对象
选择对象:                                   //按 Enter 键
指定基点或 [复制(C)]:                        //捕捉源对象上的第一点 A, 如图 10-31（a）所示
指定第二个点或 [继续(C)] <C>:                //捕捉源对象上的第二点 B
指定第三个点或 [继续(C)] <C>:                //捕捉源对象上的第三点 C
指定第一个目标点:                            //捕捉目标对象上的第一点 D
指定第二个目标点或 [退出(X)] <X>:            //捕捉目标对象上的第二点 E
指定第三个目标点或 [退出(X)] <X>:            //捕捉目标对象上的第三点 F
```

结果如图 10-31（b）所示。

使用 3DALIGN 命令时，用户不必指定所有的 3 对对齐点。以下说明提供不同数量的对齐点时，AutoCAD 如何移动源对象。

- 如果仅指定一对对齐点，那么 AutoCAD 就把源对象由第一个源点移动到第一目标点处。

- 若指定两对对齐点，则 AutoCAD 移动源对象后，将使两个源点的连线与两个目标点的连线重合，并让第一个源点与第一目标点也重合。

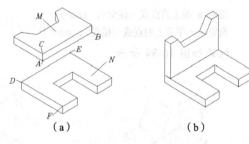

图 10-31　3D 对齐

- 如果用户指定 3 个对齐点，那么命令结束后，3 个源点定义的平面将与 3 个目标点定义的平面重合在一起。选择的第一个源点要移动到第一个目标点的位置，前两个源点的连线与前两个目标点的连线重合。第 3 个目标点的选取顺序若与第 3 个源点的选取顺序一致，则两个对象平行对齐；否则，两个对象相对对齐。

10.2.13　用户坐标系

默认情况下，AutoCAD 坐标系统是世界坐标系，该坐标系是一个固定坐标系。用户也可在三维空间中建立自己的坐标系（UCS），该坐标系是一个可变动的坐标系，坐标轴正向按右手螺旋法则确定。三维绘图时，UCS 坐标系特别有用，因为用户可以在任意位置、沿任意方向建立 UCS，从而使得三维绘图变得更加容易。

在 AutoCAD 中，多数 2D 命令只能在当前坐标系的 xy 平面或与 xy 平面平行的平面内执行。若用户想在 3D 空间的某一平面内使用 2D 命令，则应在此平面位置创建新的 UCS。

【实例 10-13】在三维空间中创建坐标系。

1. 打开素材文件 "\dwg\第 10 章\10-13.dwg"。

2. 改变坐标原点。输入 UCS 命令，AutoCAD 提示如下。

命令：ucs
指定 UCS 的原点或 [面(F)/命名(NA)/对象(OB)/上一个(P)/视图(V)/世界(W)/X/Y/Z/Z 轴(ZA)] <世界>：
　　　　　　　　　　　　　　　　　　　　　　　　　//捕捉 A 点
指定 x 轴上的点或 <接受>：　　　　　　　　　　　　//按 Enter 键

结果如图 10-32 所示。

3. 将 UCS 坐标系绕 x 轴旋转 90°。

命令：UCS
指定 UCS 的原点或 [面(F)/命名(NA)/对象(OB)/上一个(P)/视图(V)/世界(W)/X/Y/Z/Z 轴(ZA)] <世界>：
x　　　　　　　　　　　　　　　　　　　　　　　　//使用 "X" 选项
指定绕 x 轴的旋转角度 <90>：90　　　　　　　　　　//输入旋转角度

结果如图 10-33 所示。

4. 利用 3 点定义新坐标系。

命令：UCS
指定 UCS 的原点或 [面(F)/命名(NA)/对象(OB)/上一个(P)/视图(V)/世界(W)/X/Y/Z/Z 轴(ZA)] <世界>：
end 于　　　　　　　　　　　　　　　　　　　　　//捕捉 B 点
指定 x 轴上的点或 <接受>：end 于　　　　　　　　 //捕捉 C 点
指定 xy 平面上的点或 <接受>：end 于　　　　　　　//捕捉 D 点

结果如图 10-34 所示。

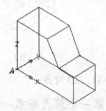
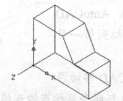
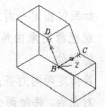

图 10-32　改变坐标原点　　　　图 10-33　坐标系绕 x 轴旋转 90　　　图 10-34　利用 3 点定义新坐标系

除用 UCS 命令改变坐标系外，用户也可打开动态 UCS 功能，使 UCS 坐标系的 xy 平面在绘图过程中自动与某一平面对齐。按 F6 键或按下状态栏上的 按钮，就能打开动态 UCS 功能。启动二维或三维绘图命令，将鼠标光标移动到要绘图的实体面，该实体面亮显，表明坐标系的 xy 平面临时与实体面对齐，绘制的对象将处于此面内。绘图完成后，UCS 坐标系又返回原来状态。

10.2.14　使坐标系的 xy 平面与屏幕对齐

PLAN 命令可以生成坐标系的 xy 平面视图，即视点位于坐标系的 z 轴上，此时，xy 坐标面与屏幕对齐，该命令在三维建模过程中非常有用。例如，当用户想在 3D 空间的某个平面上绘图时，可先以该平面为 xy 坐标面创建 UCS 坐标系，然后使用 PLAN 命令使坐标系的 xy 平面视图显示在屏幕上，这样在三维空间的某一平面上绘图就如同画一般的二维图了。

启动 PLAN 命令，AutoCAD 提示"输入选项 [当前 UCS(C)/UCS(U)/世界(W)] <当前 UCS>:"，按 Enter 键，当前坐标系的 xy 平面就与屏幕对齐。

10.2.15　与实体显示有关的系统变量

与实体显示有关的系统变量有 3 个：ISOLINES、FACETRES 及 DISPSILH，分别介绍如下。

- ISOLINES：此变量用于设定实体表面网格线的数量，如图 10-35 所示。
- FACETRES：用于设置实体消隐或渲染后的表面网格密度。此变量值的范围为 0.01～10.0，值越大表明网格越密，消隐或渲染后的表面越光滑，如图 10-36 所示。
- DISPSILH：用于控制消隐时是否显示出实体表面网格线。若此变量值为 0，则显示网格线；若为 1，则不显示网格线，如图 10-37 所示。

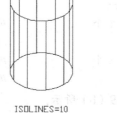

图 10-35　ISOLINES 变量

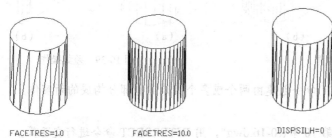

图 10-36　FACETRES 变量　　　　　　　　图 10-37　DISPSILH 变量

10.2.16　利用布尔运算构建复杂实体模型

前面已经介绍了如何生成基本三维实体及由二维对象转换得到三维实体，将这些简单实体放在一起，然后进行布尔运算就能构建复杂的三维模型。

布尔运算包括并集、差集及交集。

- 并集操作：UNION 命令将两个或多个实体合并在一起形成新的单一实体。操作对象既可以是相交的，也可以是分离开的。

【实例 10-14】并集操作。

1. 打开素材文件 "\dwg\第 10 章\10-14.dwg"，用 UNION 命令进行并运算。

2. 单击【实体编辑】面板上的 ◎ 按钮或键入 UNION 命令，AutoCAD 提示如下。

```
命令: _union
选择对象: 找到 2 个          //选择圆柱体及长方体，如图 10-38（a）所示
选择对象:                    //按 Enter 键
```

结果如图 10-38（b）所示。

● 差集操作：SUBTRACT 命令将实体构成的一个选择集从另一选择集中减去。操作时，用户首先选择被减对象，构成第一选择集，然后选择要减去的对象，构成第二选择集，操作结果是第一选择集减去第二选择集后形成的新对象。

【实例 10-15】差集操作。

1. 打开素材文件 "\dwg\第 10 章\10-15.dwg"，用 SUBTRACT 命令进行差运算。

2. 选择菜单命令【修改】/【实体编辑】/【差集】或输入 SUBTRACT 命令，AutoCAD 提示如下。

```
命令: _subtract
选择对象: 找到 1 个          //选择长方体，如图 10-39（a）所示
选择对象:                    //按 Enter 键
选择对象: 找到 1 个          //选择圆柱体
选择对象:                    //按 Enter 键
```

结果如图 10-39（b）所示。

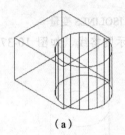 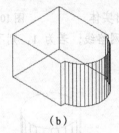 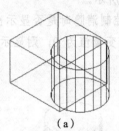 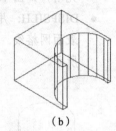

（a）　　　　　　　　　（b）　　　　　　　　　（a）　　　　　　　　　（b）

图 10-38　并集操作　　　　　　　　　　　图 10-39　差集操作

● 交集操作：INTERSECT 命令创建由两个或多个实体重叠部分构成的新实体。

【实例 10-16】交集操作。

1. 打开素材文件 "\dwg\第 10 章\10-16.dwg"，用 INTERSECT 命令进行交运算。

2. 选择菜单命令【修改】/【实体编辑】/【交集】或输入 INTERSECT 命令，AutoCAD 提示如下。

```
命令: _intersect
选择对象:                    //选择圆柱体和长方体，如图 10-40（a）所示
选择对象:                    //按 Enter 键
```

结果如图 10-40（b）所示。

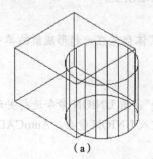 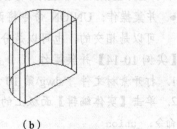

（a）　　　　　　　　　（b）

图 10-40　交集操作

【实例 10-17】绘制图 10-41 所示支撑架的实体模型，通过此例演示三维建模的过程。

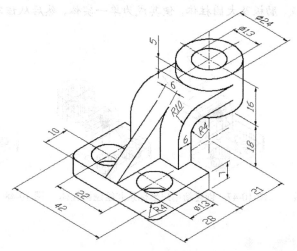

图 10-41　支撑架实体模型

1. 创建一个新图形。

2. 选择菜单命令【视图】/【三维视图】/【东南等轴测】，切换到东南等轴测视图。在 xy 平面内绘制底板的轮廓形状，并将其创建成面域，结果如图 10-42 所示。

3. 拉伸面域形成底板的实体模型，结果如图 10-43 所示。

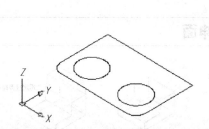

图 10-42　绘制底板的轮廓形状并创建面域

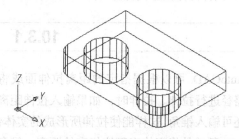

图 10-43　形成底板的实体模型

4. 建立新的用户坐标系，在 xy 平面内绘制弯板及三角形肋板的二维轮廓，并将其创建成面域，结果如图 10-44 所示。

5. 拉伸面域 A、B，形成弯板及肋板的实体模型，结果如图 10-45 所示。

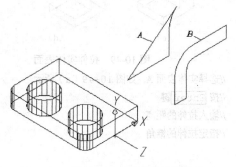

图 10-44　绘制弯板及肋板并创建面域

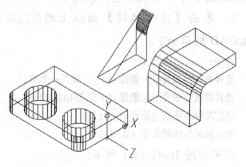

图 10-45　形成弯板及肋板的实体模型

6. 利用 MOVE 命令将弯板及肋板移动到正确的位置，结果如图 10-46 所示。

7. 建立新的用户坐标系，如图 10-47（a）所示，再绘制两个圆柱体，如图 10-47（b）所示。

8. 合并底板、弯板、肋板及大圆柱体，使其成为单一实体，然后从该实体中去除小圆柱体，结果如图 10-48 所示。

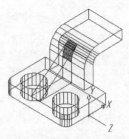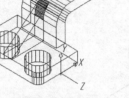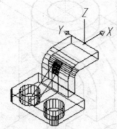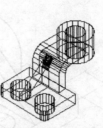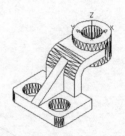

图 10-46　移动弯板及肋板　　　图 10-47　创建新用户坐标系并绘制圆柱体　　图 10-48　执行并运算及差运算

10.3 知识拓展——编辑实心体表面

除了可对实体进行倒角、阵列、镜像及旋转等操作外，用户还能编辑实体模型的表面。常用的表面编辑功能主要包括拉伸面、旋转面和压印对象等。

10.3.1 拉伸面

AutoCAD 可以根据指定的距离拉伸面或将面沿某条路径进行拉伸。拉伸时，如果输入拉伸距离值，那么还可输入锥角，这样能使拉伸所形成的实体锥化。图 10-49 所示是将实体表面按指定的距离、锥角及沿路径进行拉伸的结果。

【实例 10-18】拉伸面。

1. 打开素材文件 "\dwg\第 10 章\10-18.dwg"，利用 SOLIDEDIT 命令拉伸实体表面。

2. 单击【实体编辑】面板上的 拉伸面 按钮，AutoCAD 提示如下。

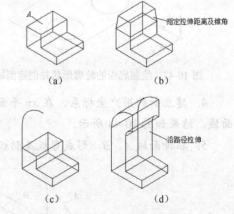

图 10-49　拉伸实体表面

```
命令：_solidedit
选择面或 [放弃(U)/删除(R)]：找到一个面。      //选择实体表面 A，如图 10-49（a）所示
选择面或 [放弃(U)/删除(R)/全部(ALL)]：        //按 Enter 键
指定拉伸高度或 [路径(P)]：50                    //输入拉伸的距离
指定拉伸的倾斜角度 <0>：5                       //指定拉伸的锥角
```

结果如图 10-49（b）所示。

SOLIDEDIT 命令的常用选项如下。

● 指定拉伸高度：输入拉伸距离及锥角来拉伸面。对于每个面规定其外法线方向是正方向，当输入的拉伸距离是正值时，面将沿其外法线方向拉伸；否则，将向相反方向拉伸。在指定拉伸距离后，AutoCAD 会提示输入锥角，若输入正的锥角值，则将使面向实体内部锥化；否则，将使面向实体外部锥化，如图 10-50 所示。

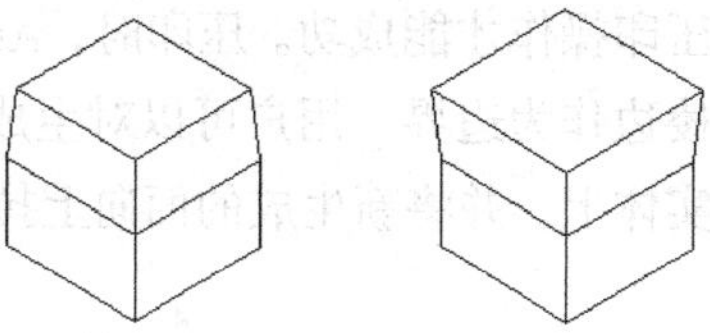

（a）正锥角　　　（b）负锥角

图 10-50　拉伸并锥化面

- 路径(P)：沿着一条指定的路径拉伸实体表面，拉伸路径可以是直线、圆弧、多段线及 2D 样条线等。作为路径的对象不能与要拉伸的表面共面，也应避免路径曲线的某些局部区域有较高的曲率；否则，可能使新形成的实体在路径曲率较高处出现自相交的情况，从而导致拉伸失败。

 用户可用 PEDIT 命令的"合并(J)"选项将当前坐标系 xy 平面内的几段连续线条连接成多段线，这样就可以将其定义为拉伸路径了。

10.3.2　旋转面

通过旋转实体的表面就可改变面的倾斜角度，或者将一些结构特征（如孔、槽等）旋转到新的方位。如图 10-51 所示，将 A 面的倾斜角修改为 120°，并把槽旋转 90°。

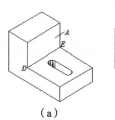 

（a）　　　　　（b）

图 10-51　旋转面

在旋转面时，用户可通过拾取两点、选择某条直线或设定旋转轴平行于坐标轴等方法来指定旋转轴，另外，应注意确定旋转轴的正方向。

【实例 10-19】旋转面。

1. 打开素材文件 "\dwg\第 10 章\10-19.dwg"，利用 SOLIDEDIT 命令旋转实体表面。

2. 单击【实体编辑】面板上的 旋转面按钮，AutoCAD 提示如下。

```
命令: _solidedit
选择面或 [放弃(U)/删除(R)]: 找到一个面。        //选择表面 A, 如图 10-51（a）所示
选择面或 [放弃(U)/删除(R)/全部(ALL)]:          //按 Enter 键
指定轴点或 [经过对象的轴(A)/视图(V)/X 轴(X)/Y 轴(Y)/Z 轴(Z)] <两点>:
                                              //捕捉旋转轴上的第一点 D
在旋转轴上指定第二个点:                         //捕捉旋转轴上的第二点 E
指定旋转角度或 [参照(R)]: -30                  //输入旋转角度
```

结果如图 10-51（b）所示。

SOLIDEDIT 命令的常用选项如下。

- 两点：指定两点来确定旋转轴，轴的正方向是由第一个选择点指向第二个选择点。
- x 轴(X)/y 轴(Y)/z 轴(Z)：旋转轴平行于 x 轴、y 轴或 z 轴，并通过拾取点。旋转轴的正方向与坐标轴的正方向一致。

10.3.3　压印

压印（Imprint）可以把圆、直线、多段线、样条曲线、面域及实心体等对象压印到三维实

体上，使其成为实体的一部分。用户必须使被压印的几何对象在实体表面内或与实体表面相交，压印操作才能成功。压印时，AutoCAD 将创建新的表面，该表面以被压印的几何图形及实体的棱边作为边界，用户可以对生成的新面进行拉伸和旋转等操作。如图 10-52 所示，将圆压印在实体上，并将新生成的面向上拉伸。

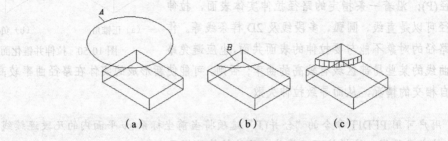

图 10-52　压印

【实例 10-20】压印。

1. 打开素材文件"\dwg\第 10 章\10-20.dwg"。单击【实体编辑】面板上的 压印 按钮，AutoCAD 提示如下。

选择三维实体：	//选择实体模型
选择要压印的对象：	//选择圆 A，如图 10-52（a）所示
是否删除源对象？ <N>: y	//删除圆 A
选择要压印的对象：	//按 Enter 键

2. 单击 拉伸面 按钮，AutoCAD 提示如下。

选择面或 [放弃(U)/删除(R)]：找到一个面	//选择表面 B
选择面或 [放弃(U)/删除(R)/全部(ALL)]：	//按 Enter 键
指定拉伸高度或 [路径(P)]：10	//输入拉伸高度
指定拉伸的倾斜角度 <0>:	//按 Enter 键

结果如图 10-52（c）所示。

10.3.4　抽壳

　　用户可以利用抽壳的方法将一个实体模型生成一个空心的薄壳体。在使用抽壳功能时，用户要先指定壳体的厚度，然后 AutoCAD 把现有的实体表面偏移指定的厚度值以形成新的表面，这样，原来的实体就变为一个薄壳体。如果指定正的厚度值，则 AutoCAD 就在实体内部创建新面；否则，在实体的外部创建新面。

另外，在抽壳操作过程中，用户还能将实体的某些面去除，以形成开口的薄壳体，图 10-53（b）所示是把实体进行抽壳并去除其顶面的结果。

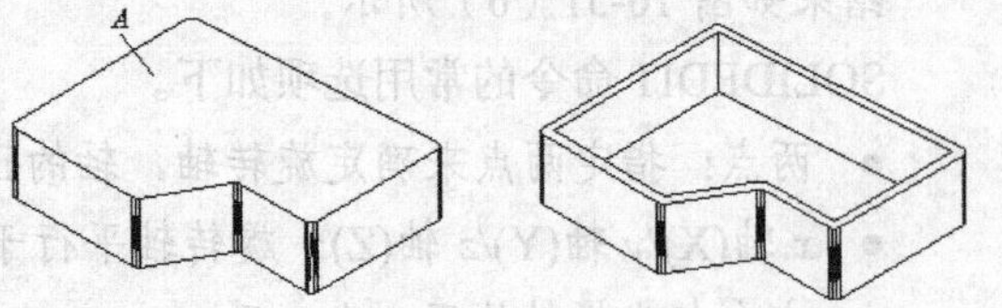

图 10-53　抽壳

【实例 10-21】抽壳。

1. 打开素材文件 "\dwg\第 10 章 \10-21.dwg"，利用 SOLIDEDIT 命令创建一个薄壳体。

2. 单击【实体编辑】面板上的 抽壳 按钮，AutoCAD 提示如下。

选择三维实体： //选择要抽壳的对象
删除面或 [放弃(U)/添加(A)/全部(ALL)]：找到一个面，已删除 1 个
//选择要删除的表面 A，如图 10-53（a）所示
删除面或 [放弃(U)/添加(A)/全部(ALL)]： //按 Enter 键
输入抽壳偏移距离：10 //输入壳体厚度
结果如图 10-53（b）所示。

10.4 工程实例——实体建模

本节提供的绘图练习，目的是使读者掌握构建实体模型的方法。

【实例 10-22】绘制如图 10-54 所示立体的实体模型。

1. 选取菜单命令【视图】/【三维视图】/【东南等轴测】，切换到东南轴测视图。

2. 创建新坐标系，在 xy 平面内绘制平面图形，其中连接两圆心的线条为多段线，如图 10-55 所示。

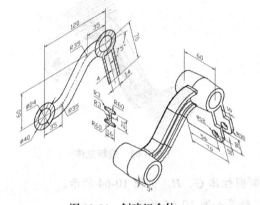

图 10-54　创建组合体

图 10-55　绘制多段线

3. 拉伸两个圆形成立体 A、B，如图 10-56 所示。

4. 对立体 A、B 进行镜像操作，结果如图 10-57 所示。

5. 创建新坐标系，在 xy 平面内绘制平面图形，并将该图形创建成面域，如图 10-58 所示。

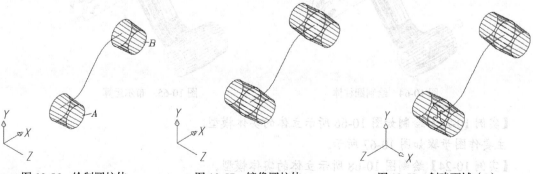

图 10-56　绘制圆柱体　　　　图 10-57　镜像圆柱体　　　　图 10-58　创建面域（1）

6. 沿多段线路径拉伸面域，创建立体，结果如图 10-59 所示。

7. 创建新坐标系，在 xy 平面内绘制平面图形，并将该图形创建成面域，如图 10-60 所示。

8. 拉伸面域形成立体，并将该立体移动到正确的位置，如图 10-61 所示。

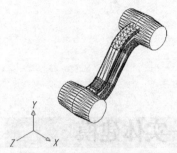
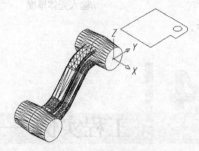
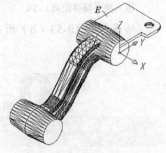

图 10-59　拉伸面域（1）　　　　图 10-60　创建面域（2）　　　　图 10-61　拉伸面域（2）

9. 以 xy 平面为镜像面镜像立体 E，结果如图 10-62 所示。

10. 将立体 E、F 绕 x 轴逆时针旋转 75°，再对所有立体执行"并"运算，结果如图 10-63 所示。

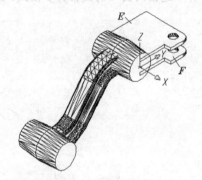
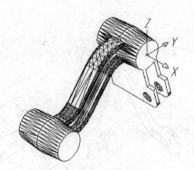

图 10-62　镜像立体 E　　　　　　　　图 10-63　旋转立体

11. 将坐标系绕 y 轴旋转 90°，然后绘制圆柱体 G、H，如图 10-64 所示。

12. 将圆柱体 G、H 从模型中"减去"，结果如图 10-65 所示。

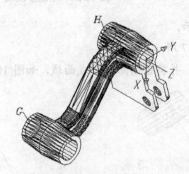
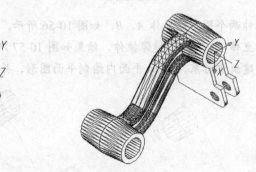

图 10-64　绘制圆柱体　　　　　　　　图 10-65　布尔运算

【实例 10-23】绘制如图 10-66 所示立体的实体模型。

主要作图步骤如图 10-67 所示。

【实例 10-24】绘制图 10-68 所示立体的实体模型。

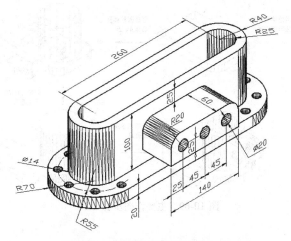

图 10-66　创建实体模型练习（1）

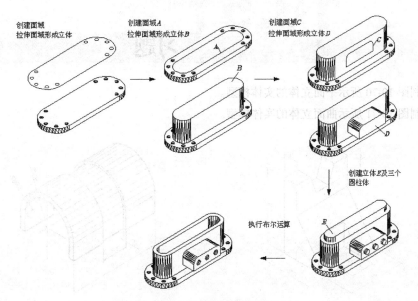

图 10-67　主要作图步骤（1）

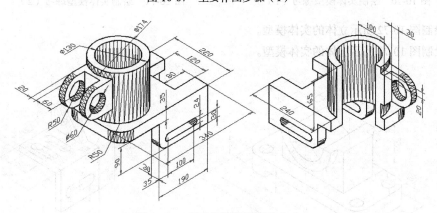

图 10-68　创建实体模型练习（2）

主要作图步骤如图 10-69 所示。

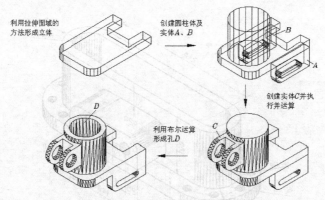

图 10-69　主要作图步骤（2）

10.5 习题

1. 绘制图 10-70 所示平面立体的实体模型。
2. 绘制图 10-71 所示曲面立体的实体模型。

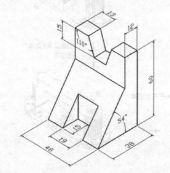

图 10-70　绘制实体模型练习（1）

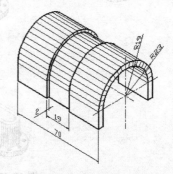

图 10-71　绘制实体模型练习（2）

3. 绘制图 10-72 所示立体的实体模型。
4. 绘制图 10-73 所示立体的实体模型。

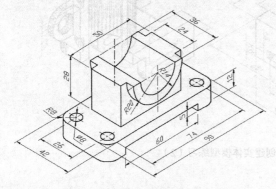

图 10-72　绘制实体模型练习（3）

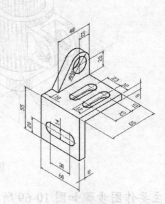

图 10-73　绘制实体模型练习（4）

5. 绘制图 10-74 所示立体的实体模型。

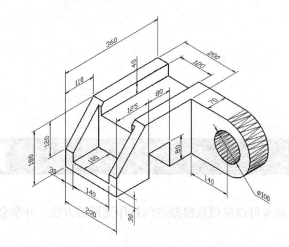

图 10-74 绘制实体模型练习（5）

第11章

打印图形

通过本章的学习，读者可以掌握从模型空间打印图形的方法，并学会将多张图样布置在一起打印的技巧。

本章主要内容如下。

- 输出图形的完整过程
- 选择打印设备，对当前打印设备的设置进行简单修改。
- 选择图纸幅面和设定打印区域。
- 调整打印方向、位置和设定打印比例。
- 将小幅面图纸组合成大幅面图纸进行打印。

11.1 打印图形的过程

在模型空间中将工程图样布置在标准幅面的图框内，再标注尺寸及书写文字后，就可以输出图形了。输出图形的主要过程如下。

（1）指定打印设备，可以是 Windows 系统打印机或是在 AutoCAD 中安装的打印机。

（2）选择图纸幅面及打印份数。

（3）设定要输出的内容。例如，可指定将某一矩形区域的内容输出，或是将包围所有图形的最大矩形区域输出。

（4）调整图形在图纸上的位置及方向。

（5）选择打印样式，详见 11.2.2 小节。若不指定打印样式，则按对象原有属性进行打印。

（6）设定打印比例。

（7）预览打印效果。

【实例 11-1】从模型空间打印图形。

图 11-1 【打印-模型】对话框

1. 打开素材文件 "dwg\第 11 章\11-1.dwg"。

2. 选择菜单命令【文件】/【绘图仪管理器】,打开【Plotters】窗口,利用该窗口的"添加绘图仪向导"配置一台绘图仪 "DesignJet 450C C4716A"。

3. 选择菜单命令【文件】/【打印】,打开【打印-模型】对话框,如图 11-1 所示。在该对话框中完成以下设置。

(1)在【打印机/绘图仪】分组框的【名称(M)】下拉列表中选择打印设备 "DesignJet 450C C4716A"。

(2)在【图纸尺寸】下拉列表中选择 A2 幅面图纸。

(3)在【打印份数】分组框的文本框中输入打印份数。

(4)在【打印范围】下拉列表中选择【范围】选项。

(5)在【打印比例】分组框中设置打印比例为 1:5。

(6)在【打印偏移】分组框中指定打印原点为(80,40)。

(7)在【图形方向】分组框中设定图形打印方向为"横向"。

(8)在【打印样式表】分组框的下拉列表中选择打印样式 "monochrome.ctb"(将所有颜色打印为黑色)。

4. 单击 预览(P)... 按钮,预览打印效果,如图 11-2 所示。若满意,单击 🖶 按钮开始打印。否则,按 Esc 键返回【打印-模型】对话框,重新设定打印参数。

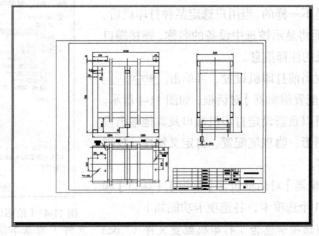

图 11-2 打印预览

11.2

设置打印参数

在 AutoCAD 中，用户可使用内部打印机或 Windows 系统打印机输出图形，并能方便地修改打印机设置及其他打印参数。选择菜单命令【文件】/【打印】，AutoCAD 打开【打印-模型】对话框，如图 11-3 所示。在该对话框中可配置打印设备及选择打印样式，还能设定图纸幅面、打印比例及打印区域等参数。下面介绍该对话框的主要功能。

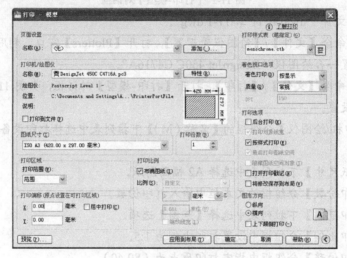

图 11-3 【打印-模型】对话框

11.2.1 选择打印设备

在【打印机/绘图仪】的【名称】下拉列表中，用户可选择 Windows 系统打印机或 AutoCAD 内部打印机（".pc3"文件）作为输出设备。注意这两种打印机名称前的图标是不一样的。当用户选定某种打印机后，【名称】下拉列表下面将显示被选中设备的名称、连接端口以及其他有关打印机的注释信息。

如果用户想修改当前打印机设置，可单击 特性(R)... 按钮，打开【绘图仪配置编辑器】对话框，如图 11-4 所示。在该对话框中用户可以重新设定打印机端口及其他输出设置，如打印介质、图形、物理笔配置、自定义特性、校准及自定义图纸尺寸等。

【绘图仪配置编辑器】对话框包含【常规】、【端口】和【设备和文档设置】3 个选项卡，各选项卡功能如下。

图 11-4 【绘图仪配置编辑器】对话框

- 【常规】：该选项卡包含了打印机配置文件（".pc3"文件）的基本信息，如配置文件名称、驱动程序信息和打印机端口等。用户可在此选项卡的【说明】区域中加入其他注释信息。

- 【端口】：通过此选项卡用户可修改打印机与计算机的连接设置，如选定打印端口、指定打印到文件和后台打印等。
- 【设备和文档设置】：在该选项卡中用户可以指定图纸来源、尺寸和类型，并能修改颜色深度及打印分辨率等。

11.2.2 使用打印样式

在【打印-模型】对话框【打印样式表（笔指定）】分组框的【名称】下拉列表中选择打印样式，如图 11-5 所示。打印样式是对象的一种特性，如同颜色和线型一样。它用于修改打印图形的外观，若为某个对象选择了一种打印样式，则输出图形后，对象的外观由样式决定。AutoCAD 提供了几百种打印样式，并将其组合成一系列打印样式表。

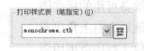

图 11-5　使用打印样式

打印样式表有以下两种类型。

- 颜色相关打印样式表：颜色相关打印样式表以 ".ctb" 为文件扩展名保存。该表以对象颜色为基础，共包含 255 种打印样式，每种 ACI 颜色对应一个打印样式，样式名分别为 "颜色 1"、"颜色 2" 等。用户不能添加或删除颜色相关打印样式，也不能改变它们的名称。若当前图形文件与颜色相关打印样式表相连，则系统自动根据对象的颜色分配打印样式。用户不能选择其他打印样式，但可以对已分配的样式进行修改。
- 命名相关打印样式表：命名相关打印样式表以 ".stb" 为文件扩展名保存。该表包括一系列已命名的打印样式，可修改打印样式的设置及其名称，还可添加新的样式。若当前图形文件与命名相关打印样式表相连，则用户可以不考虑对象颜色，直接给对象指定样式表中的任意一种打印样式。

在【名称】下拉列表中包含了当前图形中所有打印样式表，用户可选择其中之一。用户若要修改打印样式，就单击此下拉列表右侧的 按钮，打开【打印样式表编辑器】对话框。利用该对话框可查看或改变当前打印样式表中的参数。

选择菜单命令【文件】/【打印样式管理器】，打开 "plot styles" 文件夹。该文件夹中包含打印样式文件及创建新打印样式快捷方式，单击此快捷方式就能创建新打印样式。

AutoCAD 新建的图形处于 "颜色相关" 模式或 "命名相关" 模式下，这和创建图形时选择的样板文件有关。若是采用无样板方式新建图形，则可事先设定新图形的打印样式模式。发出 OPTIONS 命令，系统打开【选项】对话框，进入【打印和发布】选项卡，再单击 打印样式表设置(S)... 按钮，打开【打印样式表设置】对话框，如图 11-6 所示。通过该对话框设置新图形的默认打印样式模式。

图 11-6 【打印样式表设置】对话框

11.2.3 选择图纸幅面

在【打印-模型】对话框的【图纸尺寸】下拉列表中指定图纸大小，如图 11-7 所示。【图纸尺寸】下拉列表中包含了选定打印设备可用的标准图纸尺寸。当选择某种幅面图纸时，该列表右上角出现所选图纸及实际打印范围的预览图像（打印范围用阴影表示出来，可在【打印区域】分组框中设定）。将鼠标光标移到图像上面,在鼠标光标位置处就显示出精确的图纸尺寸及图纸上可打印区域的尺寸。

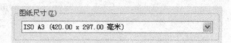

图 11-7 【图纸尺寸】下拉列表

除了从【图纸尺寸】下拉列表中选择标准图纸外，用户也可以创建自定义的图纸。此时，用户需修改所选打印设备的配置。

【实例 11-2】创建自定义图纸。

1. 在【打印-模型】对话框的【打印机/绘图仪】分组框中单击 特性(R)... 按钮，打开【绘图仪配置编辑器】对话框，在【设备和文档设置】选项卡中选择【自定义图纸尺寸】选项，如图 11-8 所示。

2. 单击 添加(A)... 按钮，打开【自定义图纸尺寸】对话框，如图 11-9 所示。

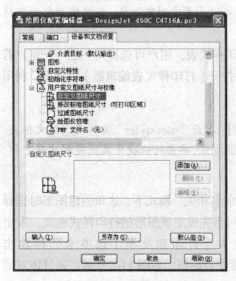

图 11-8 【绘图仪配置编辑器】对话框

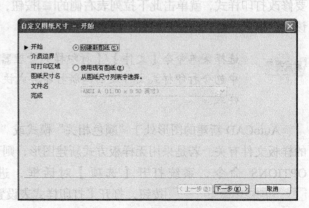

图 11-9 【自定义图纸尺寸】对话框

3. 不断单击 下一步(N) 按钮，并根据 AutoCAD 的提示设置图纸参数，最后单击 完成(F) 按钮结束。

4. 返回【打印-模型】对话框，AutoCAD 将在【图纸尺寸】下拉列表中显示自定义图纸尺寸。

11.2.4 设定打印区域

在【打印】对话框的【打印区域】分组框中设置要输出的图形范围，如图 11-10 所示。

该分组框中的【打印范围】下拉列表中包含 4 个选项，下面利用图 11-11 所示图样讲解其功能。

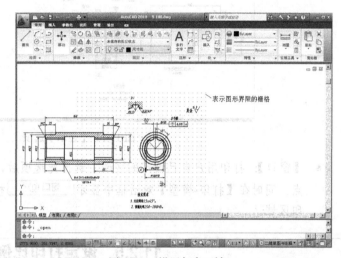

图 11-10 【打印区域】分组框　　　　图 11-11 设置打印区域

在【草图设置】对话框中关闭选项"显示超出界线的栅格"，才出现如图 11-11 所示的栅格。

- 【图形界限】：从模型空间打印时，【打印范围】下拉列表将列出【图形界限】选项。选取该选项，系统就把设定的图形界限范围（用 LIMITS 命令设置图形界限）打印在图纸上，结果如图 11-12 所示。从图纸空间打印时，【打印范围】下拉列表将列出【布局】选项。选取该选项，系统将打印虚拟图纸可打印区域内的所有内容。

- 【范围】：打印图样中所有图形对象，结果如图 11-13 所示。

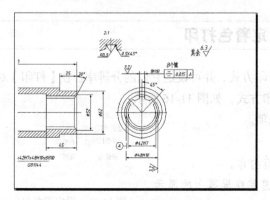

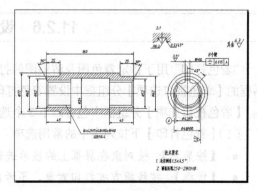

图 11-12 【图形界限】选项　　　　图 11-13 【范围】选项

- 【显示】：打印整个图形窗口，打印结果如图 11-14 所示。

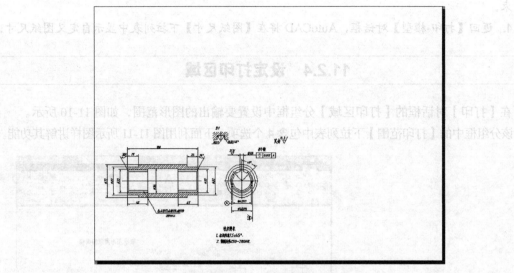

图 11-14 【显示】选项

- 【窗口】：打印用户自己设定的区域。选择此选项后，系统提示指定打印区域的两个角点，同时在【打印-模型】对话框中显示 [窗口(0)<] 按钮，单击此按钮，可重新设定打印区域。

11.2.5 设定打印比例

在【打印-模型】对话框的【打印比例】分组框中设置出图比例，如图 11-15 所示。绘制阶段用户根据实物按 1:1 比例绘图，出图阶段需依据图样尺寸确定打印比例，该比例是图样尺寸单位与图形单位的比值。当测量单位是 mm，打印比例设定为 1:2 时，表示图样上的 1mm 代表两个图形单位。

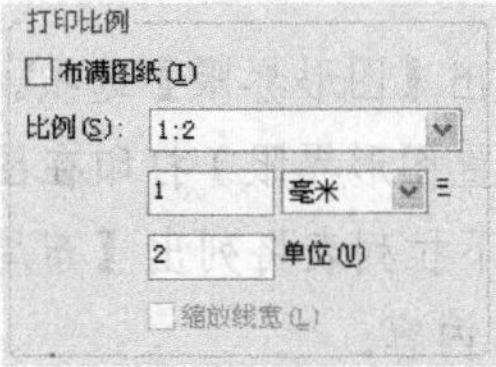

【比例】下拉列表包含了一系列标准缩放比例值。此外，还有【自定义】选项，该选项使用户可以自己指定打印比例。

从模型空间打印时，【打印比例】的默认设置是【布满图纸】。

图 11-15 【打印比例】中的选项　此时，系统将缩放图形以充满所选定的图纸。

11.2.6 设定着色打印

"着色打印"用于指定着色图及渲染图的打印方式，并可设定它们的分辨率。在【打印】对话框的【着色视口选项】分组框中设置着色打印方式，如图 11-16 所示。

【着色视口选项】分组框中包含以下 3 个选项。

（1）【着色打印】下拉列表中的常用选项

- 【按显示】：按对象在屏幕上的显示进行打印。
- 【线框】：按线框方式打印对象，不考虑其在屏幕上的显示情况。

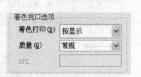

图 11-16 设定着色打印

- 【消隐】：打印对象时消除隐藏线，不考虑其在屏幕上的显示情况。
- 【三维隐藏】：按"三维隐藏"视觉样式打印对象，不考虑其在屏幕上的显示方式。
- 【三维线框】：按"三维线框"视觉样式打印对象，不考虑其在屏幕上的显示方式。
- 【概念】：按"概念"视觉样式打印对象，不考虑其在屏幕上的显示方式。
- 【真实】：按"真实"视觉样式打印对象，不考虑其在屏幕上的显示方式。
- 【渲染】：按渲染方式打印对象，不考虑其在屏幕上的显示方式。

（2）【质量】下拉列表

- 【草稿】：将渲染及着色图按线框方式打印。
- 【预览】：将渲染及着色图的打印分辨率设置为当前设备分辨率的四分之一，DPI 的最大值为"150"。
- 【常规】：将渲染及着色图的打印分辨率设置为当前设备分辨率的二分之一，DPI 的最大值为"300"。
- 【演示】：将渲染及着色图的打印分辨率设置为当前设备的分辨率，DPI 的最大值为"600"。
- 【最大】：将渲染及着色图的打印分辨率设置为当前设备的分辨率。
- 【自定义】：将渲染及着色图的打印分辨率设置为【DPI】文本框中用户指定的分辨率，最大可为当前设备的分辨率。

（3）DPI

设定打印图像时每英寸的点数，最大值为当前打印设备分辨率的最大值。只有当在【质量】下拉列表中选择了【自定义】选项后，此选项才可用。

11.2.7 调整图形打印方向和位置

图形在图纸上的打印方向通过【图形方向】分组框中的选项调整，如图 11-17 所示。该分组框包含一个图标，此图标表明图纸的放置方向，图标中的字母代表图形在图纸上的打印方向。

【图形方向】包含以下 3 个选项。

- 【纵向】：图形在图纸上的放置方向是水平的。
- 【横向】：图形在图纸上的放置方向是竖直的。
- 【上下颠倒打印】：使图形颠倒打印，此选项可与【纵向】和【横向】结合使用。

图形在图纸上的打印位置由【打印偏移】分组框中的参数确定，如图 11-18 所示。默认情况下，AutoCAD 从图纸左下角打印图形。打印原点处在图纸左下角位置，坐标是（0,0），用户可在【打印偏移】分组框中设定新的打印原点，这样图形在图纸上将沿 x 轴和 y 轴移动。

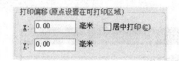

图 11-17 【图形方向】分组框中的选项　　　图 11-18 【打印偏移】分组框中的选项

该分组框包含以下 3 个选项。

- 【居中打印】：在图纸正中间打印图形（自动计算 x 和 y 的偏移值）。

- 【X】：指定打印原点在 x 方向的偏移值。
- 【Y】：指定打印原点在 y 方向的偏移值。

如果用户不能确定打印机如何确定原点，可试着改变一下打印原点的位置并预览打印结果，然后根据图形的移动距离推测原点位置。

11.2.8 预览打印效果

打印参数设置完成后，用户可通过打印预览观察图形的打印效果。如果不合适可重新调整，以免浪费图纸。

单击【打印-模型】对话框下面的 预览(P)... 按钮，AutoCAD 显示实际的打印效果。由于系统要重新生成图形，因此对于复杂图形需耗费较多时间。

预览时，鼠标光标变成"⌕+"，可以进行实时缩放操作。查看完毕后，按 Esc 或 Enter 键返回【打印-模型】对话框。

11.2.9 保存打印设置

用户选择打印设备并设置打印参数后（图纸幅面、比例和方向等），可以将所有这些保存在页面设置中，以便以后使用。

在【打印-模型】对话框【页面设置】分组框的【名称】下拉列表中显示了所有已命名的页面设置。若要保存当前页面设置就单击该下拉列表右边的 添加(.)... 按钮，打开【添加页面设置】对话框，如图 11-19 所示。在该对话框的【新页面设置名】文本框中输入页面名称，然后单击 确定(0) 按钮，存储页面设置。

用户也可以从其他图形中输入已定义的页面设置。在【页面设置】分组框的【名称】下拉列表中选取【输入】选项，打开【从文件选择页面设置】对话框，选择并打开所需的图形文件，打开【输入页面设置】对话框，如图 11-20 所示。该对话框显示图形文件中包含的页面设置，选择其中之一，单击 确定(0) 按钮完成。

图 11-19 【添加页面设置】对话框

图 11-20 【输入页面设置】对话框

11.3 打印图形实例

前面几节介绍了许多有关打印方面的知识，下面通过一个实例演示打印图形的全过程。

【实例 11-3】打印图形。

1. 打开素材文件 "dwg\第 11 章\11-3.dwg"。

2. 选择菜单命令【文件】/【打印】，打开【打印-模型】对话框，如图 11-21 所示。

图 11-21 【打印-模型】对话框

3. 如果想使用以前创建的页面设置，就在【页面设置】分组框的【名称】下拉列表中选择它，或从其他文件中输入。

4. 在【打印机/绘图仪】分组框的【名称】下拉列表中指定打印设备。若要修改打印机特性，可单击下拉列表右边的 特性(R)... 按钮，打开【绘图仪配置编辑器】对话框。通过该对话框用户可修改打印机端口和介质类型，还可自定义图纸大小。

5. 在【打印份数】分组框的文本框中输入打印份数。

6. 如果要将图形输出到文件，则应在【打印机/绘图仪】分组框中选择【打印到文件】选项。此后，当用户单击【打印】对话框中的 确定(O) 按钮时，AutoCAD 就打开【浏览打印文件】对话框，通过此对话框指定输出文件名称及地址。

7. 继续在【打印】对话框中作以下设置。

（1）在【图纸尺寸】下拉列表中选择 A3 图纸。

（2）在【打印范围】下拉列表中选择【范围】选项。

（3）设定打印比例为 1∶1.5。

（4）设定图形打印方向为【横向】。

（5）指定打印原点为（50,60）。

（6）在【打印样式表】分组框的下拉列表中选择打印样式 "monochrome.ctb"（将所有颜色打印为黑色）。

8. 单击 预览(P)... 按钮，预览打印效果，如图 11-22 所示。若满意，按 Esc 键返回【打印】对话框，再单击 确定(O) 按钮开始打印。

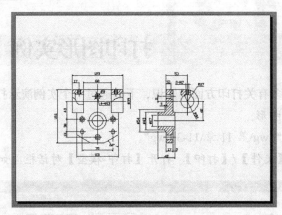

图 11-22 预览打印效果

11.4

将多个图样布置在一起打印

为了节省图纸，用户常常需要将几个图样布置在一起打印，具体方法如下。

【实例 11-4】素材文件 "dwg\第 11 章\11-4-A.dwg" 和 "11-4-B.dwg" 都采用 A2 幅面图纸，绘图比例分别为（1:3）、（1:4），现将它们布置在一起输出到 A1 幅面的图纸上。

1. 创建一个新文件。

2. 选择菜单命令【插入】/【DWG 参照】，打开【选择参照文件】对话框，找到图形文件 "11-4-A.dwg"。单击 打开(O) 按钮，打开【附着外部参照】对话框，利用该对话框插入图形文件。插入时的缩放比例为 1:1。

3. 用 SCALE 命令缩放图形，缩放比例为 1:3（图样的绘图比例）。

4. 用与第 2、3 步相同的方法插入文件 "11-4-B.dwg"，插入时的缩放比例为 1:1。插入图样后，用 SCALE 命令缩放图形，缩放比例为 1:4。

5. 用 MOVE 命令调整图样位置，让其组成 A1 幅面图纸，如图 11-23 所示。

6. 选择菜单命令【文件】/【打印】，打开【打印-模型】对话框，如图 11-24 所示。在该对话框中作以下设置。

（1）在【打印机/绘图仪】分组框的【名称（M）】下拉列表中选择打印设备 "DesignJet 450C C4716A"。

（2）在【图纸尺寸】下拉列表中选择 A1 幅面图纸。

（3）在【打印样式表】分组框的下拉列表中选择打印样式 "monochrome.ctb"（将所有颜色打印为黑色）。

（4）在【打印范围】下拉列表中选取【范围】选项。

（5）在【打印比例】分组框中选取【布满图纸】复选项。

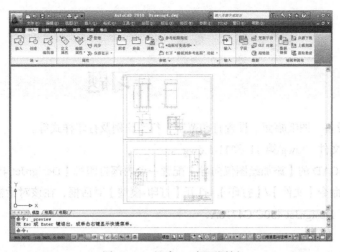

图 11-23 组成 A1 幅面图纸

图 11-24 【打印】对话框

（6）在【图形方向】分组框中选取【纵向】单选项。

7. 单击 预览(P)... 按钮，预览打印效果，如图 11-25 所示。若满意，单击 🖶 按钮开始打印。

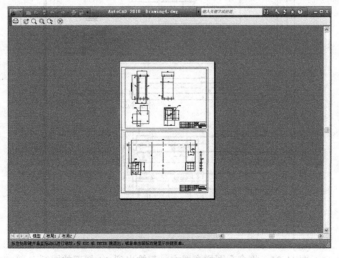

图 11-25 打印预览

11.5 习题

1. 选择打印设备、图纸幅面，设置打印范围、打印比例及打印样式等。

（1）打开素材文件 "\dwg\第 11 章\11-5.dwg"。

（2）利用 AutoCAD 的【添加绘图仪向导】配置一台内部打印机【DesignJet 450C C4716A】。

（3）选择菜单命令【文件】/【打印】，打开【打印-模型】对话框，在该对话框中进行以下设置。

- 打印设备：DesignJet 450C C4716A。
- 图纸幅面：A2。
- 图形放置方向：![A]。
- 打印范围：在【打印区域】分组框的【打印范围】下拉列表中选择【范围】选项。
- 打印比例：1∶2。
- 打印原点位置：（80,40）。
- 打印样式:在【打印样式表】分组框的下拉列表中选择打印样式【monochrome.ctb】（将所有颜色打印为黑色）。

（4）预览打印效果。

2. 素材文件 "\dwg\第 11 章\11-6-1.dwg" 和 "\dwg\第 11 章\11-6-2.dwg" 的绘图比例分别为 1∶1 和 1∶4，将它们布置在一起输出到 A1 幅面的图纸上，打印效果预览如图 11-26 所示。

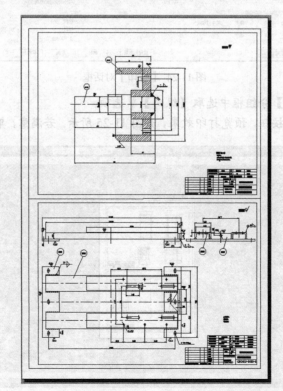

图 11-26　将多个图样布置在一起输出到 A1 幅面的图纸上

第12章

AutoCAD 证书考试练习题

为满足各高职高专院校学生参加绘图员考试的需要，本章结合人力资源和社会保障部职业技能证书考试的内容，安排了一定数量的练习，可使学生进一步掌握绘图技能。

【练习12-1】利用 LINE、CIRCLE、OFFSET 及 ARRAY 等命令绘制图12-1所示的图形。

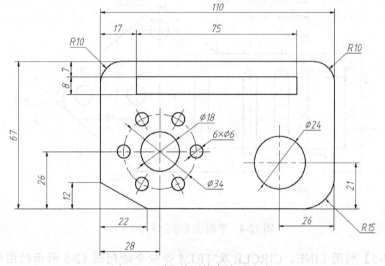

图12-1　平面绘图综合练习（1）

【练习12-2】利用 LINE、CIRCLE、OFFSET 及 MIRROR 等命令绘制图12-2所示的图形。

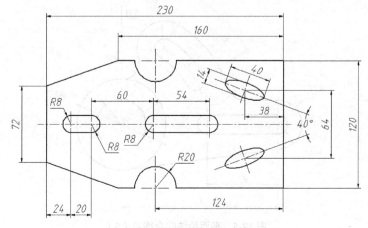

图12-2　平面绘图综合练习（2）

【练习 12-3】 利用 LINE、CIRCLE、OFFSET 及 ARRAY 等命令绘制图 12-3 所示的图形。

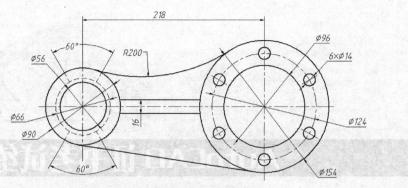

图 12-3　平面绘图综合练习（3）

【练习 12-4】 利用 LINE、CIRCLE 及 COPY 等命令绘制图 12-4 所示的图形。

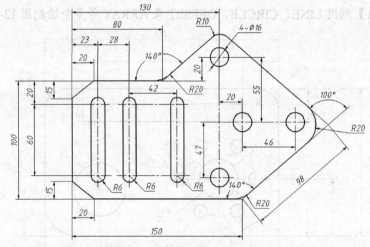

图 12-4　平面绘图综合练习（4）

【练习 12-5】 利用 LINE、CIRCLE 及 TRIM 等命令绘制图 12-5 所示的图形。

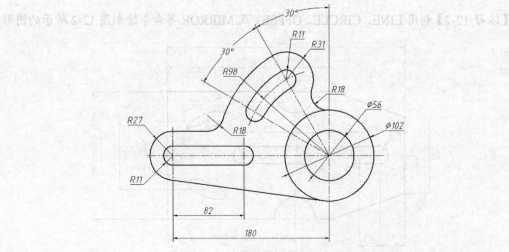

图 12-5　平面绘图综合练习（5）

【练习 12-6】利用 LINE、CIRCLE、TRIM 及 ARRAY 等命令绘制图 12-6 所示的图形。

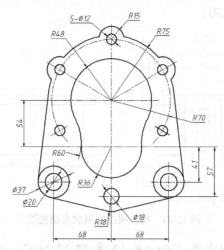

图 12-6　平面绘图综合练习（6）

【练习 12-7】打开素材文件 "\dwg\第 12 章\12-7.dwg"，如图 12-7 所示。根据主视图、俯视图绘制左视图。

【练习 12-8】打开素材文件 "\dwg\第 12 章\12-8.dwg"，如图 12-8 所示。根据主视图、左视图绘制俯视图。

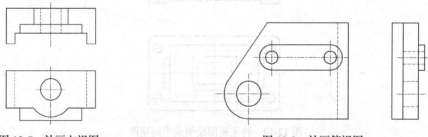

图 12-7　补画左视图　　　　　　　　　　　图 12-8　补画俯视图

【练习 12-9】打开素材文件 "\dwg\第 12 章 12-9.dwg"，如图 12-9 所示。根据主视图、左视图绘制俯视图。

【练习 12-10】打开素材文件 "\dwg\第 12 章 12-10.dwg"，如图 12-10 所示。根据已有视图将主视图绘制成全剖视图。

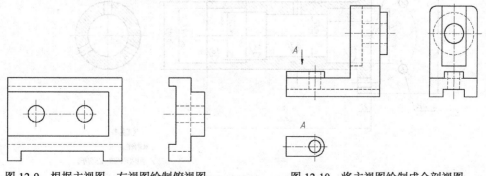

图 12-9　根据主视图、左视图绘制俯视图　　　　图 12-10　将主视图绘制成全剖视图

【练习 12-11】打开素材文件 "\dwg\第 12 章 12-11.dwg"，如图 12-11 所示。根据已有视图将左视图绘制成全剖视图。

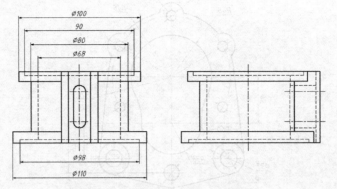

图 12-11　将左视图绘制成全剖视图

【练习 12-12】打开素材文件 "\dwg\第 12 章 12-12.dwg"，如图 12-12 所示。根据已有视图将主视图绘制成半剖视图。

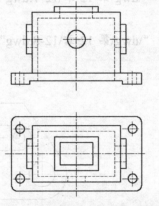

图 12-12　将主视图绘制成半剖视图

【练习 12-13】绘制图 12-13 所示的连接轴套零件图。

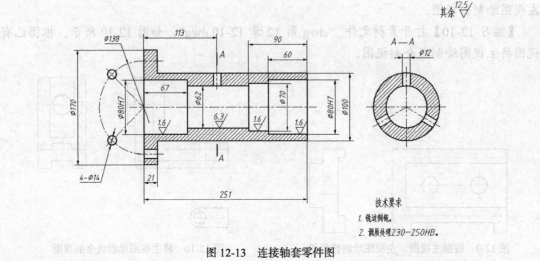

图 12-13　连接轴套零件图

【练习 12-14】绘制图 12-14 所示的传动丝杠零件图。

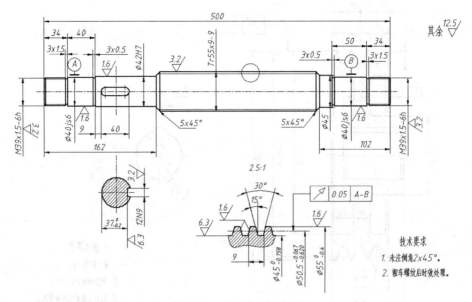

图 12-14　传动丝杠零件图

【练习 12-15】绘制图 12-15 所示的端盖零件图。

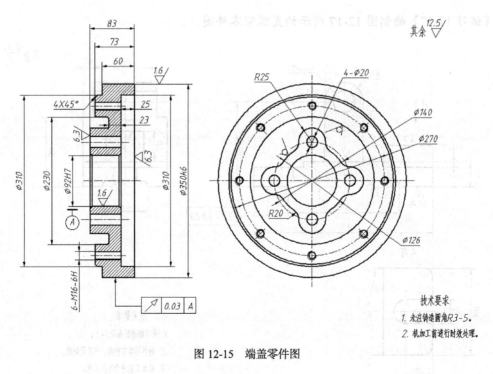

图 12-15　端盖零件图

【练习 12-16】绘制图 12-16 所示的带轮零件图。

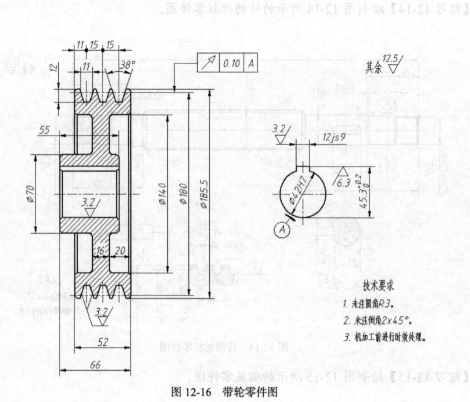

技术要求

1. 未注圆角R3。

2. 未注倒角2x45°。

3. 机加工前进行时效处理。

图 12-16　带轮零件图

【练习 12-17】绘制图 12-17 所示的支撑架零件图。

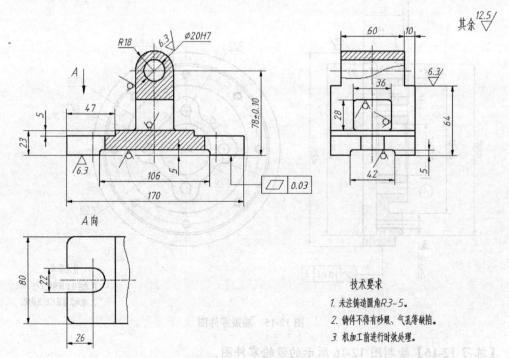

技术要求

1. 未注铸造圆角R3-5。

2. 铸件不得有砂眼、气孔等缺陷。

3. 机加工前进行时效处理。

图 12-17　支撑架零件图

【练习 12-18】绘制图 12-18 所示的拔叉零件图。

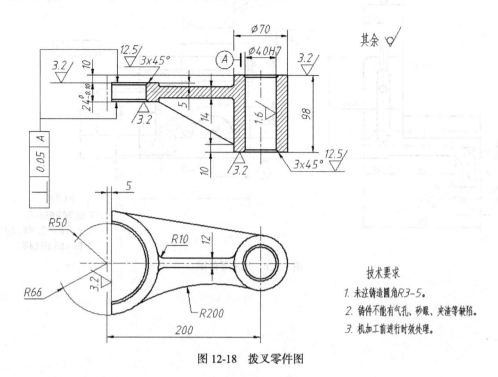

图 12-18　拔叉零件图

技术要求
1. 未注铸造圆角R3-5。
2. 铸件不能有气孔、砂眼、夹渣等缺陷。
3. 机加工前进行时效处理。

【练习 12-19】绘制图 12-19 所示的上箱体零件图。

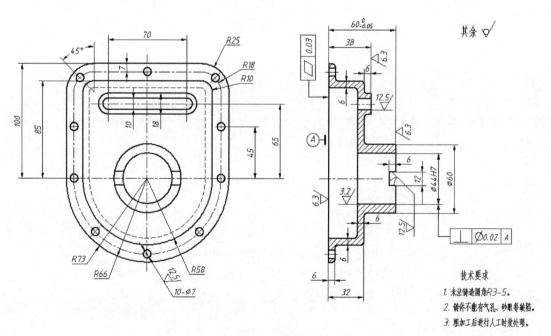

图 12-19　上箱体零件图

技术要求
1. 未注铸造圆角R3-5。
2. 铸件不能有气孔、砂眼等缺陷。
3. 粗加工后进行人工时效处理。

【练习 12-20】绘制图 12-20 所示的尾座零件图。

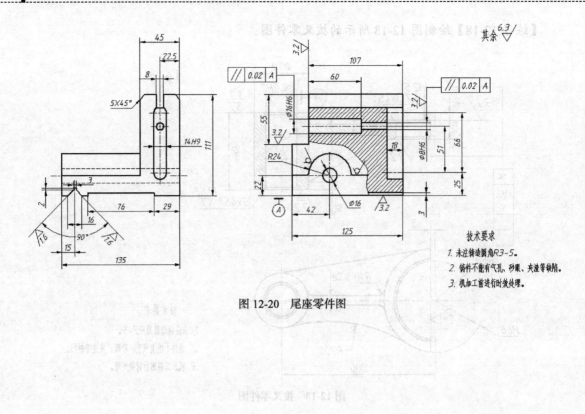

图 12-20　尾座零件图

技术要求

1. 未注铸造圆角 R3~5。
2. 铸件不能有气孔、砂眼、夹渣等缺陷。
3. 机加工前进行时效处理。

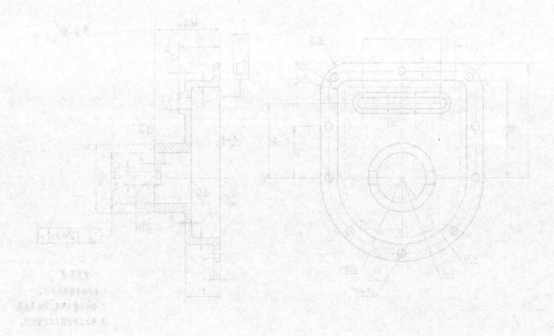